応用水理工学

巻幡敏秋／高須修二／角 哲也

技報堂出版

書籍のコピー，スキャン，デジタル化等による複製は，
著作権法上での例外を除き禁じられています。

序

　本書で取り扱う応用水理工学は，機械および土木工学の分野に関連する各種装置や構造物の流れによって生ずる諸現象である．従来の水理学の書籍は，水理現象の解法に重点が置かれ，示される事例も，その多くが基礎理論から得られる事例や周知である代表的な例にとどまり，実物の装置および構造物に発生する特殊な事象についての記述はきわめて少ない．本書の意図する応用水理工学は，実物で経験した特殊な事象についての記述ではあるが，その現象は各種装置や構造物にとってはきわめて重要である．

　本書は，I，II部で構成され，基礎的な事項についてはI部，実物の構造物に発生する事例についてはII部で記述している．I部では機械および土木工学の分野に関連する各種装置や構造物の流れによって生ずる諸現象を理解するための流体の基礎知識としての物性について記述している．単位系はSI単位系で記述しているが，重力単位系を付記しながら双方の単位系の換算について明記している．静水力学および動水力学では，各種装置や構造物に作用する流体の力を算定するに必要な基礎を記述し，各種装置や構造物の性能評価が可能となる．流体力学では，非粘性・非圧縮性の理想流体に対する基礎的な流れを示すとともに，粘性・圧縮性流体についても基本的な事項を取り扱い，応用問題に対応できる内容としている．さらに，波動，湖および湾の流体の振動等，土木工学に関連した事項も取り扱っている．水力機械では，発電設備，水車およびダムの付属設備としてのゲート(水門)，バルブを記述し，各種装置や構造物に対して理解できるようにしている．

　II部では，実物の設計で配慮しなければならないゲートの空気連行量の算定やキャビテーション現象，長径間ゲートのダウン・プルの特性として底部注排水孔，点検のための予備ゲート設置の影響および選択取水設備の水理設計等の水理構造物の水理的課題，振動問題として管路式ゲートの振動評価，主・副ゲートからの干渉流れによる振動，取水口ゲート流水遮断時の振動，副ゲート空気弁の振動，放流設

備の水撃作用，バルブの振動および長径間ゲートの振動に関する多くの事象について，著者らが土木学会等において発表してきた論文を中心にまとめている．

本書が各種装置や構造物の設計および維持管理にとって重要な諸現象の理解に役立つものとのと確信している．なお，浅学非才が故の独断の箇所があることを恐縮している．読者諸氏の批判，叱正を得ることができれば，著者らの喜びとするところである．

最後に，本書の出版にあたり，いろいろと一方ならぬ骨折りを頂いた技報堂出版に深く感謝申し上げる次第である．

2012年9月

著者一同

目　次

I　部 *1*

1. **流体の物理的性質** *3*

    1.1　単位体積の重量，密度 *3*

    　1.1.1　1 atm，4℃の純粋な水／ *3*

    　1.1.2　空　気／ *4*

    　1.1.3　水　銀／ *4*

    　1.1.4　その他の流体／ *4*

    1.2　圧縮率，比容積 *5*

    1.3　流体中の圧力波の速さ（音速） *6*

    1.4　粘性係数，動粘性係数 *7*

    1.5　表面張力 *9*

    　1.5.1　接触角の大きさ／ *9*

    　1.5.2　毛管高さ，比凝集力／ *9*

    　1.5.3　表面張力の大きさ／ *10*

2. **単 位 系** *11*

3. **静水力学** *17*

    3.1　圧力の単位 *17*

    3.2　圧力度または圧力の強さ *17*

    3.3　深さと圧力の大きさ *19*

    3.4　水　頭 *19*

    　3.4.1　圧力度（圧力）の尺度に用いる水頭／ *20*

    　3.4.2　エネルギーの尺度に用いる水頭／ *20*

    3.5　各種液柱計 *20*

    　3.5.1　通常液柱計／ *20*

    　3.5.2　示差圧力計（液体）／ *21*

    　3.5.3　傾斜微圧計／ *22*

3.6 深さによる全圧力および圧力中心　23
　　3.6.1　全圧力／23
　　3.6.2　圧力の中心／24
　　3.6.3　曲面板の圧力／24
3.7　浮　　　力　25
3.8　浮　揚　体　25
3.9　相対的静止（相対的釣合い）　27
　　3.9.1　直線運動／27
　　3.9.2　垂直軸回りの強制回転運動／28

4. 動水力学　29
　4.1　流体運動の一般　29
　　4.1.1　層状運動と乱れ運動／29
　　4.1.2　流線，変わらぬ流れ／31
　　4.1.3　流量，連続の式／32
　　4.1.4　ベルヌーイの定理／33
　　4.1.5　動圧と総圧／34
　　4.1.6　ベルヌーイの定理の応用／35
　　4.1.7　2流線間の総水頭差／36
　　4.1.8　キャビテーション／37
　　4.1.9　運動量の法則／38
　4.2　流体の流量測定および抵抗　41
　　4.2.1　オリフィス，堰／41
　　4.2.2　流体摩擦／47
　4.3　管　　　路　52
　　4.3.1　管路における損失水頭／52
　　4.3.2　管路の入口／52
　　4.3.3　弁／53
　　4.3.4　ベ　ン　ド／54
　　4.3.5　分　岐　管／55
　　4.3.6　合　流　管／56
　　4.3.7　管路の出口／56
　　4.3.8　管路の総損失と流量／57
　4.4　開　　　渠　57
　　4.4.1　開渠の断面および流速が一定な場合の流れ／57
　　4.4.2　流体平均深さ／59

目　次　　　　　　　　　　　　v

  4.4.3　開渠の断面形状／59
  4.4.4　開渠の速度分布／60
  4.4.5　開渠で速度が変わる場合の流れ／60
  4.4.6　開渠中にある格子の抵抗／61
 4.5　流体中を進行する物体の抵抗　62
  4.5.1　抵抗係数／62
  4.5.2　種々の物体の抵抗係数／62
  4.5.3　円管群の抵抗／62
  4.5.4　流体中の微粒子の運動(自由落下および粉粒子終速度)／63
  4.5.5　流　砂／65
 4.6　水撃作用　66
  4.6.1　水撃波の伝播速度／66
  4.6.2　水　撃　圧／67
  4.6.3　水撃波の反射と透過／68
  4.6.4　自励的に成長する水撃作用／68

5.　流体力学　69

 5.1　流体力学一般　69
  5.1.1　運動の方程式／69
  5.1.2　相似則の誘導／70
  5.1.3　連続の方程式／72
  5.1.4　簡単なポテンシャル流れの例／72
  5.1.5　円柱に働く力／74
  5.1.6　翼／75
  5.1.7　流体力学における次元解析／76
 5.2　境　界　層　78
  5.2.1　境界層一般／78
  5.2.2　境界層の方程式／78
  5.2.3　境界層の運動量法則(カルマン)／78
  5.2.4　境界層の剥がれ／79
  5.2.5　平　板／79
  5.2.6　回転円板／80
  5.2.7　潤　滑　面／80
 5.3　波　動　81
  5.3.1　波の分類／81
  5.3.2　深　水　波／82

  5.3.3　浅 水 波／84
  5.3.4　長波（極浅水波）／86
  5.3.5　津　　波／89
 5.4　湖および湾の流体の振動　90
  5.4.1　表面張力の影響／90
  5.4.2　長方形タンクに満たされた水の固有振動数／91
  5.4.3　円形および楕円形タンクに満たされた水の固有振動数／91
  5.4.4　等深な湾の固有振動数および湾口補正／92
 5.5　付加質量　92

6. 拡　　散　95
 6.1　拡散方程式の解　95
  6.1.1　1次元拡散／95
  6.1.2　2次元拡散／96
  6.1.3　3次元拡散／96
 6.2　連続放出の拡散モデル　96
  6.2.1　パフモデル／96
  6.2.2　プルームモデル／97

7. 圧縮性流体の運動　99
 7.1　ベルヌーイの式　99
 7.2　ラバール管内の運動　100
 7.3　音速とマッハ数　100
 7.4　衝 撃 波　101
 7.5　連続の方程式　102

8. 水力機械　103
 8.1　水力発電設備　103
  8.1.1　有効落差／103
  8.1.2　理論水力，発電出力／103
  8.1.3　発電方式／104
 8.2　水　　車　105
  8.2.1　水車の出力と効率／105
  8.2.2　比較回転度と水車形式／105
  8.2.3　水車の回転数の決定／106
  8.2.4　水車形式／106

8.2.5　吸出し高／*107*
　8.3　導水設備　*107*
　　　8.3.1　ダ　　ム／*107*
　　　8.3.2　ダムの付属設備（水門およびバルブ）／*108*
　8.4　ポ　ン　プ　*116*
　　　8.4.1　渦巻ポンプ／*116*
　　　8.4.2　渦巻ポンプの理論水頭／*117*
　8.5　送　風　機　*119*

問　題　*121*

Ⅰ部参考文献　*124*

Ⅱ　部　*125*

9.　水路構造物の水理　*127*
　9.1　空気連行とキャビテーション現象　*127*
　　　9.1.1　空気連行現象の研究経緯と算定式／*127*
　　　9.1.2　空気連行の研究事例／*130*
　　　9.1.3　不離とキャビテ-ションの発生／*147*
　9.2　長径間シェル構造ゲート　*149*
　　　9.2.1　長径間シェル構造ゲートの流体力／*149*
　　　9.2.2　予備ゲート設置に伴うシェル構造制水ゲートの水理特性／*156*
　9.3　選択取水設備　*167*
　　　9.3.1　選択取水設備の水理設計／*167*
　　　9.3.2　選択取水ゲートの放流時の水理特性／*182*
　　　9.3.3　選択取水ゲートの冬季運用時の凍結防止装置の水理特性／*187*

10.　水路構造物の振動　*193*
　10.1　構造物の振動評価　*193*
　　　10.1.1　水路構造物の疲労安全性に関する評価の試み／*193*
　　　10.1.2　Petrikat図表／*200*
　10.2　管路式ゲート（バルブ）　*205*
　　　10.2.1　主・副ゲートの同時操作による流れの干渉に伴う不安定現象／*205*
　　　10.2.2　取水口ゲートの遮断に伴う放流水の水理特性／*210*
　　　10.2.3　ダムゲート空気弁の振動／*215*
　　　10.2.4　利水放流設備の水撃作用／*226*

10.2.5　ホロージェットバルブの振動に関する流体解析／236
10.3　長径間シェル構造ゲート　247
　　10.3.1　上下端放流時のシェル構造ローラゲート振動特性／247
　　10.3.2　ダムフラップゲート放流試験／258
10.4　堰ゲート設備の信頼性に関する新技法　269
　　10.4.1　検　証　法／270
　　10.4.2　新技法のフロー／270
　　10.4.3　堰ゲート設備の信頼性／270
　　10.4.4　実機計測／271
　　10.4.5　考　　察／281
　　10.4.6　信頼性に対する評価／288
　　10.4.7　ま　と　め／290

付　　録　291

1. 選択取水ゲートの外圧に対する座屈強度　291
　　1.1　運用時の筒内流速，外圧，座屈強度／291
　　1.2　異常時のダム水頭に対する座屈強度／294
　　1.3　ま　と　め／295
2. 選択取水ゲートの氷圧に対する変形強度　296
　　2.1　扉体の強度／296
　　2.2　氷の物性値／297
　　2.3　扉体変形の要因分析／298
　　2.4　ま　と　め／299

Ⅱ部参考文献　301

索　　引　305

問題のヒントと解　313

I 部

1. 流体の物理的性質[1,2]

1.1 単位体積の重量,密度

1.1.1 1 atm, 4°Cの純粋な水

単位体積の重量 γ は,重力キログラム単位系で示すと,以下のようになる.
$$\gamma = 1\,000 \text{ kgf/m}^3 (9\,806 \text{ N/m}^3) \tag{1.1}$$
単位体積の密度 ρ は,重力キログラム単位系で示すと,以下のようになる.
$$\rho = \frac{\gamma}{g} = 101.972 \text{ kgf} \cdot \text{s}^2/\text{m}^4 (1\,000 \text{ N} \cdot \text{s}^2/\text{m}^4) \tag{1.2}$$
純粋な水の温度による変化を**表-1.1**に示す.

表-1.1 1 atm における水の ρ (kgf·s²/m⁴), γ (kgf/m³) および乾燥空気の ρ (kgf·s²/m⁴)

温度(°C)		0	5	10	15	20	25	30
水	ρ	101.96	101.97	101.94	101.88	101.79	101.67	101.53
	γ	999.9	1000.0	999.7	999.1	998.2	997.1	995.7
空気	ρ	0.1319	0.1295	0.1272	0.1250	0.1228	0.1208	0.1188
温度(°C)		40	50	60	70	80	90	100
水	ρ	101.18	100.76	100.26	99.71	99.10	98.44	97.73
	γ	992.3	988.1	983.2	977.8	971.8	965.3	958.4
空気	ρ	0.1150	0.1114	0.1081	0.1049	0.1019	0.0991	0.0965

1.1.2　空　　気

乾燥空気の単位体積の重量 γ は，重力キログラム単位系で示すと，以下のようになる．

$$\gamma = \frac{h}{760} \times \frac{1.293}{1+0.00367\,t}\ \mathrm{kgf/m^3}$$

ここで，t：温度(℃)，h：圧力を 0℃ の水銀柱の高さ(mm)で表した値．含湿空気の $\gamma\,(= \gamma_w$ で表す$)$ は含有する水蒸気の最大張力を F mmHg，相対湿度を ϕ として，同温同圧の乾燥空気の γ から $\gamma_w = \gamma\,[1-(0.378\phi F/h)]$ で求められる．乾燥空気の密度 $\rho = \gamma/g$ を**表-1.1** に示した．

1.1.3　水　　銀

温度を t ℃ として 1 atm，$t>0$ 範囲で，

$$\gamma = \frac{13\,595.46}{1+18.182\,t+0.00078\,t^2}\ \mathrm{kgf/m^3} \tag{1.3}$$

1.1.4　その他の流体

1 atm のもとで 20℃ 以上の油に対しては，だいたい次のようになる．

$$\gamma_t = \gamma_{20}[1-0.00065(t-20)] \tag{1.4}$$

ここで，γ_t が t ℃ の時，γ_{20} が 20℃ の時の γ で，15～20℃ の γ（比重）(比較値)を**表-1.2** に示した．

表-1.2　1 atm における液体の比重(4℃の水を基準にした値)

物　質	温度(℃)	比　重	物　質	温度(℃)	比　重
海水	15	1.01～1.05	ベンゾール	15	0.884
10%食塩水	20	1.0707	ベンゾール	20	0.879
20%食塩水	20	1.1478	ガソリン	15	0.66～0.75
グリセリン	15	1.264	原油	15	0.7～1.0
グリセリン	20	1.261	植物性油	15	0.91～0.97

1.2 圧縮率，比容積

体積 V の流体に働く圧力を Δp だけ強めた時に体積が ΔV だけ減少したとすれば，

$$\beta = \frac{\Delta V/V}{\Delta p} = \frac{\Delta v}{v \Delta p} \tag{1.5}$$

圧縮率 β の逆数 $1/\beta$ は体積弾性係数 K となり，以下のようになる．

$$K = \frac{\Delta p}{\Delta v/v} \tag{1.6}$$

ここで，v：単位重量の体積(比容積)$v = 1/\gamma$．種々の流体の β を**表-1.3**，水の v を**表-1.4** に示す．

水の圧縮率は**表-1.3** に示されるように，圧力および温度の上昇に伴い若干小さく

表-1.3
(a) 水の圧縮率 β (cm²/kgf)(10^{-5} をすべてに乗じる)

	温度(℃)	0	10	20	50
圧力範囲 (atm)	1～25	5.08	4.84	4.75	
	25～50	4.99	4.76	4.61	
	50～75	4.93	4.58	4.41	
	75～100	4.86	4.55	4.38	
	1～500	4.60	4.33	4.20	4.03
	500～1 000	4.03	3.82	3.68	3.54
	1 000～1 500	3.46	3.37	3.27	3.15

(b) 液体の圧縮率 β (cm²/kgf)(10^{-5} をすべてに乗じる)

物 質	温度(℃)	圧力範囲(kgf/cm²)	圧縮率
海水	10	1～150	4.40
水銀	20	1～100	0.393
グリセリン	14.8	1～10	2.21
エチルアルコール	14	9～38	10.1
エチルアルコール	14.7	8～37	10.4
ベンゾール	16	8～37	9
オリーブ油	20	1～10	6

表-1.4 水の比容積 v(単位は 1 atm, 4℃の水を 1 とする)

温度(℃)		0	20	50	100	200	300
圧力 (kgf/cm²)	50	0.9977	0.9995	1.0099	1.0409	1.1532	
	100	0.9952	0.9973	1.0077	1.0385	1.1485	1.3979
	200	0.9905	0.9929	1.0035	1.0337	1.1395	1.3612
	500	0.9774	0.9815	0.9921			
	1 000	0.9579	0.9631	0.9744			
	2 000	0.9261	0.9328	0.9446			
	4 000	0.8808	0.8881	0.8997			

なるが,近似的に $\beta \fallingdotseq 5 \times 10^{-5}$ cm²/kgf で,圧縮率の逆数である体積弾性係数は $K = 1/\beta \fallingdotseq 2 \times 10^4$ kgf/cm² となる.圧力が $\Delta p = 200$ atm(気圧;kgf/cm²)上昇すると,水の体積 V は以下の関係式から $\Delta V/V = 0.01$ となる.

$$\frac{\Delta V}{V} = \frac{\Delta p}{K} \tag{1.7}$$

1.3 流体中の圧力波の速さ(音速)

流体中を圧力波が伝わる速さ a は,

$$a = \sqrt{\frac{dp}{d\rho}} = \sqrt{\frac{g}{\gamma\beta}} \tag{1.8}$$

ここで,p:圧力,ρ:流体の密度.t℃の純粋な水に対しては,

$$a = 1404.4 + 4.8821\,t - 0.047562\,t^2 + 0.00013541\,t^3 \text{(m/s)} \tag{1.9}$$

乾燥空気に対しては,

$$a = 331.68\left(\frac{273+t}{273}\right)^{1/2} \text{(m/s)} \tag{1.10}$$

種々の流体中の a を表-1.5 に示す.

表-1.5 種々の流体中の圧力波の速さ a(m/s)

	温度(℃)	0	20	50
物質	乾燥空気	331.7	343.6	360.8
	水	1 404	1 483	1 544
	水銀	1 460	1 451	1 437
	グリセリン		1 923	1 869

1.4 粘性係数，動粘性係数

平行に並んだ流線に沿ってとられた平行面間の距離を dy，速度差を dv とすれば，各面へ流れと平行に dv/dy に比例する粘性に基づく剪断応力（単位面積当りの粘りの抵抗力）$\tau = \mu(dv/dy)$ が働く．

単位面積当りの剪断力は，図-1.1 に示すように2つの平行板の間に流体があり，その一つの平板が他の平板に平行に U の速度で動く場合と図-1.2 に示すように固体表面に沿って流体が流れる場合を考える．

図-1.1　他平板が速度 U で動く場合

図-1.2　固体表面に沿って流れる場合

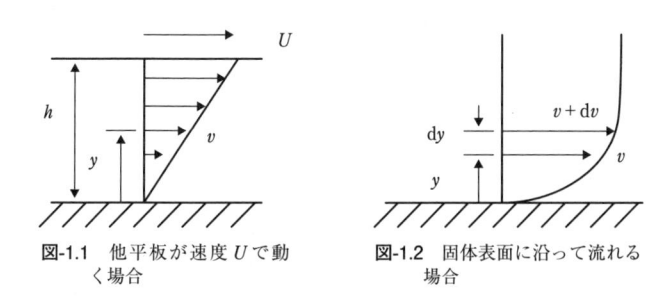

図-1.1 のように直線状の速度分布は，

$$v = U\left(\frac{y}{h}\right) \tag{1.11}$$

となる．この場合，上の平板を速度 U で動かすのに必要な単位面積当りの剪断力 τ は，

$$\tau = \mu\left(\frac{v}{y}\right) = \mu\left(\frac{U}{h}\right) \tag{1.12}$$

となり，速度勾配 $v/y = U/h$ に比例する．

図-1.2 のような非直線状の速度分布の場合の単位面積当りの剪断力 τ は，

$$\tau = \mu\left(\frac{dv}{dy}\right) \tag{1.13}$$

で示される．

比例定数 μ をその流体の粘性係数という．気体の μ は温度上昇と共に増加するが，

液体のμは一般に温度上昇と共に減少する．ただ，30℃以下の水のμは，定温のもとで圧力 1 000 kgf/cm² 付近の時に最小となる．

水に対してメイヤーは，

$$\mu = \frac{\mu_0}{1 + c_1 t + c_2 t^2} \tag{1.14}$$

空気に対してサザランドは，

$$\mu = \mu_0 \left(\frac{273+c}{273+t+c} \right) \left(\frac{273+t}{273} \right)^{3/2} \tag{1.15}$$

を与えている．ここで，μ_0：0℃の時のμ，t：温度(℃)，c_1, c_2, c：実験定数．油類に対しては，だいたい次のようになる．

$$\frac{\mu_p}{\mu_1} = a^p$$

$a = 1.001 \sim 1.003$

ここで，μ_p, μ_1：それぞれ圧力 p および単位圧力の時のμ．μの単位は kgf·s/m²，c.g.s 絶対単位は p = g(m)/cm·s($\fallingdotseq$ 1/98 kgf·s/m²)，すなわち，ポアズ(P)である．g(m) は質量グラムを表す．

流体の密度を ρ として，

$$\nu = \frac{\mu}{\rho} \tag{1.16}$$

をその流体の動粘性係数という．その単位は m²/s である．また，cm²/s の単位をストークスと呼ぶ．

大気圧の状態における水と空気のμと ν の値を**表-1.6**に示す．

表-1.6 1 atm における水と乾燥空気のμ(kgf·s/m²)と ν (m²/s)(10^{-6} をすべてに乗じる)

温度(℃)		0	10	20	30	40	50	60
水	μ	182.9	133.6	102.9	81.6	66.6	56.0	47.9
	ν	1.794	1.310	1.010	0.804	0.659	0.556	0.478
空気	μ	1.743	1.794	1.844	1.893	1.942	1.989	2.036
	ν	13.22	14.10	15.01	15.93	16.89	17.86	18.85

1.5 表面張力

液体の表面は分子力のために縮まろうとして膜を張ったようになる．この膜を切ったと考えた時に，その単位長さ当りに作用する引張力を表面張力という．H の工学単位は gf/cm, mgf/mm 等で，c.g.s. 絶対単位は dyn/cm $[\fallingdotseq 1/981(\text{gf/cm})]$ である．H は温度上昇と共に減少して臨界温度で 0 となり，また，表面再生後の時間と共に減少する．表面張力のため，内径 r の細管中の液体は図-1.3 のように上昇（または下降）し，その平均高さ h は $2H\cos\theta / [(\gamma - \gamma')r]$ となる．ここで，γ，γ'：それぞれ液体および表面を覆う流体の単位体積の重量，θ：接触角．

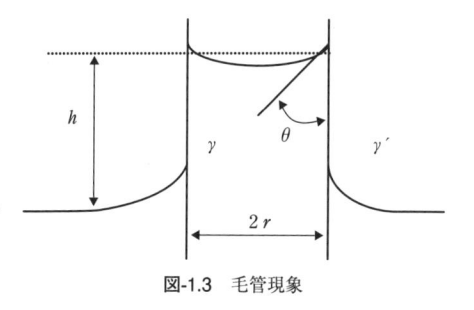

図-1.3 毛管現象

1.5.1 接触角の大きさ

水，塩類水溶液，有機液体等と，よく磨いたガラス壁および空気とが常温で境を接する時（液体が壁を完全に濡らす場合），$\theta \fallingdotseq 0$，水銀とガラス壁と空気の時，常温で $\theta = 130 \sim 150°$ である．接触角は接触面の状態（固体壁，表面を覆う流体の種類および状態）によってかなり異なる．

1.5.2 毛管高さ，比凝集力

$\theta = 0$ の時には，$hr = 2H/(\gamma - \gamma') = a^2$ である．20℃ の表面が空気に接している時の二，三の液体の a^2 の値を mm^2 で表すと，水 14.88，エチルアルコール 5.763，メチルアルコール 5.81 となる．したがって，h の大体の値は，水 $h \fallingdotseq 15/r$，アルコール $h \fallingdotseq 5.8/r$ である．ここで，h，r の単位は mm である．

1.5.3 表面張力の大きさ

種々の液体の H を表-1.7 に示す.

表-1.7 20℃で表面が空気に接する時の液体の表面張力 H(gf/cm)

物 質	表面張力	物 質	表面張力
水銀	0.485	エーテル	0.0168
水銀(水)	0.380	ベンゾール	0.0295
メチルアルコール	0.0230	オリーブ油	0.033
ケロジン	0.023～0.033	10%食塩水	0.0769
原油	0.024～0.039	スピンドル油	0.0317

2. 単 位 系[3]

ここでは，JIS計量単位換算表に準拠してSI単位への換算について述べる．
まず，力では，換算は以下のようになる．
　一般に用いるニュートン(N)と重力キログラム(kgf)との換算
　　1 kgf = 9.80665 N　　　　　　　　　　　　　　　　　　　　　　(2.1)
力のモーメントでは，換算は以下のようになる．
　ニュートンメートル(N·m)またはジュールと重力キログラム・メートル(kg·m)との換算
　　1 kgf·m = 9.80665 N·m　　　　　　　　　　　　　　　　　　(2.2 a)
　　1 kgf·m = 9.80665 J　　　　　　　　　　　　　　　　　　　(2.2 b)
次に，圧力および応力では，換算は以下のようになる．
　メガパスカル(MPa)と重量キログラム毎平方センチメートル(kgf/cm^2)との換算
　　1 kgf/cm^2 = 0.0980665 MPa　　　　　　　　　　　　　　　　(2.3)
　キロパスカル(kPa)と水柱ミリメート(mmH_2O)との換算
　　1 mmH_2O = 0.009880665 kPa　　　　　　　　　　　　　　　(2.4 a)
　キロパスカル(kPa)と水銀柱ミリメート(mmHg)との換算
　　1 mmHg = 0.133322 kPa　　　　　　　　　　　　　　　　　　(2.4 b)
　メガパスカル(MPa)と気圧(atm)との換算
　　1 atm = 0.101325 MPa　　　　　　　　　　　　　　　　　　　(2.4 c)
　メガパスカル(MPa)と重量キログラム毎平方ミリメートル(kgf/mm^2)との換算
　　1 kgf/mm^2 = 9.80665 MPa　　　　　　　　　　　　　　　　　(2.5)
　キロカロリー(kcal)と英熱量(BTU)との換算
　　1 BTU = 0.252 kcal　　　　　　　　　　　　　　　　　　　　(2.6)
　ワット時(Wh)とキロカロリー(kcal)との換算

$$1\text{ kcal} = 1.16279\text{ Wh} \qquad (2.7)$$

ジュール (J) とカロリー (cal) との換算

$$1\text{ cal} = 4.18605\text{ J} \qquad (2.8)$$
$$1\text{ J} = 1\text{ Ws} \qquad (2.9)$$
$$1\text{ h} = 3\,600\text{ s} \qquad (2.10)$$

ジュール (J) と IT カロリー (cal_{IT}) との換算

$$1\text{ cal}_{IT} = 4.18605\text{ J} \qquad (2.11)$$

キロワット (kW) と英馬力 (HP) との換算

$$1\text{ HP} = 0.7457\text{ kW} \qquad (2.12\text{ a})$$
$$1\text{ HP} = 745.7\text{ W} \qquad (2.12\text{ b})$$
$$1\text{ kw} = 1\,000\text{ W} \qquad (2.12\text{ c})$$

キロワット (kW) と仏馬力 (PS) との換算

$$1\text{ PS} = 0.7355\text{ kW} \qquad (2.13\text{ a})$$
$$1\text{ kw} = 1\,000\text{ W} \qquad (2.13\text{ b})$$

温度の換算 [摂氏 (℃) ～華氏 (°F)] の換算は，以下のようになる．

$$°F = 32 + \frac{9}{5}℃$$

SI に含まれない各種単位の SI 単位への換算率は，**表-2.1～2.9** のようになる．

表-2.1 SI 単位換算率表

量	単位の名称	単位記号	定　義	SI 単位に対する換算率
角度 (平面角)	ラジアン 度 分 秒 直角	rad ° ′ ″ ∟	$(\pi/180)$ rad $(1/60)°$ $(1/60)′$ $(\pi/2)$ rad	1.74533×10^{-2} rad 2.90888×10^{-4} rad 4.84814×10^{-6} rad 1.57080 rad
長さ	メートル ミクロン オングストローム	m μ A	$1\mu\text{m}$ 10^{-10}	1×10^{-6} m 1×10^{-10} m
時間	秒 分 時 日	s min h d	60 s 60 min 24 h	6×10 s 3.6×10^3 s 8.64×10^4 s
速度	メートル毎秒 キロメートル毎時 ノット	m/s km/h kn		2.77778×10^{-1} m/s 5.14444×10^{-1} m/s

2. 単位系

量	単位の名称	単位記号	定義	SI単位に対する換算率
加速度	メートル毎秒毎秒 ガル ジー	m/s² Gal G	 $(1/100)\,m/s^2$ $9.80665\,m/s^2$	 $1\times10^{-2}\,m/s^2$ $9.80665\,m/s^2$
質量	キログラム トン カラット ポンド ゲーレン オンス	kg t ct, car lb gr oz	 $10^3\,kg$ $200\,mg$ $(1/7\,000)\,lb$ $(1/16)\,lb$	 $1\times10^3\,kg$ $2\times10^{-4}\,kg$ $4.53592\times10^{-1}\,kg$ $6.47989\times10^{-5}\,kg$ $2.83495\times10^{-2}\,kg$
密度	キログラム毎立方メートル ポンド毎立方フート	mg/m³ lb/ft		 $1.60185\times10\,kg/m^3$
力	ニュートン ダイン 重量キログラム	N dyn kgf	$1\,kg\cdot m/s^2$ $10^{-5}\,N$	 $1\times10^{-5}\,N$ $9.80665\,N$
力のモーメント, トルク	ニュートンメートル 重量キログラムメートル 重量ポンドフート	N·m		 $9.80665\,N\cdot m$ $1.35582\,N\cdot m$
圧力	パスカル バール 重量キログラム毎立方メートル 水柱メートル 気圧 水銀柱メートル トル	Pa bal, b kgf/m² mH₂O, mAq atm mHg Toor	$1\,N/m^2$ $10^5\,Pa$ $101\,325\,Pa$ $(1/0.76)\,atm$ $1\,mmHg$	 $1\times10^5\,Pa$ $9.80665\,Pa$ $9.80665\times10^3\,Pa$ $1.01325\times10^5\,Pa$ $1.33322\times10^5\,Pa$ $1.33322\times10^2\,Pa$
粘度	パスカル秒 ポアズ	Pa·s P	 $0.1\,Pa\cdot s$	 $1\times10^{-1}\,Pa\cdot s$
動粘度	平方メートル毎秒 ストークス	m²/s St	 $10^{-4}\,m^2/s$	 $1\times10^{-4}\,m^2/s$
仕事, エネルギー, 熱量	ジュール ワット秒 エルグ 重量キログラムメートル ワット時 カロリー 電子ボルト	J W·s Erg kgf·m W·h cal eV	$1\,N\cdot m$ $1\,J$ $10^{-7}\,J$ $3\,600\,W\cdot s$	 $1\,J$ $1\times10^{-7}\,J$ $9.80665\,J$ $3.6\times10^3\,J$ $4.18605\,J$ $1.60219\times10^{-19}\,J$
工率, 仕事, 熱流	ワット 重量キログラムメートル エルグ毎秒 仏馬力 英馬力	W PS hp	$1\,J/s$ $75\,kgf\cdot m/s$ 計量法施行法 $550\,lb\cdot ft/s$	 $9.80665\,W$ $1\times10^{-7}\,W$ $7.35499\times10^2\,W$ $7.355\times10^2\,W$ $7.45700\times10^2\,W$
温度	ケルビン セルシウス度又は度 カ氏度	K ℃ °F	 $t\,℃ = (t+273.15)\,K$ $t\,°F = [(5t-160)/9]\,℃$	

2. 単位系

表-2.2 SI 単位換算率表(1)

	N	dyn	kgf
力	1	1×10^5	1.01972×10^{-1}
	1×10^{-5}	1	1.01972×10^{-6}
	9.80665	9.80665×10^5	1

表-2.3 SI 単位換算率表(2)

	Pa(=1 N/m^2)	bal	kgf/cm^2	atm	mmH$_2$O(20℃)	mmHg
圧力	1	1×10^{-5}	1.01972×10^{-5}	9.86923×10^{-6}	1.01972×10^{-1}	7.50062×10^{-3}
	1×10^5	1	1.01972	9.86923×10^{-1}	1.01972×10^4	7.50062×10^2
	9.80665×10^4	9.86923×10^{-1}	1	9.67841×10^{-1}	1.0000×10^4	7.35559×10^2
	1.01325×10^5	1.01325	1.03323	1	1.03323×10^4	7.60000×10^2
	9.80665	9.80665×10^{-5}	1.0000×10^{-4}	9.67841×10^{-5}	1	7.35559×10^{-2}
	1.33322×10^2	1.33322×10^{-3}	1.35951×10^{-3}	1.31579×10^{-3}	1.35951×10	1

表-2.4 SI 単位換算率表(3)

	Pa	MPa または N/mm^2	kgf/mm^2	kgf/cm^2
応力	1	1×10^{-6}	1.01972×10^{-7}	1.01972×10^{-5}
	1×10^6	1	1.01972×10^{-1}	1.01972×10
	9.80665×10^6	9.80665	1	1×10^2
	9.80665×10^4	9.80665×10^{-2}	1×10^{-2}	1

表-2.5 SI 単位換算率表(4)

	Pa·s	cP	P
粘度	1	1×10^3	1×10
	1×10^{-3}	1	1×10^{-2}
	1×10^{-1}	1×10^2	1

表-2.6 SI 単位換算率表(5)

	m^2/s	cSt	St
動粘性	1	1×10^6	1×10^4
	1×10^{-6}	1	1×10^{-2}
	1×10^{-4}	1×10^2	1

表-2.7 SI 単位換算率表(6)

	J	kW·h	kgf·m	kcal
仕事, エネルギー, 熱量	1	2.77778×10^{-7}	1.01972×10^{-1}	2.38889×10^{-4}
	3.600×10^6	1	3.67098×10^5	8.6000×10^2
	9.80665	2.72407×10^{-6}	1	2.34270×10^{-3}
	4.18605×10^3	1.16279×10^{-3}	4.26858×10^2	1

2. 単 位 系

表-2.8 SI 単位換算率表(7)

	kW	kgf·m/s	PS
仕事率 (工率, 動力)	1	1.01972×10^2	1.35962
	9.80665×10^{-3}	1	1.33333×10^{-2}
	7.355×10^{-1}	7.5×10	1

表-2.9 接頭語

単位の乗ぜられる倍数	接頭語 名称	記号	単位の乗ぜられる倍数	接頭語 名称	記号	単位の乗ぜられる倍数	接頭語 名称	記号	単位の乗ぜられる倍数	接頭語 名称	記号
10^{18}	エクサ	E	10^6	メガ	M	10^{-1}	デシ	d	10^{-9}	ナノ	n
10^{15}	ペタ	P	10^3	キロ	k	10^{-2}	センチ	c	10^{-12}	ピコ	p
10^{12}	テラ	T	10^2	ヘクト	h	10^{-3}	ミリ	m	10^{-15}	フェムト	f
10^9	ギガ	G	10	デカ	da	10^{-6}	マイクロ	μ	10^{-18}	アト	a

3. 静水力学[1,4~6]

3.1 圧力の単位

　工学において圧力の単位は，通常 kgf/cm² および kgf/m² を用いる．標準気圧は 1 atm = 760 mmHg (0℃, g = 980.665 cm/s²) = 1.01325 bar = 1.03323 kgf/cm² である．

　圧力測定用計器は，通例，大気圧との差(圧力計は大気圧以上の，真空計はそれ以下の)を示すようにできている．各大気圧を基準とした圧力の大きさをゲージ圧といい，絶対零圧力を基準とした大きさを絶対圧という．すなわち，

$$\text{ゲージ圧} = \text{絶対圧} - \text{大気圧} \tag{3.1}$$

3.2 圧力度または圧力の強さ

　圧力度とは，単位面積当りの圧力の大きさをいう．一点における圧力度を p とすれば，

$$p = \left(\frac{\Delta P}{\Delta A}\right)_{\Delta A \to 0} = \frac{dP}{dA} \tag{3.2}$$

ここで，ΔP：考慮する一点を中心とした微小面積 ΔA に働く全圧力．全圧力 P が全面積に均一に作用する場合の強さは，

$$p = \frac{P}{A} \tag{3.3}$$

静止状態における流体の圧力は，考えている面に直角に向かう（それが流動状態においても同様に成り立つのは完全流体に限る）．

図-3.1 のように静止流体中に微小三角柱（単位幅）を考え，各微小面 dA_1, dA_2, dA に働く圧力を p_1, p_2, p とすると，水平方向および鉛直方向の力の釣合いから以下の式が成立する．

$$p_1 dA_1 = p dA \sin\theta \tag{3.4 a}$$
$$p_2 dA_2 = p dA \cos\theta \tag{3.4 b}$$

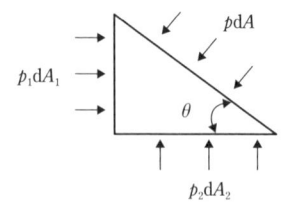

図-3.1 微小三角柱（単位幅）に働く圧力

微小三角柱の各微小面は，以下の関係がある．

$$dA_1 = dA \sin\theta \tag{3.5 a}$$
$$dA_2 = dA \cos\theta \tag{3.5 b}$$

力の釣合い式に代入すると，

$$p_1 dA \sin\theta = p dA \sin\theta \rightarrow p_1 = p \tag{3.6 a}$$
$$p_2 dA \cos\theta = p dA \cos\theta \rightarrow p_2 = p \tag{3.6 b}$$

が得られ，圧力は方向に無関係に一定となる．

圧力度を"圧力"とも略称し，面の上に及ぶその総和を全圧力という語で区別する．密閉容器中の流体に加えられた圧力は，すべての部分にそのままの強さで伝わる（パスカルの原理）．**図-3.2** において面積 a なる小ピストンを f の力で押せば，発生する圧力は $p = f/a$ であり，その圧力はそのままの強さで面積 A の大ピストン側にも作用し，$F = pA$ の力で押すことになる．これが水圧機の原理である．

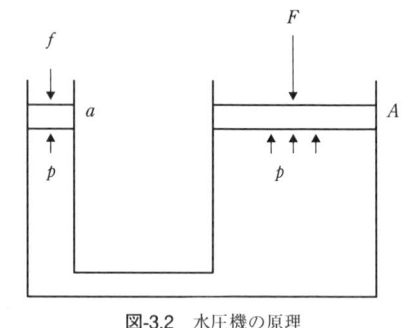

図-3.2 水圧機の原理

$$p = \frac{f}{a} = \frac{F}{A} \tag{3.7}$$

3.3 深さと圧力の大きさ

図-3.3に示すように静止している流体内の深さzなる一点における圧力度pは，
$$p = p_0 + \gamma z \tag{3.8}$$
ここで，γ：流体の単位体積の重量，p_0：表面の圧力．すなわち，深さの相等しい場所の圧力度(圧力)は相等しい．

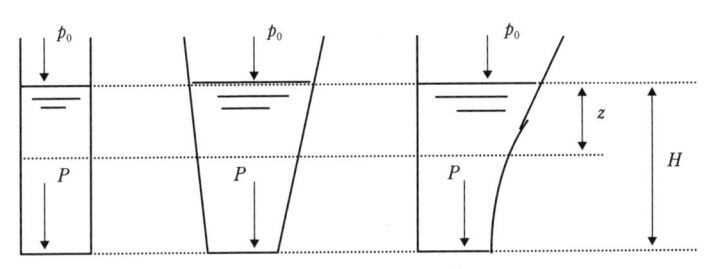

図-3.3 静圧と容器との関係図

上式から$dp/dz = \gamma$，すなわち，深さの単位増加に対する圧力の増加は，流体の単位体積の重量に等しい．なお，3.2で述べたように圧力の強さはいずれの方向にも等しい．

深さによる圧力は，容器の形状および大きさに無関係で，流体の単位体積の重量γとその深さzとの積に等しい．したがって，深さおよび底面積が等しい種々の形状の容器の底面に働く全圧力Pは，流体の比重が同じであれば，いずれの場合も相等しく，その上方に存在する流体の量のいかんによらない．

3.4 水　　頭

水の深さまたは高さの意味で，ディメンションは(L)，"水"と重力の方向に対する"深さ"とを指定しているから単なる長さではなく，応用水理工学では次のように物理的量の尺度として使用する．

3.4.1 圧力度（圧力）の尺度に用いる水頭

水深 H における水平な単位面積を底面 z とし，水面まで立つ水柱の重さに等しい圧力の意味である．したがって，水頭を指定すれば，圧力はおのずから定まる．すなわち，

$$H = \frac{p}{\gamma} \tag{3.9}$$

水柱で H mm のことを H mmAq と書く．例えば，$\gamma H = p$ の関係から 1 mmAq = 1 kgf/m^2 となる．

3.4.2 エネルギーの尺度に用いる水頭

単位重量の水を高さ H だけ変位させた時の位置エネルギーの変化を示すものであり，水の単位重量について考えると，水頭 H はそのままエネルギーの便宜的尺度として使えることになる．

一般の流体については，水頭に相当するものをヘッドという．

3.5 各種液柱計

3.5.1 通常液柱計

液柱の高さにより流体の圧力を測定するのが液柱計である．図-3.4(a) において，p_0 を外気圧とすると，A 面の圧力 p は次のように表せる．

$$p = p_0 + \rho g H \tag{3.10}$$

図-3.4(b) のように U 字管にして密度の大きな液体 ρ' を入れ，A 面の圧力を p とすると，次のようになる．

$$p + \rho g H = p_0 + \rho' g H$$
$$p = p_0 + \rho' g H - \rho g H \tag{3.11}$$

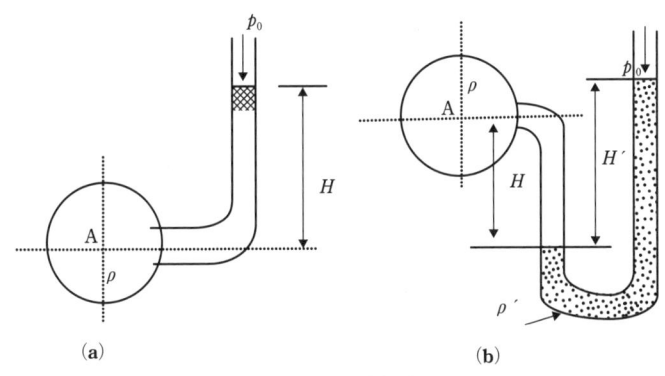

図-3.4 通常液柱計

3.5.2 示差圧力計（液体）

示差圧力計の拡大率とは，一定圧力差に対し，その計器における示差が原液のヘッド（主に水頭）に比べて拡大された割合をいう．すなわち，

$$\Delta p = n\gamma H \tag{3.12}$$

$$\gamma = \rho g$$

ここで，$1/n$：拡大率，Δp：圧力差，γ：原液の単位体積の重量(kgf/cm^3)，H：その計器の示差ヘッド．

図-3.5(a)は，γ（水）＞γ'（油），すなわち，水に対しそれより軽い油を用いた場

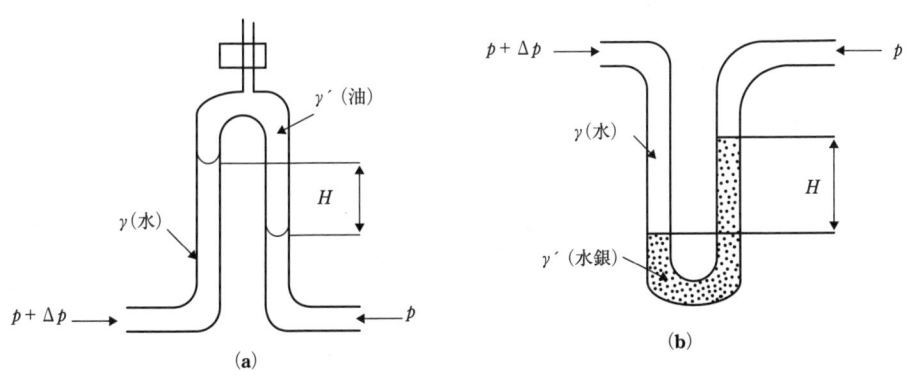

図-3.5 示差圧力計

合で,

$$\Delta p = (\gamma - \gamma') H \tag{3.13}$$

$$拡大率 = \left(1 - \frac{\gamma'}{\gamma}\right)^{-1}$$

図-3.5(b) は, γ(水)＜γ'(水銀), すなわち, 水に対しそれより重い液を用いた場合で,

$$\Delta p = (\gamma' - \gamma) H \tag{3.14}$$

$$拡大率 = \left(\frac{\gamma'}{\gamma} - 1\right)^{-1}$$

拡大率を大きくするには, γ' の値が γ になるべく近い液体を用いる. 水に対して水銀の場合 [**図-3.5(b)**] は, $\gamma' = 13.6$, $\gamma = 1$, 拡大率 $= 1/12.6$, 圧力差 Δp が大きいヘッドを小さくする要求に適する.

3.5.3 傾斜微圧計

図-3.6 に傾斜微圧計を示す.

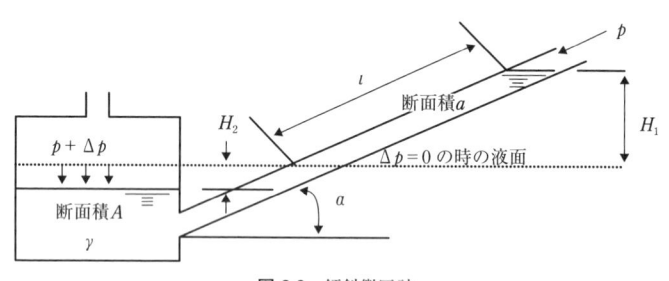

図-3.6 傾斜微圧計

$$\Delta p = \gamma (H_1 + H_2) = \gamma \iota \left(\sin a + \frac{a}{A}\right) \tag{3.15}$$

$$拡大率 = \left(\sin a + \frac{a}{A}\right)^{-1}$$

ここで, ι: 小支管(断面積 a)の液面が $\Delta p = 0$ に相当する原位置より新たに移動した長さ, H_1: その高さ, H_2: 液だまり(断面積 A)の液面が下降した高さ, a: 支管の水平面に対する傾斜角. 表面積の十分大きな液だまりを用い, 傾斜管の液面の移

動だけ測定して圧力差を求めることが多い．この時，

$$\Delta p = \gamma \iota \sin \alpha \tag{3.16}$$

$$拡大率 = \frac{1}{\sin \alpha}$$

3.6 深さによる全圧力および圧力中心

3.6.1 全圧力

　任意の形をした平面板に加わる全圧力は，面の重心に作用する圧力が全面に均一に作用すると見なした時の大ききに等しく，その方向は板面に垂直である．すなわち，直交座標の x 軸を板の延長面と液面との交線上に，y 軸をその延長上で水中へ向け，x 軸に直角(**図-3.7**)にとるものとすれば，

$$P = \bar{p}A \tag{3.17 a}$$

$$\bar{p} = \gamma \bar{z} = \gamma \bar{y} \sin \alpha \tag{3.17 b}$$

$$\bar{y} = \int \frac{y \, dA}{A} = \iint \frac{y \, dx \, dy}{A} \tag{3.17 c}$$

ここで，P：全圧力，A：板の全面積，$\bar{p}$：重心 G に作用する圧力度(圧力)，$\bar{z}$ および $\bar{y}$：重心の深さおよび y 座標，α：液面に対する板の傾斜角．

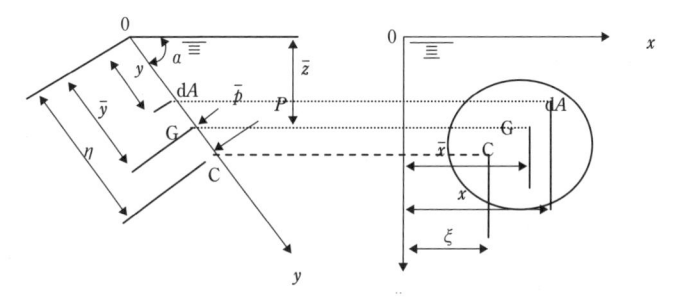

図-3.7 平板の深さによる全圧力および圧力の中心

3.6.2 圧力の中心

全圧力の合成力が作用する点を圧力の中心という．図-3.7 の x, y 軸に対する圧力の中心 C 点の座標 ξ, η は，

$$\xi = \int \frac{xy\mathrm{d}A}{\bar{y}A} = \iint \frac{xy\mathrm{d}x\mathrm{d}y}{\bar{y}A} \tag{3.18 a}$$

$$\eta = \frac{k^2}{\bar{y}} + \bar{y} \tag{3.18 b}$$

$$k^2 = \int \frac{(y-\bar{y})^2\mathrm{d}A}{A} = \iint \frac{(y-\bar{y})^2\mathrm{d}x\mathrm{d}y}{A} \tag{3.18 c}$$

ここで，$\mathrm{d}A$：板上の微小面積，k：板面の重心 G を通って x 軸に平行な線に対する板面の回転半径．板が対称形であって，対称軸が図-3.7 の x 軸と直交する場合の圧力の中心は，対称軸上にあり，η のみで決定される．

3.6.3 曲面板の圧力

図-3.8 のような任意の形をした曲面板 AB（紙面に垂直な方向の曲面形は変わらないとする）に作用する流体の全圧力を P とすると，曲面 AB から流体に働く力 R は P と大きさが同じで方向が反対である．

図のように曲面 AB を水平ならびに垂直方向に投影した平面を AC，BC とすると，各平面に働く全圧力 P_x, P_y は 3.6.1 で示した方法で計算される．したがって，R の成分を R_x, R_y とすると，ABC 内の流体に働く力の水平ならびに垂直方向の釣合いから，

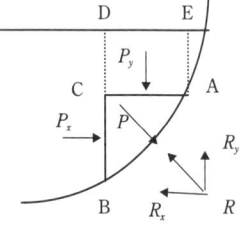

図-3.8 曲面板に作用する全圧力

$$R_x = P_x \tag{3.19 a}$$
$$R_y = P_y + \Delta \mathrm{ABC} \tag{3.19 b}$$
$$P_y = \square \mathrm{ACDE} \tag{3.19 c}$$
$$R = \sqrt{R_x^2 + R_y^2} \tag{3.19 d}$$

ここで，$\Delta \mathrm{ABC}$：体積 ABC の流体の重さ．なお，P_y は，面 AC 上の流体の $\square$ACDE の重さに等しい．

このように曲面板に作用する全圧力の水平成分ならびに垂直成分に分解し，別々に求めることによって全圧力を容易に計算することができる．

次に，**図-3.9(a)** のような円筒(半径 r，長さ l)内部の圧力を p とすると，任意の微小面である $l r d\theta$ に作用する全圧力 $dP = l r d\theta p$ の水平分力を積分することによって，円筒を分割しようとする力 P は，

$$P = 2\int_{\theta=0}^{\theta=\pi/2} dP \cos\theta = 2 p r l \int_{\theta=0}^{\theta=\pi/2} \cos\theta d\theta = 2 p r l \tag{3.20}$$

一般に，**図-3.9(b)** のような曲面 AB に一様な圧力 p が作用する場合，その全圧力は曲面の投影面積 CD に圧力 p が作用する時の全圧力 P に等しい．

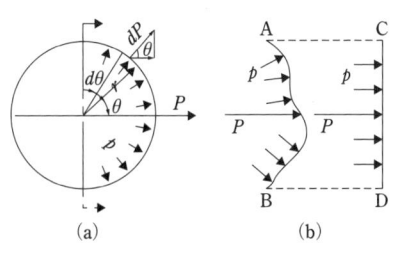

図-3.9 円筒および任意の曲面板に作用する全圧力

3.7 浮　　力

流体中に物体が置かれると，その表面には圧力が作用する．**図-3.10** 示す体積 V の物体表面において，垂直方向の円筒の微小断面積を dA とし，液面からの深さをそれぞれ h_1, h_2 とすると，2つの面に働く全圧力の物体の下面と上面の全圧力の差は，

$$B = \gamma \int (h_2 - h_1) dA = \gamma V \tag{3.21}$$

となり，排除された流体の重量に等しい力を鉛直上方に受ける．この力を浮力といい，アルキメデスの原理という．ここで，γ：流体の単位体積重量，V：物体によって排除された流体の体積．

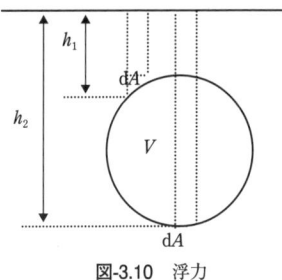

図-3.10 浮力

3.8 浮　揚　体

図-3.11 に示すように浮力の作用点を浮力の中心という．この浮力は，物体が排

除した流体の重量に等しい. 物体の重量を W, 浮力を B とし, 他に力が作用しないとすると, 物体は $W>B$ で沈下し, $W<B$ で上昇する. また W と B とが同一線上にない時は回転する. したがって, 浮いて静止する物体の浮力はその重量に等しく, 作用線は物体の重心を通る.

図-3.11 の状態において, 浮揚軸とは重心 G と浮力の中心 C とを結ぶ垂直線, 浮揚面とは水面による浮揚体の切断面, 浮面心とは浮揚面の重心, 喫水とは浮揚面から物体の最下底までの距離, 排水量とは物体が排除した水の重量をいう.

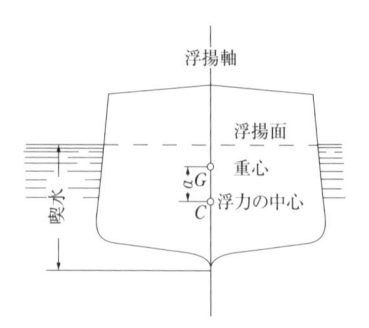

図-3.11 浮揚体(静止)

メタセンタとは, **図-3.12** に示すように釣合いの状態から物体を傾けた時, 新たに移転した浮力の作用線が浮揚軸と交わる点 M. また, メタセンタの高さとは, 重心からメタセンタまでの長さ h をいう. h は重心の上方にある時を正とする.

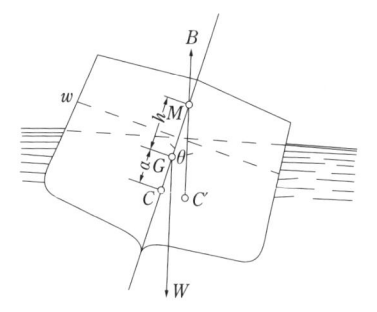

図-3.12 浮揚体のメタセンタ

図-3.12 に示す浮揚体が排除した微小体積 $dV=xdx\theta$ が新しく液中に入ることによるモーメントは,

$$dM = \gamma\, dV x = \gamma\, \theta\, x^2 dx \tag{3.22}$$

中心線の反対側では, 浮揚体の一部が液面上に出ることによって浮力を失い, 浮揚体が傾斜したために生ずるモーメントは,

$$M = 2\gamma\,\theta \int x^2 dx$$
$$2\int x^2 dx = I$$
$$M = \gamma\,\theta\, I \tag{3.23}$$

傾斜角 θ が微小の時,

$$M = B\overline{CC}' = \gamma V(a+h)\theta$$

$$(a+h) = \frac{I}{V}$$

$$h = \frac{I}{V} - a$$

浮揚体の姿勢を復元しようとする偶力は,
$$Wh\theta \tag{3.24}$$
$h>0$ であれば，すなわち M が G の上にあれば安定である．しかし，$h<0$，すなわち M が G の下にある時は不安定である．

3.9 相対的静止（相対的釣合い）

3.9.1 直線運動

全体としては運動していても，相隣る流体微小部分の間に相対変位のない状態を保てれば，これを相対的静止の状態という．

ダランベールの法則に基づいて運動の慣性抵抗を外力の一つと見なすと，図-3.13 に示すような相対的静止の状態は，静力学の問題に帰着して取り扱うことができる．

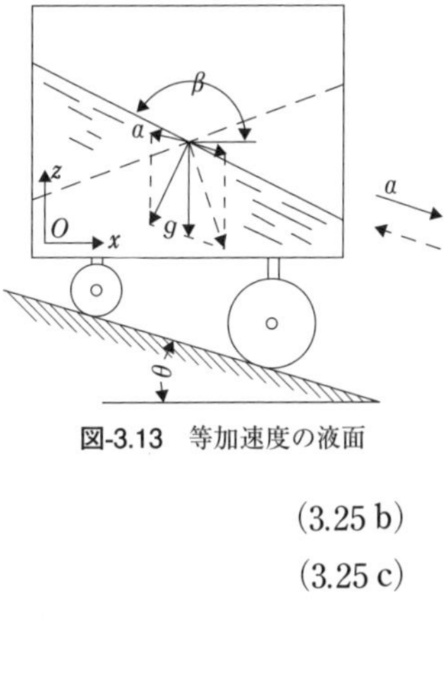

図-3.13 のような傾斜角 θ の斜面を上る場合を考え，加速度を a とする（斜面を下る方向を正にとる）と，外力は，

$$x = -a\cos\theta \tag{3.25 a}$$
$$y = 0 \tag{3.25 b}$$
$$z = a\sin\theta - g \tag{3.25 c}$$

圧力は,
$$p = p_0 - \frac{\gamma}{g}[ax\cos\theta + (g - a\sin\theta)z] \tag{3.26}$$

ここで，p_0：原点の圧力．

等圧面は，水平軸に対し傾斜角
$$\beta = \tan^{-1}\left[\frac{-a\cos\theta}{g - a\sin\theta}\right] \tag{3.27}$$

図-3.13 等加速度の液面

の平面である．加速度の向きが斜面を上がる方向にある時は，式(3.27)で $a<0$ と

考える．

3.9.2 垂直軸回りの強制回転運動

図-3.14のように円筒形の容器に液体をその垂直軸の回りに角速度ωで回転させると，液面も同じ角速度で強制的に回転させられ，遠心力の作用で外側に集まろうとする．液面の任意に考えた微小質量mに注目すると，mによる遠心力$mr\omega^2$と重力mgが作用し，液面はその合力に垂直となる．したがって，その点における液面の傾斜角をθとすると，

$$\tan\theta = \frac{mr\omega^2}{mg} = \frac{r\omega^2}{g} \quad (3.28)$$

しかるに，垂直上方にz軸をとると，$\tan\theta = dz/dr$であるから，式(3.28)は，

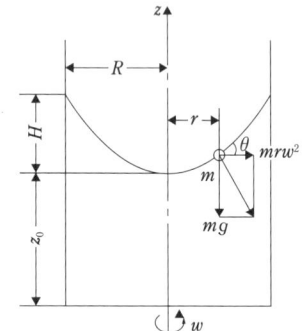

図-3.14 強制回転運動

$$\frac{dz}{dr} = \frac{r\omega^2}{g} \quad (3.29)$$

$$z = \frac{r^2\omega^2}{2g} + z_0 \quad (3.30)$$

$r=R$の時，$z=H+z_0$とすると，

$$H = \frac{R^2\omega^2}{2g} \quad (3.31)$$

となり，これを変形すると，

$$\omega = \frac{1}{R}\sqrt{2gH} \quad (3.32)$$

となる．したがって，Hを測定することによって角速度ωがわかり，回転計としても利用される．

4. 動水力学 [1,2,4~7]

4.1 流体運動の一般

4.1.1 層状運動と乱れ運動

(1) 運動の区別

　水が流れるガラス管の流入口から色素溶液を線状にして流すと，流速が小さな間は管軸に平行な明瞭な線となって流れるが，流速が大きくなると，流入口直前から色素線は全く混乱してしまう．前者を層状運動あるいは層流といい，後者を乱れ運動あるいは乱流という．また，前者を流線運動，後者を擾乱運動ということがある．2者が移り変る際の管内平均流速を臨界流速という．
　臨界流速 v_c は，一般に流体の動粘性係数 ν ，管径 d により，レイノルズ数 $R_{ec} = v_c d / \nu$ で示される．この R_{ec} を臨界レイノルズ数という．

(2) 臨界レイノルズ数

　種々の方法で定められた臨界レイノルズ数 R_{ec} の値は必ずしも一致していない．この乱流の発生機構に関連して理論的ならびに実験的に次のようにいわれている．流れの一部にきわめて弱い乱れしか存在しない時は，流れはそれ自身ある範囲の波長および振動数の無限小擾乱により乱流移行する．また，流れの一部に強い乱れがある時には，ある有限な大きさの外部擾乱に基づいて乱流に移行する．円管内の流れについては実験的にシラーの研究がある．すなわち，流入口に近く人工的乱れ誘

起物として小板を置き，流入口から小板までの距離を少なくするにつれて R_{ec} の値が漸次下がることを明らかにしている．また，鋭い流入口の場合の R_{ec} はラッパ型流入口の場合の約 1／2 以下となり，ラッパ型流入口に少しの掻き傷があっても R_{ec} は半分ぐらいになるといわれている．シラーによれば，最小臨界レイノルズ数は $R_{ec} = 2320$ であり，これより小さいレイノルズ数においてはいかなる外部擾乱を与えても乱流にならない．これに対してエックマンが水槽中の水を静置し，円滑なラッパ型流入口を用いて得たレイノルズ数は $R_{ec} = 5000$ であり，シラーの値より大きい．

(3) 臨界現象

管内平均流速が臨界流速に達した場合，管内の流れが全部乱流になってしまうわけではない．すなわち，管の流入口から約 $30\,d$ ぐらいの所で乱流の塊ができ，この塊が多少成長しつつ管内を進行し，これが出口から流出し去ると，前と同じ箇所に同様な乱流の塊ができ同様の運動を繰返す．この乱流の塊ができると，管の水力抵抗を増し，その結果，流速を減ずるので，臨界レイノルズ数においては管中の流速が周期的に甚だしい振動を伴う．

(4) 種々な断面の管，水路

種々な断面を有する管における臨界レイノルズ数は，表-4.1 に示すとおりである．ただし，この場合 $R_{ec} = v_c m / \nu$ (m：流体平均深さ）をとっている．円管の場合には $m = d／4$ であるから，円管の臨界レイノルズ数を m で表すと，$R_{ec} = 580$ となる．これと表-4.1 の数字とを比較すると，管断面による臨界レイノルズ数の値は大差ないといえる．

表-4.1　種々な断面の管の臨界レイノルズ数

形　状	断　面	実験した管	R_{ec}
正方形管	1.8 cm × 1.8 cm	実験は黄銅管	500〜550
長方形管	7.9 cm × 27.8 cm	同上	350〜550
長方形隙間	1.178 cm × 0.404 cm	同上	630
水路	断面が長方形の場合	—	250〜350

(5) 物体周りの流れ

a. 平板　　平板が長さ方向に速度 v で流体中を進行する際，この表面の境界層は先端の方は層流であるが，先端から l の距離において乱流となる．この際，臨界レイ

ノルズ数は,

$R_{ec} = v\iota/v = 30 \times 10^5$　流れる際の擾乱の原因が小さい場合

$R_{ec} = v\iota/v = 8.5 \times 10^4$　流れる際の擾乱の原因が大きい場合

b. 球, 円柱　あるレイノルズ数において抵抗係数に不連続的な変化がある．これは表面の境界層が層流剥離から乱流遷移へ移行するためである．球の場合, レイノルズ数 $R_e (=2aV/v)$ が $R_e = 3.5 \times 10^5$ から抵抗係数 $c_x [=R/[(1/2)\rho V^2 S]$, R: 抵抗力, V: 流速, a: 半径, S: 投影面積] が急激に変化する．円柱の場合は, $R_e = 5 \times 10^5$ の付近で抵抗係数 c_x が急激に変化する．これらの数値を臨界レイノルズ数という．

4.1.2　流線, 変わらぬ流れ

(1) 流　線

運動しつつある流体中にある瞬間に１つの線を仮想し, この上の任意の点に引いた接線がその点における流速の方向を示す場合, この線を流線という．

(2) 流れの道筋

これに対して流体中にある一定の微小部分, あるいは完全に浮いている微粒子を考え, これが時間と共に実際に通過する線を流れの道筋という．

(3) ２者の関係

流動の状態が時間的に変化のない場合, 流線と流れの道筋は一致するが, 時間的に変化する場合, 一般に流れの道筋は各時刻における流線の包絡線となる．すなわち, **図-4.1** において時刻 t, t', t'' において流線がそれぞれ AB, A'B', A''B'' となったとすれば, 時刻 t において P にあった微粒子が t から t'' の間に通過した道筋は, 前記３線の包絡線 P, P', P'' となる．ただし, t, t', t'' の間の差はもちろん微小とする．

(4) 変わらぬ流れ

前掲の時刻と共に状態の変わらぬ流動を変わらぬ流れという．流線運動の変わらぬ流れでは, 流線が固定したものと考えられる．また, 乱流の場合でも, 一定

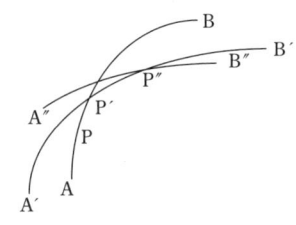

図-4.1　変わる流れの流線と流れの道筋

の微粒子を問題にせず総体として平均流速，水力損失等が時間的に変化しないものとすれば，変わらぬ流れということができる．

(5) 流　管

流体内に1つの曲線の輪を考え，この曲線を通る多くの流線を引くと，流線からなる1つの管ができる．これを流管という．流管の壁を通って流体が出入することはない．

(6) 流線の検出

流線を検出するには，空気の場合は煙の線を流す方法，熱気を流す方法がある．また，水の場合はインキを流す方法，アルミニウムの粉を水中または水面に浮かべる方法，壁面に微薄な錆を出させる方法等がある．以上の方法は，主として変わらぬ流れの場合に有効であるが，変る流れにおいては，流速写真あるいは熱線流速計や超音波流速計等による．

(7) 流線と流速

流線を引いた図について流線の間隔の狭い所ほど，換言すれば流線の密度が大きい所ほど流速が大きい．

4.1.3　流量，連続の式

(1) 流　量

流管の任意の点における断面積をA，平均流速をvとすると，流量Qは，

$Q = Av$ （流量のディメンションはL^3T^{-1}である）　　　　　　(4.1)

(2) 連続の式

変わらぬ流れにおいて密度が一定の時，流管に沿った2つの点の断面積をA_1，A_2とすると，物質不滅の法則により，

$A_1v_1 = A_2v_2 = Q$　あるいは　$Q = Av = $ 一定　　　　　　(4.2)

この事柄を連続の理といい，上式を連続の式という．

(2) 実用上の注意

ただし，以上の式は流体の圧縮率を考慮外に置いた場合である．気体の場合には，速度が音速に匹敵するほど大きくなると異なってくる．なお，以上は流管について述べたが，実用上は供されている円管，広がり管，狭まり管においても各断面とその場所の平均流速をとり式(4.2)を応用する．

4.1.4 ベルヌーイの定理

(1) 理想流体の場合

①流体摩擦がないこと，②外力として重力のみが作用すること，③流動は変わらぬ流れであること，④圧縮性は考慮外に置きうること，⑤一定の流管の軸方向に沿って考えること，等の仮定のもとにオイラーの式は次のようになる．

$$\frac{p}{\gamma}+\frac{v^2}{2g}+z=H \quad \text{あるいは} \quad p+\left(\frac{\rho}{2}\right)v^2+\gamma z=\gamma H \tag{4.3}$$

これをベルヌーイの式という．ここで，p：流線上の一点における圧力(kgf/m^2)，v：流速(m/s)，z：一基準水面からその点までの高さ(m)，γ：流体の単位体積の重量(kgf/m^3)，水の場合 1 000 kgf/m^3 (9 806.65 N/m^3) (0~10℃)，空気については温度で異なる．

$$g=9.80 \text{ m/s}^2 \quad \rho=\text{流体の密度}\left(=\frac{\gamma}{g}\right) \quad \rho=\frac{1\,000}{9.80}(\text{kgf}\cdot\text{s}^2/\text{m}^4)$$

式(4.3)で示した定理をベルヌーイの定理という．

なお，p/γ を圧力水頭(通常，圧力計で測る)，$v^2/2g$ を速度水頭(通常，ピトー管で測る)，z を位置水頭，H を全水頭といい，すべて水柱 m，あるいは水銀柱 mm で示す．

ベルヌーイの式は，また熱力学第1法則を流体に応用したものであり，上の各水頭はそれぞれ単位重量の流体の有する各種エネルギーを表し，その総和が一定であることを示している．ただし，一般的には流管によって H の値を異にする．

(2) 変わる流れ

上に揚げた③の流動は変わらぬ流れとの前提がないとすれば，

$$\frac{p}{\gamma}+z+\frac{v^2}{2g}+\frac{1}{g}\int_0^s\left(\frac{\partial v}{\partial t}\right)ds = \text{一定} \tag{4.4}$$

ここで，s：流管に沿った長さ．

(3) 実 用 式

実際上，管路あるいは水路中の流れに応用する際には，v はその断面の平均流速，p および z はその断面の中心における値をとって大差はない．しかし，実際における流動には必ず水頭損失を伴うから次式を用いなければならない．

$$\frac{p}{\gamma} + \frac{v^2}{2g} + z + h = H(\text{定数}) \tag{4.5 a}$$

あるいは，

$$\frac{p_1}{\gamma} + \frac{v_1^2}{2g} + z_1 = \frac{p_2}{\gamma} + \frac{v_2^2}{2g} + z_2 + h = H(\text{定数}) \tag{4.5 b}$$

ここで，h：点1から点2までにおける損失水頭(水柱 m)．

図-4.2 に示すように，管中心における位置水頭 z に圧力水頭 p/γ を加えた高さに等しい点を連ねる線 acd を水力勾配線といい，各部の傾斜角を θ とすると，$i = \tan\theta$ をその場所における相当勾配または水力勾配という．管路のいかなる点も水力勾配線から 10.3 m 以上高くすれば，その点から水流が断絶する．

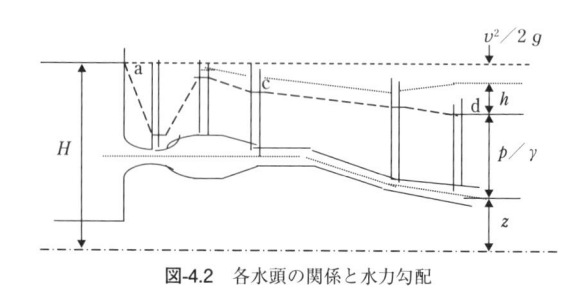

図-4.2　各水頭の関係と水力勾配

4.1.5　動圧と総圧

水平で変わらぬ流れの中に物体がある時，物体の正面中央の一点で流れは完全に堰き止められる．この点の圧力を p_1 とすると，

$$p_1 = p + \frac{\gamma v^2}{2g} \tag{4.6}$$

ここで，p, v：物体の影響を受けない前方における圧力と速度．したがって，圧力

上昇は，

$$p_1 - p = \frac{\gamma v^2}{2g} \tag{4.7}$$

これを動圧（kgf/m² あるいは kgf/cm²）という．動圧は，また $v^2/2g$ として水柱 m で表す．これに対して p を静圧，p_1 を総圧という．

4.1.6 ベルヌーイの定理の応用

(1) ピトー管

流速の測定に対してはプラントル型，N.P.L.型，またはこれを改良したもの等が用いられる．また，壁面の近くの測定にはスタントン管が用いられる．円筒型ピトー管は，流れの方向の測定に適する．空気流れをピトー管の水柱高さで計測する場合，温度と気圧等に影響されるが，空気流速 v_a(m/s)は $v_a = 4\sqrt{h_w}$ である（h_w は水柱 mm）．

(2) ベンチュリ管

図-4.3 のように管路の一部を細く絞った装置をベンチュリ管という．管内流速は 1 つの断面上でも場所によって差あるが，簡単のため一つの断面上では流速は一様であるとして，ベルヌーイの定理を適用する．

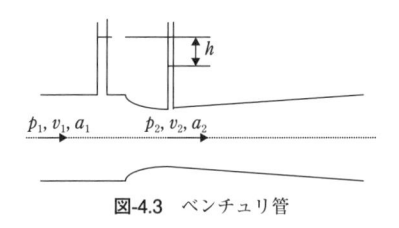

図-4.3 ベンチュリ管

ベンチュリ管入口における流速 v_1，断面積 a_1，圧力 p_1，出口における流速 v_2，断面積 a_2，圧力 p_2 とすると，

$$\frac{v_1^2}{2g} + \frac{p_1}{\gamma} = \frac{v_2^2}{2g} + \frac{p_2}{\gamma} \tag{4.8 a}$$

ベンチュリ管を流管として，連続の式を用いると，

$$a_1 v_1 = a_2 v_2 \tag{4.8 b}$$

測定した液柱計の差より，

$$p_1 - p_2 = \gamma h \tag{4.8c}$$

連続の式から,

$$v_1 = \left(\frac{a_2}{a_1}\right) v_2 \tag{4.8d}$$

上式をベルヌーイ式に代入すると, v_2 は,

$$v_2 = \sqrt{\frac{2gh}{1-\beta^2}} \tag{4.8e}$$

ただし,

$$\beta = \frac{a_2}{a_1}$$

流量 Q は,

$$Q = a_2 v_2 = a_2 \sqrt{\frac{2gh}{1-\beta^2}} \tag{4.8f}$$

流量係数 C を設定する. C の値は各部の寸法や流速によって変化するが, 0.96〜0.99である.

$$Q = C a_2 \sqrt{\frac{2gh}{1-\beta^2}} \tag{4.8g}$$

4.1.7 2流線間の総水頭差

流体が一平面内に曲線路を描く場合, ある点において曲率半径 ρ, 流速 v を有する流線と $\delta\rho$ を隔てて隣接する速度 $v+\delta v$ なる流線との総水頭の差 δH は,

$$\delta H = \left(\frac{v\delta\rho}{g}\right)\left(\frac{dv}{d\rho} + \frac{v}{\rho}\right) \tag{4.9}$$

例えば, $v=\rho\omega$ なる強制渦では, $\delta H = 2\omega^2 \rho \delta\rho/g$ である.

自然界の流れでは $\delta H = 0$, すなわち $v\rho = \Gamma/2\pi = $ 一定である渦巻を自然渦といい, Γ を渦強さという. $\rho = 0$ では $v = \infty$ となるはずであるが, 実際にはこの場所へ空気を吸い込み, 図-4.4に示すように AB, CD のような円筒状となる. その表面の曲線は, 次の双曲線で示される.

$$\rho^2 z = \frac{\Gamma^2}{8\pi^2 g} = 一定 \tag{4.10a}$$

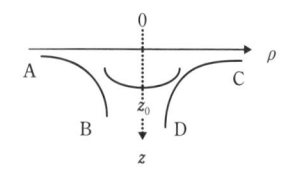

図-4.4 自然渦と組合せ渦との表面

自然渦は，ある場合には中心部において十分大きな回転速度を出し得ないため，$\rho = a$ 以内に強制渦を生じ，**図**-4.4 に示す Az_0C のような表面になることがある．これをランキング組合せ渦という．この際，表面の曲線は $\rho > a$ では式(4.10 a)となり，$\rho < a$ では，次の式となる．

$$z_0 - z = \frac{\Gamma^2 \rho^2}{8\pi^2 a^4 g} = \frac{\omega^2 \rho^2}{2g} \tag{4.10 b}$$

$$z_0 = \frac{\Gamma^2 \rho^2}{8\pi^2 a^4 g} + z \tag{4.10 c}$$

式(4.10 c)で与えられる z を用いると，

$$z_0 = \frac{\Gamma^2 \rho^2}{8\pi^2 a^4 g} + \frac{\Gamma^2}{8\rho^2 \pi^2 g} = \frac{\Gamma^2(\rho^4 + a^4)}{8\rho^2 \pi^2 a^4 g} \tag{4.10 d}$$

式(4.10 d)で $\rho = a$ と置けば，$z_0 = \Gamma^2 / 4\pi^2 a^2 g$ となる．ここで，z_0：最低点の深さ．

4.1.8 キャビテーション

ベンチュリ管の絞りのように流路の断面が狭くなる所では，流速が大きくなり，流体の圧力が低下し，含有ガスを分離し，また蒸発が発生して空所ができる．これが高圧の部分へ流れると消滅して，流れや流れの壁に種々の障害を与える．この現象をキャビテーションという．空所消滅と共に壁に衝撃を与えて浸食の原因（キャビテーション・エロージョン）を作り，同時に振動・騒音を伴う．その際の衝撃的圧力の振動数は 1 000 Hz 内外から数十万 Hz に達し，超音波の領域に入ることもある．

キャビテーション発生条件を示す無次元数としてキャビテーション数 σ がある．

$$\sigma = \frac{P_0 - P_v}{\rho V_0^2 / 2} \tag{4.11 a}$$

ここで，σ：キャビテーション数，P_0：流れのある基準点における絶対圧（＝大気圧＋ゲージ圧），V_0：基準点の流速，P_v：**表**-4.2 に示す絶対圧の蒸気圧，ρ：流体の密度．

式(4.11 a)は，流れが水平路の場合であるが，余水吐表面のように曲率半径 R を

表-4.2　水温と蒸気圧との関係

水温(℃)	0	10	20	30	40	50	60	80	100
蒸気圧(mAq)	0.062	0.125	0.233	0.433	0.752	1.258	2.032	4.830	10.332

有する場合には曲面上の水流 h の遠心力による圧力(ゲージ圧)を考慮する必要があり，表面が凸形状であれば負圧，凹形状であれば正圧になる．

$$\sigma = \frac{P_0 + p_r - P_v}{\rho V_0^2 / 2} \tag{4.11 b}$$

$$p_r = \frac{\rho V_0^2 h}{R} \tag{4.11 c}$$

キャビテーションの発生する瞬間を初生というが，ある物体につき初生時のキャビテーション数は固有の数値であり，一般に実験的に σ_i が定められる初生キャビテーション数である．式(4.11 a)式の値 σ が大きいほどキャビテーションは発生しにくく，小さいほど発生しやすい．したがって，$\sigma > \sigma_i$ であればキャビテーションは発生しない．$\sigma \leq \sigma_i$ であればキャビテーションが発生し，差 $(\sigma - \sigma_i)$ の値がキャビテーション発達の程度を示す．

4.1.9 運動量の法則

(1) 運動量の法則の適用

固体面に沿って流体が流れている場合，固体表面の圧力による力と粘性摩擦による力を積分することによって流体が壁面に及ぼす力を求めることができるが，運動量の法則，すなわち運動量が変化する場合，力＝単位時間の運動量の変化の増加の関係を利用することによって流体と固体壁の間に作用する力を比較的容易に求めることができる．

図-4.5 に示す曲面に閉曲面 S を考える．流体はこの閉曲面の一部 E から流入し，他の一部 A から流出している．曲面 E 上の一点における速度の直角座標軸 x, y, z 方向成分をそれぞれ u_e, v_e, w_e とし，また，曲面 A 上のそれらを u_a, v_a, w_a とする．ここで，閉曲面 S で囲まれた流体の質量に働く力(流体あるいは固体壁が曲面 S を通して及ぼす力および質量力を含む)の x, y, z 方向成分をそれぞれ F_x, F_y, F_z とすれば，運動量の法則より，

$$F_x = \rho \iint_A u_a dQ - \rho \iint_E u_e dQ \tag{4.12 a}$$

$$F_y = \rho \iint_A v_a dQ - \rho \iint_E v_e dQ \tag{4.12 b}$$

$$F_z = \rho \iint_A w_a dQ - \rho \iint_E w_e dQ \tag{4.12 c}$$

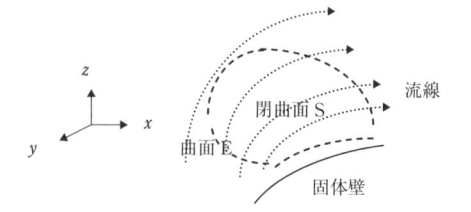

図-4.5　曲面を有する固体壁に及ぼす力

ただし,Q:流量,ρ:流体の密度.流入面および流出面における速度がそれぞれ一様な場合は,

$$F_x = \rho Q(u_a - u_e) \qquad (4.13\,\text{a})$$
$$F_y = \rho Q(v_a - v_e) \qquad (4.13\,\text{b})$$
$$F_z = \rho Q(w_a - w_e) \qquad (4.13\,\text{c})$$

次に,**図-4.6**に示すような曲管内を流体が流れる場合について,入口と出口の断面積を A_1, A_2, 流速を v_1, v_2 とすると,流量は $Q = A_1 v_1 = A_2 v_2$ となる.圧力を p_1, p_2,流れが曲管に及ぼす力の x, y 方向成分を F_x, F_y とすると,運動量の法則から運動量差の力 $K[=\rho Q(v_2-v_1)]$,圧力差の力 $N(=p_1A_1-p_2A_2)$ および流れが曲管に及ぼす力を F(ただし,流管が流体に及ぼす力 F は $-F$ となる)とすると,$K=N+F$ の関係から,

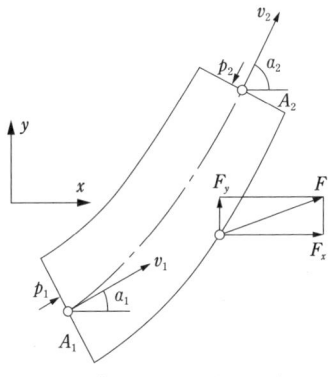

図-4.6 曲管に対する運動量の法則の適用

$$F_x = \rho Q(v_2\cos\alpha_2 - v_1\cos\alpha_1) - A_1 p_1\cos\alpha_1 + A_2 p_2\cos\alpha_2 \qquad (4.14\,\text{a})$$
$$F_y = \rho Q(v_2\sin\alpha_2 - v_1\sin\alpha_1) - A_1 p_1\sin\alpha_1 + A_2 p_2\sin\alpha_2 \qquad (4.14\,\text{b})$$

管内の流速分布や圧力分布がわからなくても,入口と出口の流速,圧力さえわかれば,流れが曲管に及ぼす力を知ることができる.曲管に作用する全力は,

$$F = \sqrt{F_x^2 + F_y^2} \qquad (4.15)$$

によって求められる.

(2) 壁面に衝突する噴流

重力の影響を無視し,衝突によるエネルギー損失および表面摩擦等の影響を無視すれば,固体表面を離れ去る噴流の速度の大きさは,衝突する前の噴流の速度の大きさと等しくなる.

a. 大きな平板の場合　**図-4.7**に示すように平板が噴流に直角な場合,噴流が十分大きな面積を有する静止平板に衝突する時,平板に及ぼす力は,

$$F = \rho Q v \qquad (4.16)$$

ここで,$\rho = \gamma/g$:密度($\text{kgf}\cdot\text{s}^2/\text{m}^4$),$v$:噴流の速度(m/s),$Q:av$,$a$:噴流の断面積($\text{m}^2$).

この力は平板に直角に作用する.ライヒによると,d を噴流の直径,nd をオリフィス(噴流出口)と平板との距離とした場合,噴流の方向を完全に変換するに必要な板

の最小直径 D, すなわち $F=\rho Qv$ が成立するのに必要な D 値は, $D=5d/\sqrt{n}$ により与えられ, F 値は $F=\rho Qv$ の値より 4～6% 小さい.

図-4.8 に示すように, 平板が噴流の方向に角 θ をなす時の平板に及ぼす力 F は,

$$F=\rho Qv\sin\theta \qquad (4.17\,\text{a})$$

この場合, F は板に直角に作用する. 噴流の方向に作用する力 F_0 は,

$$F_0=\rho Qv\sin^2\theta \qquad (4.17\,\text{b})$$

上の関係が成立するためには, 平板の直径 $D>6d$(噴流の直径) でなければならない.

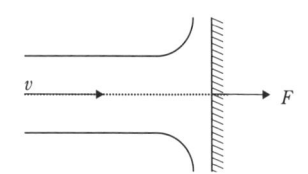

図-4.7 噴流が平板に直角に衝突する場合

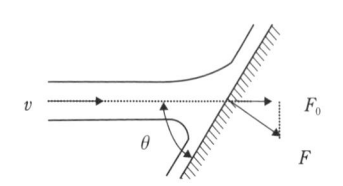

図-4.8 噴流が傾斜平板に衝突する場合

b. 曲線壁に沿って曲がる二次元噴流　図-4.9 に示すように, 噴流の方向を x 軸の方向とする. また, 曲線壁に流れが流入または流出する所では, 噴流の方向はその点における曲線壁の接平面の方向であると仮定する. この場合, 力 F の x 軸の方向および y 軸の負の方向の分力をそれぞれ F_x および F_{-y} とすれば,

$$F_x=\rho Qv(1-\cos\beta) \qquad (4.18\,\text{a})$$
$$F_{-y}=-\rho Qv\sin\beta \qquad (4.18\,\text{b})$$

図-4.10 に示すように, 曲線壁が噴流と同一方向に速度 u で運動している場合には, 曲線壁に対する相対速度は $(v-u)$ となり, 単位時間に曲線壁に当る流体の流量 Q' は,

$$Q'=Q\left(1-\frac{u}{v}\right) \qquad (4.19)$$

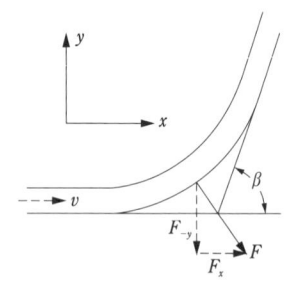

図-4.9 噴流が曲線壁に衝突する場合

曲線壁に作用する力の x, y 方向成分 F_x, F_{-y} は,

$$F_x=\rho Q'(v-u)(1-\cos\beta) \qquad (4.20\,\text{a})$$
$$F_{-y}=-\rho Q'(v-u)(\sin\beta) \qquad (4.20\,\text{b})$$

この時の曲線壁に与えられる動力は, $F_x u$ となる.

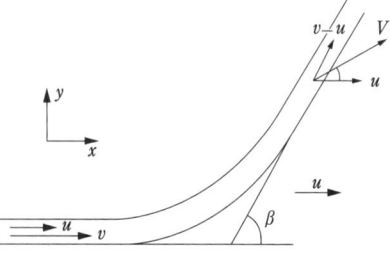

図-4.10 曲線壁が噴流と同一方向に運動している場合

4.2 流体の流量測定および抵抗

4.2.1 オリフィス,堰

(1) 小さいオリフィス

オリフィスの周囲の構造寸法がオリフィスの直径に比べて非常に大きく,流れに影響を与えないような場合には,その噴出速度は,理論的に $v=\sqrt{2gH}$ で表される. H はオリフィスの内外の圧力差をその液柱の高さで表している.しかし,オリフィスの付近では壁による摩擦があるため,上式より小さくなり, $c_v=0.99 \sim 0.98$ と表す速度係数を用いて $v=c_v\sqrt{2gH}$ で表す.また,噴流は一様な圧力に曝されて表面が一様な速度となるため,オリフィスの断面積より小さな断面積となる部分がある.流速が上式で与えらるので,単位時間当りのオリフィスから流出する量は $Q=c_cAc_v\sqrt{2gH}$ となる.ここで, c_v: 速度係数で, $c_v \fallingdotseq 1$, c_c: 収縮係数(完全流体では 0.621), A: オリフィスの面積.また, $c_cc_v=c$ を流量係数とすれば, $Q=cA\sqrt{2gH}$ として与えられる.

(2) 薄刃オリフィス

オリフィスの周縁がきわめて薄い刃状として,噴流の収縮を完全にし,安定させたものを薄刃オリフィスという.しかし,一般には,流体の粘性のために縮流の完全さが変化するので, c はレイノルズ数 $R_e=d\sqrt{2gH}/\nu$, オリフィス周囲の壁面の粗滑の程度,幾何学的寸法 H/d 等によって変化する.ここで, ν: 流体の動粘性係数.一括して c は,

$$c = 0.592 + 0.00069\left(\frac{1}{d\sqrt{H}}\right)^{3/4} \tag{4.21}$$

ここで, d, H ともに m 単位である.

以上は,薄刃オリフィスおいて,オリフィス周縁がきわめて鋭いことを必要条件としたものであるが,オリフィス周縁に少しでも丸みがあると, c は増大する.コー

ネル大学の実験結果によると,周縁の丸みの半径が r の場合,$r=0$ の場合より $3.1(r/d)\times 100\%$ だけ増加する.また,オリフィスの周囲の構造寸法による影響として,隣壁が近くにあって,その距離が $3d$ 以内では収縮が完全でなく,c は増加する.オリフィス周囲の壁面は近寄りの流れを混乱させないように壁面を滑らかにする必要がある.また,オリフィスの寸法に比べ容器の寸法が小さいと,近寄りの流速を考えなければならない.水平底面にオリフィスがある場合に水頭が小さいと,流体に旋回運動が生じることがある.$H/d<1.5\sim 2$ であると,空気を吸い込み,空気コーンの領域がオリフィスに達する.

(3) 各種の口金とオリフィス

a. ラッパ型口金オリフィス　図-4.11(a)はオリフィスの流出周縁に丸みをつけ,出口に長さ $(1/4\sim 1/2)d$ の円筒部を設けたもので,これには収縮が起らない.したがって,$c_c=1$,すなわち $c=c_v$ となる.この場合は濡れ縁の影響が c_v を支配するので,円筒部の長さ,周縁の丸みの半径,内面の粗滑の程度,流速,粘性が問題となる.例えば,内面が滑らかで適当な丸みのものでは,$c=0.97\sim 0.99$,丸みの半径が過小なものでは $c=0.90$ 以下になる.

b. 鋭い縁を有する円筒口金オリフィス　図-4.11(b)に示す円筒管の長さが $l=(2.5\sim 3.0)d$ で水頭が小さい場合には,図の実線が示すように,一度収縮してから管を充満して流れ,$c=0.82$ 程度となる.水頭が大となると,点線に示すように,管内を充満しないで流れ薄刃オリフィスの流れと同様になる.しかも一度このような流れ方をしている場合,水頭を漸次減じても水頭が直径に数倍程度になるまでは

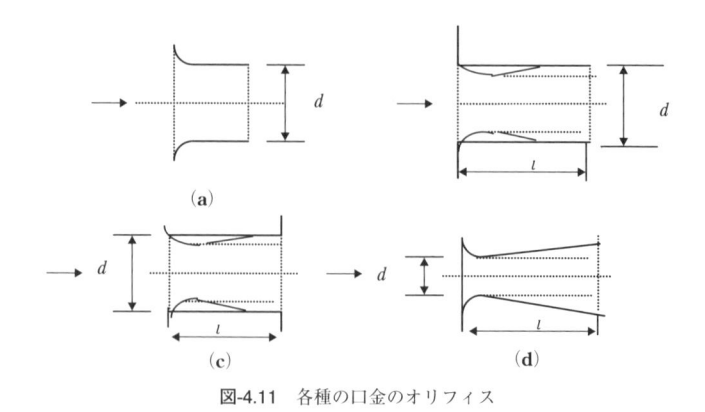

図-4.11　各種の口金のオリフィス

管壁に付着しない．この場合の c は，薄刃オリフィスと同様であるが，口金と流れとの間の空間の流動による不安定さがあって流量測定としては不適当である．

c. 内向き口金　図-4.11(c)に示すようにオリフィスの周縁から内側に円管状に管を突出させたもので，$l<d$ では管壁に付着しない．かつ管厚が非常に薄い時は $c=0.5$ に近くなり，これをボルダ口金という．また，管厚が少し厚くなれば $c=0.53$〜0.54 程度となる．$l=(2.5$〜$3.0)d$ となると，図-4.11(b)と同様に管壁に付着して充満した流れ方をするので，$c=0.72$ ぐらいになるが，水頭が大となると，流れは管壁から離れて $c=0.53$ ぐらいに低下する．

d. 入口に丸みを持つ末広がりの短い口金　図-4.11(d)に示すように広がり角（全角）が 7°30′ 以内で，$l=(5$〜$10)d$ であれば充満するのが普通である．のど部の圧力は大気圧より低下し，したがって，のど部の流速は $\sqrt{2gH}$ より大きくなる．こののど部について流量係数をとると，広がり角，長さ，流速によって著しく異なり，$c=0.96$〜2.3 程度である．また，出口について流量係数をとると，常に $c<1$ である．

大水頭で流すと，のど部を過ぎてからの流れは管壁に付着しない場合があって，流量係数は図-4.11(a)の場合に近くなる．

(4) 大きいオリフィス

図-4.12 に示すようにオリフィスの寸法が水頭に比べて相当大きい場合，その上端と下端では流出に効果のある水頭の値が異なるため，次式のように積分によって流量が与えられる．

$$Q = \frac{c\sqrt{2g}}{\sin\theta} \int_{H_0}^{H_u} y\sqrt{x}\,dx \tag{4.22}$$

ここで，y：自由表面から深さ x におけるオリフィスの幅．
したがって，オリフィスの面積は，

$$A = \int_{H_0}^{H_u} \left(\frac{y}{\sin\theta}\right) dx$$

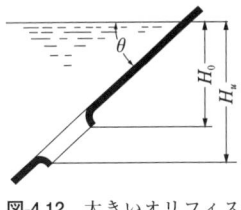

図-4.12　大きいオリフィスの場合の流量

矩形オリフィスでは $y=b$ で一定であるから，

$$Q = \frac{2}{3}\left(\frac{cb}{\sin\theta}\right)\sqrt{2g}\,(H_u^{3/2} - H_0^{3/2}) \tag{4.23}$$

$$A = \frac{b(H_u - H_0)}{\sin\theta}$$

円形オリフィスでは，半径 r，中心の深さ H とすれば，

$$Q = cA\sqrt{2gH}\left[1 - \frac{1}{32}\left(\frac{r\sin\theta}{H}\right)^2 - \frac{1}{1\,024}\left(\frac{r\sin\theta}{H}\right)^4 - \cdots\cdots\right] \quad (4.24)$$

$$A = \pi r^2$$

オリフィスのある壁が鉛直の場合は上式で $\sin\theta = 1$ とすればよい.同時に d/H の影響を見るために,鉛直壁のオリフィスの流量を $Q = c\delta A\sqrt{2gH}$ と表せば,d/H と δ との関係は,以下のようになる.

d/H	0.5	0.6	0.7	0.8	0.9	1.0
δ	0.9980	0.9971	0.9961	0.9949	0.9935	0.9910

(5) もぐりオリフィス

図-4.13 に示すようにオリフィスの上流,下流が共に流体で覆われ,流体に浸されている場合,流量は $Q = cA\sqrt{2gH}$ で与えられるが,この場合の H は上流側と下流側との流体の深さの差をもって表される.c は,流体の表面張力の影響によって大気に流出する場合より幾分大となるが,その差は1%以内である.もし,図-4.14 のように上流および下流の水槽がそれぞれ限定された容積の流体を貯留していて,もぐりオリフィスを通じて流動し,最初の水頭差が H で t 秒後の水頭差 H_t になった時には,この所要時間 t は,

$$t = \frac{2(\sqrt{H} - \sqrt{H_t})}{(1/A_1 + 1/A_2)cA\sqrt{2g}} \quad (4.25)$$

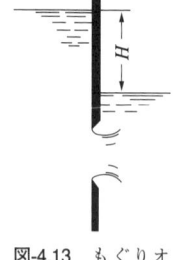

図-4.13 もぐりオリフィス

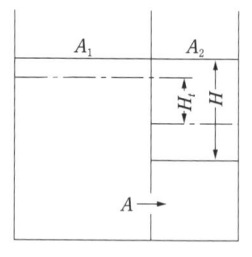

図-4.14 上,下流に水槽を有するもぐりオリフィス

(6) 堰を越す流れ

側壁に設けた流出口を上方に自由表面を持ちつつ,重力によって流出する際の流出口を切欠または堰という.したがって,流れに直角な流出口の形状によって三角堰,四角堰,円形堰,梯形堰等があり,また,流れに沿う断面内の状態によって薄刃堰,広幅堰,もぐり堰等がある.実際にはこの2つの状態の結合によってその用途の目的を充足するものである.

図-4.15 に示すように堰を越す流れの自由表面は,上流から少しずつ下降して近寄りの速さを得て進み,堰を越える付近から急激に位置の水頭を失い,速度水頭に変化しつつ落下する.また,堰の上縁から流出する流体は薄刃堰では,鉛直上向き

に流出し，漸次下流方向に押し曲げられ最頂部に達し，収縮状態になり，その後は重力により加速落下し，おおむね放物線を描くのである．かつ A の部分は常に大気圧になるようにしなければならない．もし，大気と絶縁されると，負圧となり，流量は増加する．また，堰の高さ D と水深 $(D+H)$ との関係

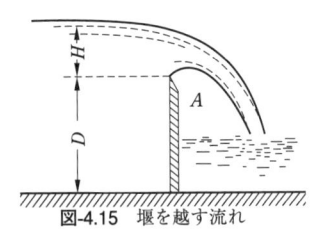

図-4.15 堰を越す流れ

によってこの収縮の度合が異なる．かつ流出口が三角堰，四角堰のように両側から堰板で狭められていると，水路の幅 B と堰の幅 b との関係によって側面の収縮の度合が異なるから，堰全体としての c_c は構造寸法にとって支配される．そのうえ，水路の濡れ縁の粗滑は，近寄の速さ分布を変化させるから c_v も変化する結果として，流量係数 $c=c_v c_c$ は堰の構造寸法によって定まるものである．一般に堰を越えて流れる流量は重力に基づくから，

$$Q = c\sqrt{2g}\int_0^H b\sqrt{h}\,dh \tag{4.26}$$

で求められる．ここで，H：堰板の上縁と自由表面との鉛直距離を測定した値，h：自由表面からの深さ，b：深さ h の所の堰幅（一般には h の関数）．

水頭 H の測定位置は，流出による直接の水面低下を伴わない箇を選ぶ必要があるが，あまり上流にすると，自由表面の流れ勾配による降下量が入るため，かえって誤りを増すので，通常，堰板から上流に最大水頭 $H_{\max}$ の3倍に相当する距離をとる．この点での H の測定に当っては，堰の上縁の位置をまず正確に決定しなければならない．各堰の流量の公式は，次のようである．

a. 全幅堰　堰板の上縁を薄刃として完全収縮を行わせ，両側は水路の幅を延長した全幅 B を与える堰である．流体が堰を越える付近の側面はできる限り滑らかにし，例えば，黄銅板を張ったりする．この際の流量は，

$$Q = \frac{2}{3}cB\sqrt{2g}\,H^{3/2} \tag{4.27}$$

であって，大流量測定に適する．流量係数については，レーボックの実験式の信頼がある．

$$c = 0.605 + \frac{1}{1000H} + \frac{0.08H}{D}$$

適用範囲は，$D \geq H$，$D = 0.1 \sim 1\,\mathrm{m}$，$B > 0.6\,\mathrm{m}$，$H = 0.025 \sim 0.6\,\mathrm{m}$ である．

b. 四角堰　堰板切欠の上縁および堰幅 b の両側縁を薄刃としたもので，三方を完全収縮とした堰をいい，流量は，

$$Q = \frac{2}{3} cb \sqrt{2g} H^{3/2} \tag{4.28}$$

であって，中流量測定に適する．JISではレーボックの式をもとにした式を採用している．

$$Q = KbH^{3/2} (\text{m}^3/\text{min}) \tag{4.29}$$

$$K = 107.1 + \frac{0.177}{H} + \frac{14.2H}{D} - 25.7 \sqrt{\frac{(B-b)H}{BD}} + 2.04 \sqrt{\frac{B}{D}}$$

適用範囲は，$B = 0.5 \sim 6.3$ m，$b = 0.15 \sim 5$ m，$D = 0.15 \sim 3.5$ m，$bD/B^2 \geq 0.06$，$H = 0.03 \sim 0.45 \sqrt{b}$ (m) である．

c. 薄刃三角堰　頂角 θ の倒立三角形の切欠を堰とし，角を挟む辺を薄刃とした堰をいい，流量は，

$$Q = \frac{8}{15} c \tan \frac{\theta}{2} \sqrt{2g} H^{5/2} \tag{4.30}$$

であって，小流量測定に適する．θ は普通 90° にする．この場合の流量は，

$$Q = \frac{8}{15} c \sqrt{2g} H^{5/2} \tag{4.31}$$

となる．$\theta = 90°$ の流量係数は，JISでは $Q = K_0 H^{5/2}$ (m³/min) として，以下の式がある．

$$K_0 = 81.2 + \frac{0.24}{H} + \left(8.4 + \frac{12}{\sqrt{D}}\right) \left(\frac{H}{B} - 0.09\right)$$

適用範囲は，$B = 0.5 \sim 1.2$ m，$D = 0.1 \sim 0.75$ m，$H = 0.07 \sim 0.26$ m $< B/3$．

d. 薄刃梯形堰　薄刃で梯形を形成し，水平堰峰の幅を b_u，水頭 H の点の幅を b_0 とすれば，流量は，

$$Q = \frac{2}{15} c (2b_0 + 3b_u) \sqrt{2g} H^{3/2} \tag{4.32}$$

である．

e. もぐり堰　堰下流の定常水面が堰峰より上位にある堰をいい，水位をあまり変化させずにおおよその流量を測定する際に用いる．両側に収縮のないもぐり堰に対する流量は，

$$Q = KBH_1 H^{1/2} (\text{m}^3/\text{min}) \tag{4.33}$$

$$K = 84.2 + \frac{50.4}{1.6 - H_2/H_1}$$

ここで，H_1：堰上流側水頭，H_2：下流側水頭，$H=H_1-H_2$．適用範囲は，堰幅 $B>0.5\,\text{m}$，堰高さ $D=0.3\sim1.8\,\text{m}$，$H_1=0.1\sim0.8\,\text{m}$，$H_2/H_1=0\sim0.9$，$H<B/4$ であり，堰からほぼ B だけ下流に消波板を置く．流量の誤差は $\pm 5\%$ である．

4.2.2 流体摩擦

(1) 流体摩擦一般

　粘性のある流体が固体の表面に沿って流れる場合，固体表面に密接した部分の流体は，固体に密着して流速は 0 となり，固体表面から離れるに従って速度を増す．そのため，粘性のある流体(実在する流体にはすべて粘性がある)が流路中を流れる場合，および粘性のある流体中を固体が運動する場合には，固体表面と流体間には流体の粘性に基づく剪断力が働く．この現象を流体摩擦という．固体と流体間ばかりでなく，流体内部においても速度勾配のある場所では相接した流体間に同様に剪断応力が働く．この場合の流体摩擦を内部摩擦ともいう．

　流体摩擦に基づく剪断応力の大きさは，流れが層流の場合は，

$$\tau = \frac{\mu \mathrm{d}u}{\mathrm{d}y} \tag{4.34}$$

ここで，μ：流体の粘性係数，$\mathrm{d}u/\mathrm{d}y$：流れと直角方向の速度勾配，τ：剪断応力(流体摩擦を受ける面積 A の場合，流体摩擦による抵抗力 R は $R=\tau A$ である)．

　流れが乱流の場合の剪断応力は，

$$\tau = \frac{\mu \mathrm{d}u}{\mathrm{d}y} + (-\rho\,\overline{u'v'}) \tag{4.35}$$

と書かれる．式(4.35)の ρ は流体の密度で，$-\rho\,\overline{u'v'}$ はレイノルズ応力と呼ばれ，u'，v' はそれぞれ x および y 方向の流れの速度変動である．乱流における流体の混合運動にも，気体の分子運動における平均自由行路に類推される長さ l_1 を仮想して，$|u'| \propto l_1 |\mathrm{d}u/\mathrm{d}y|$，$|v'| \propto |u'|$ と置き，次式の l の中に比例定数も含めれば，レイノルズ応力は次式で表せる．

$$-\rho\,\overline{u'v'} = \rho\,l^2 \left|\frac{\mathrm{d}u}{\mathrm{d}y}\right|\frac{\mathrm{d}u}{\mathrm{d}y} \tag{4.36}$$

　この l を混合距離といい，場所および流れの種類によってその大きさが異なる．固体表面において l は 0 となり，レイノルズ応力も 0 となる．しかし，乱流の場合でも固体表面にはきわめて薄い層流底層があり，その速度勾配は非常に大きくなっ

り，強い抵抗力を与えるものと考えられている．

流路入口付近，または流体中を固体が運動する場合のように固体表面に境界層が生ずる場合の流体摩擦抵抗は，境界層の中の流れおよび壁の状態によって定まる．

(2) 管摩擦

a. 円管内の流れ　ラッパ型入口を持つ管路の入口では，流れは断面全部にわたって一様な速度分布を持ち，管壁にはごく薄い境界層が存在するだけである．しかし，流れが下流に進むに従い境界層の厚さは増し，ある距離（入口長さとともいわれる）L に至って境界層が管中心に達した後，管断面の速度分布，流体摩擦に基づく圧力低下の割合が一定となり，管断面を通過する水の有する運動エネルギーについても一定となる．

図-4.16 に示すように L の値は，次のようである．

　　　層流の場合　　$L = 0.065 R_e d$　（ブジネの理論，ニクラゼの実験）
　　　乱流の場合　　$L = (25 \sim 40) d$　（ニクラゼの実験）
　　　　　　　　　　$L = 20 d$　（ラッコの実験）

入口長さ下流において内径 d，長さ ι，平均流速 v なる真直な管の摩擦損失圧力 $p_1 - p_2$ は，通常，次のダルシー・ワイズバッハの式で表される．

$$h = \frac{p_1 - p_2}{\gamma} = \lambda \left(\frac{\iota}{d}\right) \frac{v^2}{2g}$$

ここで，λ は管摩擦係数といい，レイノルズ数 $R_e = vd/\nu$ および管壁の粗度 ε/d の関数で，R_e が大きく，かつ ε/d も大きな場合には ε/d のみの関数となる．また，半径 a 管の断面を通る水の有する運動エネルギーの流れ E は，

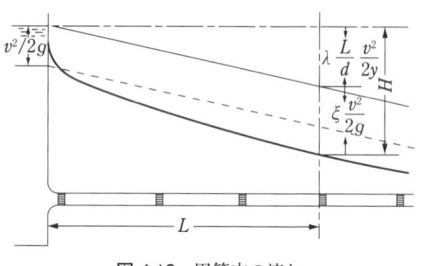

図-4.16　円管内の流れ

$$E = \int_0^a (2\pi r dr v)\left(\frac{\rho v^2}{2}\right) = \zeta (\pi a^2 v)\left(\frac{\rho v^2}{2}\right) \tag{4.37}$$

v を半径 r おける速度とした時，入口長さ下流においては，層流の場合 $\zeta = 2$，乱流の場合 $\zeta \fallingdotseq 1.09$ である．また，管の入口から入口長さの距離までの全水頭低下 H は，**図-4.16** のようになり，

$$H = \frac{\lambda(L/d)v^2}{2g} + \frac{\xi v^2}{2g} \tag{4.38}$$

と記した場合のζの値は，層流の場合のハーゲンの実験値は 2.7，シラーおよびブジネの理論値はそれぞれ 2.16 および 2.24，乱流でラッパ型入口のない場合，ハーゲンの実験値は 1.4 である．

b. 滑らかな円管

① 層流の場合：流量を Q，管直径を d，摩擦損失水頭を h とすると，

$$h = \frac{p_1 - p_2}{\gamma} = \frac{128\mu\iota Q}{\pi\gamma d^4} = \frac{32\mu\iota v}{\gamma d^2} \tag{4.39}$$

λ（管摩擦係数）と $R_e = vd/\nu$（レイノルズ数）を用いて，上式を変形すると，

$$\lambda = \frac{64}{R_e}, \quad R_e = \frac{vd}{\nu} \tag{4.40}$$

また，U を半径 a なる管中央の最大流速，u を管中心から r なる点の流速とすると，層流における流れの速度分布は，

$$u = U\left[1 - \left(\frac{r}{a}\right)^2\right], \quad U = 2v, \quad v = \frac{Q}{\pi a^2}（平均流速） \tag{4.41}$$

② 乱流の場合：滑らかな円管で流れが乱流の場合の λ に関する代表的な実験公式および理論式は**表-4.3**のとおりである．

滑らかな円管の乱流速度分布については，次の式がある．

表-4.3 乱流の場合の λ に関する代表的な実験公式および理論式

公式作成者	公　　式	適用範囲 R_e	実　験　者	実験範囲 d(mm)
ブラジウス	$\lambda = 0.3164/R_e^{0.25}$	$3\times10^3 \sim 10^5$	サフ等	2.77～53.1
			ヌッセルト	22.01
			ラング	6
リース	$\lambda = 0.0072 + 0.6104/R_e^{0.35}$	$3\times10^3 \sim 5\times10^5$	スタントン等	3.61～126.2
ヤコブ等	$\lambda = 0.00714 + 0.6104/R_e^{0.35}$		ヤコブ等	70～100
シラー等	$\lambda = 0.0054 + 0.396/R_e^{0.3}$	$10^5 \sim 2\times10^6$	ヘルマン	50～68
ニクラゼ	$\lambda = 0.0032 + 0.221/R_e^{0.237}$	$10^5 \sim 10^8$	ニクラゼ	10～100

(i) 指数法則；

$$u = cy^{1/n} = c'\left(\frac{y}{a}\right)^{1/n} \tag{4.42}$$

ここで，u：壁から y なる点の流速，a：管の半径，c，c' および n：それぞれ定数．式(4.42)は，管中心付近を除き実験とよく一致する．n は実験的に $n = 3.36 R_e^{0.065}$ なる式に従って変化し，ブラジウスの管摩擦公式が適用できる範囲

では $n \fallingdotseq 7$ となり，式(4.42)は $u = cy^{1/7}$ となる．

ⅱ) 対数法則(プラントル・ニクラゼ)；

$$\frac{u}{v_*} = 5.5 + 5.75 \log \frac{v_* y}{v} \tag{4.43}$$

ただし，$v_* = \sqrt{\tau_0/\rho}$ (摩擦速度)，$\tau_0 = (\pi d^2/4)(p_1 - p_2)/\pi d\iota = \lambda \gamma v^2/8g$，式(4.43)は総合速度分布式ともいわれ，$v_*$ を使用することによりいかなるレイノルズ数においても同一式によって速度分布を求めることができる．誤差は2～3%，管中心付近で合わないことは，指数法則の場合と同様である．

c. 粗い管壁を有する管 　粗い管壁を有する管の摩擦抵抗の問題については，理論的にも実験的にもはなはだ困難で，まだ不明な点が多い．

流れが層流の場合には，管壁が粗面であっても管摩擦係数は $\lambda = 64/R_e$ の線上に分布し，滑面の場合とほとんど変わらない．

流れが乱流の場合には，ホップおよびフロンムによると，粗面の λ に及ぼす影響は2種類に分かれるようであるが，他の多くの粗面についての実験結果から以下の式が得られる．

$$\lambda = \frac{1}{[1.74 - 2\log(\varepsilon/d)]^2} \tag{4.44}$$

ここで，ε/d：粗度係数．数値的に 10^{-3} のオーダであり，過去の実験結果から $R_e > 900/(\varepsilon/d)$ の範囲では $(\varepsilon/d) = (0.99 \sim 33.33) \times 10^{-3}$ である．

d. 円形以外の断面を有する管 　円形以外の断面を有する管路の摩擦損失水頭を計算する場合，通常の式の d の代わりに管断面の大きさを表す代表的寸法として $4m$ を用い，

$$h = \frac{p_1 - p_2}{\gamma} = \lambda \left(\frac{\iota}{4m}\right) \frac{v^2}{2g} \tag{4.45 a}$$

$$\lambda = f\left(R_e, \frac{\varepsilon}{4m}\right), \quad R_e = \frac{4mv}{v} \tag{4.45 b}$$

ここで，m：流体平均深さ(管路の断面積／管路断面における周の長さ)，v：管断面における平均流速．

① 層流の場合：

ⅰ) 楕円管；

$$Q = \frac{[(\pi/4\mu)(p_1 - p_2)/\iota]a^3 b^3}{a^2 + b^2} \tag{4.46 a}$$

4.2 流体の流量測定および抵抗

$$\lambda = \frac{128(a^2+b^2)/R_e}{L^2} \tag{4.46 b}$$

$$L = (a+b)\left[1 + \frac{1}{4}\left(\frac{a-b}{a+b}\right)^2 + \frac{1}{64}\left(\frac{a-b}{a+b}\right)^4 + \cdots\cdots\right] \tag{4.46 c}$$

ここで，$2a$：長軸径，$2b$：短軸径，ι：管の長さ．

ⅱ 同心二重管；

$$Q = \frac{(\pi/8\mu)(p_1-p_2)}{\iota}\left[(a^4-b^4) - \frac{(a^2-b^2)^2}{\log(a/b)}\right] \tag{4.47 a}$$

$$\lambda = \frac{(64/R_e)(a-b)^2}{(a^2+b^2)-(a^2-b^2)/\log(a/b)} \tag{4.47 b}$$

ここで，$2a$：大円の直径，$2b$：小円の直径，ι：管の長さ．

ⅲ 長方形管 $(a>b)$；

$$Q = \left[\frac{(ab^3/4\mu)(p_1-p_2)}{\iota}\right]X \tag{4.48 a}$$

$$\lambda = \frac{64(8\,a^2)}{R_e(a+b)^2 X} \tag{4.48 b}$$

$$X = \frac{16}{3} - \frac{1\,024}{\pi^5}\frac{b}{a}\left[\tanh\frac{\pi a}{2b} + \frac{1}{3^5}\tanh\frac{3\pi a}{2b} + \cdots\cdots\right] \tag{4.48 c}$$

ここで，$2a$：長辺長さ，$2b$：短辺長さ，ι：管の長さ．$a/b=1$（正方形）の場合，$\lambda = 56.9/R_e$，$a/b = \infty$ の場合，$\lambda = 96/R_e$．

② 乱流の場合：流れが乱流の場合の円形以外の断面の管に関する総合的な研究はあまり進んでいない．正確を必要とする場合は模型実験を行うのがよい．

ⅰ 楕円管；楕円管の場合は，円管の管摩擦係数と同じである．

ⅱ 同心二重管；

$$\lambda = \frac{0.3051 f_2(\varepsilon)}{R_e^{1/4}} \tag{4.49 a}$$

$$f_2(\varepsilon) = \left[1 + \frac{\kappa}{7(1+\varepsilon)}\right]^{-7/4}\left(\frac{1}{1+\varepsilon}\right)\left[\varepsilon\left(\frac{1-\varepsilon}{\kappa-\varepsilon}\right)^{1/4} + \left(\frac{1-\varepsilon}{1-\kappa}\right)^{1/4}\right] \tag{4.49 b}$$

ここで，$\varepsilon：b/a$，$2a$：大円の直径，$2b$：小円の直径，$\kappa：r_m/a$，r_m：最大流速に対応する半径．

4.3 管路

4.3.1 管路における損失水頭

管路内の流れにおいては，管壁による摩擦損失以外に通路横断面の大きさ，形または流れの方向が変化する場所でも水頭の損失が起こる．

h_s [摩擦損失以外の損失水頭(m)]，v_1 [抵抗の生ずる場所の影響をまさに受け始めようとする断面における平均流速(m/s)]，v_2 [その影響を受け終わり，流れが常態に復した横断面に置ける平均流速(m/s)]とすると，損失水頭は，一般に次の形で表される．

$$h_s = \zeta_1 \frac{v_1^2}{2g} (v_1 > v_2 \text{の場合}), \quad \text{または}, \quad h_s = \zeta_2 \frac{v_2^2}{2g} (v_1 < v_2 \text{の場合})$$

ただし，$v_1 = v_2$ の場合，または区別の必要のない場合は添字を略す．

4.3.2 管路の入口

①角隅の口金：$\zeta = 0.50$, ②隅切りの口金：$\zeta = 0.25$, ③丸隅の口金：$\zeta = 0.06 \sim 0.0056$, ④角隅で直径相当張り出の口金：$\zeta = 0.56$, ⑤先端外径面を薄刃で直径相当張り出の口金：$\zeta = 3.1 \sim 1.3$, ⑥傾斜角 θ の角隅の口金：$\zeta = 0.50 + 0.3(\cos\theta + \cos^2\theta)$（本式の 0.50 は，入口の形が異なれば，それに応じて異なる値を用いる）．

(1) 横断面積が急激に変化する場合
a. 広くなる場合

$$h_s = \frac{\xi(v_1 - v_2)^2}{2g}, \quad h_s = \frac{\xi_1 v_1^2}{2g}, \quad \zeta_1 = \xi\left[1 - \frac{A_1}{A_2}\right]^2, \quad \xi = 1 \tag{4.50}$$

ここで，$A_2 = \infty$ となる出口では，$\zeta_1 = 1$ となる．管路の末端は出口で形成されるので，その場合は，$\zeta_1 = 1$ を考慮する．

b. 狭くなる場合

$$h_s = \frac{\xi_2 v_2^2}{2g}, \quad \zeta_2 = \left[\frac{1}{c_c} - 1\right]^2, \quad 収縮係数\ c_c = \frac{A'}{A_2} \tag{4.51}$$

(2) 横断面が漸次変化する場合
a. 広がり管

$$h_s = \frac{\xi(v_1 - v_2)^2}{2g}, \quad h_s = \frac{\xi_1 v_1^2}{2g}, \quad \xi_1 = \xi\left[1 - \frac{A_1}{A_2}\right]^2 \tag{4.52}$$

ζ の最小値は，円形の場合の広がり角（全角）$\theta = 5 \sim 6° 30'$ の時，約 $\xi = 0.135$，長方形の場合（全角）$\theta = 10 \sim 12°$ の時，約 $\xi = 0.17 \sim 0.18$ である．

b. 細り管　　細り角が小さい場合は，一般に摩擦損失以外に特にいうべき損失は起こらない．ただし，出口において縮流を起した後，広がるような場合は幾分損失が起こる．

消防用ノズルでは摩擦損失を含めて $h_s = \zeta_2 v_2^2/2g$，$\zeta_2 = 0.03 \sim 0.05$ である．

4.3.3 弁

(1) 仕切弁

表-4.4　仕切弁の ζ の値

弁の呼び口径(in)	弁開き d'/d					
	1/8	1/4	3/8	1/2	3/4	1
1	211	40.3	10.15	3.54	0.882	0.233
2	146	22.5	7.15	3.22	0.739	0.175
4	67.2	13.0	4.62	1.93	0.412	0.164
6	87.3	17.1	6.12	2.64	0.522	0.145
8	66.0	13.5	4.92	2.19	0.464	0.103
10	96.2	17.4	5.61	2.29	0.414	0.047

表-4.5　長方形仕切弁の ζ の値

d'/L	0.1	0.2	0.3	0.4	0.5	0.6	0.7	0.8	0.9	1
ζ	193	44.5	17.8	8.12	4.02	2.08	0.95	0.39	0.09	0

(2) 玉形弁

弁座口径 d_1，弁の上がり d' とし，ねじ込み玉形弁の全開，すなわち $d'/d = 1$

の時の ζ の値を表-4.6 に示す．種々の開きにおける ζ の値を表-4.7 に示す．

表-4.6 玉形弁の全開の時の ζ の値

弁の呼び 口径(in)	d_1(mm)	ウィスコンシン大学	早稲田大学
1/2	12.7	12.6～14.6	−
3/4	19.0	6.19～6.76	−
1	25.4	5.90～6.17	8.6
	22.0	−	15.0
	19.5	−	15.9
2	51.0	−	5.8～8.8
	50.8	6.26～8.45	6.8
	38.0	−	16.5

表-4.7 1 in ねじ込み玉形弁の ζ の値 ($d_1=25.5$mm)

d'/d_1	1/4	1/2	3/4	1
ζ	16.3	10.3	7.67	6.09

4.3.4 ベンド

(1) 円形断面のベンド

ベンドによる全損失水頭を h_b とすれば，

$$h_b = \zeta_b \frac{v^2}{2g} = \left[\zeta + \frac{\lambda \iota}{d}\right]\frac{v^2}{2g} \tag{4.53}$$

ここで，ζ_b：全損失係数，ζ：流れが曲げられることによる損失係数，λ：流体摩擦係数，ι：ベンド中心線の長さ．

ワイスバッハの式は $d=30$ mm，10 mm の黄銅管を用い，$0.5 < \rho/d < 2.5$ の範囲の実験である．

$$\zeta = \left[0.131 + 0.1632\left(\frac{d}{\rho}\right)^{3.5}\right]\frac{\theta}{90} \tag{4.54}$$

ここで，d：ベンド管の内径，ρ：ベンドの中心線の曲率半径，θ：方向変化の角度．

(2) 長方形断面のベンド

長方形断面のベンドにおいて，$\theta=90°$ の時は，

$$\zeta = c_1 \frac{\rho}{b} + c_2 \left(\frac{\rho}{b}\right)^{c_3} \tag{4.55}$$

ここで，b：幅，h：高さ．$1.5 < \rho/b < 4.0$ の範囲で c_1, c_2 を**表-4.8** の値をとり，$c_3 = -2.0$ である．

表-4.8 c_1, c_2 の値

h/b	0.5	1	2	3	4	5
c_1	0.042	0.031	0.022	0.02	0.018	0.018
c_2	0.13	0.09	0.06	0.061	0.079	0.10

4.3.5 分岐管

図-4.17 の分岐管において，h_{s_1} は管(1)から管(3)へ流れる時の損失，h_{s_2} は管(1)から管(2)へ流れる時の損失とすると，

$$h_{s_1} = \zeta_1 \frac{v_1^2}{2g}, \quad h_{s_2} = \zeta_2 \frac{v_1^2}{2g} \tag{4.56}$$

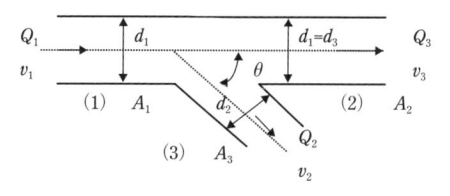

図-4.17 分岐管

損失係数 ζ_1, ζ_2 は θ によっても，また分岐点の縁のとり方によっても異なる．

表-4.9 分岐管の ζ_1, ζ_2

$d_1 = 43$ mm	区分		分岐管 Q_2/Q_1					
	$\theta(°)$		0	0.2	0.4	0.6	0.8	1.0
$d_2 = 43$ mm $A_1/A_2 = 1$	90	ζ_1	0.05	−0.08	−0.05	0.07	0.21	0.35
		ζ_2	0.96	0.88	0.89	0.96	1.10	1.29
	45	ζ_1	0.04	−0.07	−0.04	0.06	0.20	0.33
		ζ_2	0.89	0.67	0.50	0.37	0.33	0.47
$d_2 = 25$ mm $A_1/A_2 = 2.96$	90	ζ_1	0.20	−0.15	−0.05	0.05	0.20	0.30
		ζ_2	1.30	1.50	2.35	4.30	−	−
	45	ζ_1	0.00	−0.05	−0.03	0.07	0.20	0.35
		ζ_2	0.92	0.50	0.60	1.30	2.80	5.00
$d_2 = 15$ mm $A_1/A_2 = 8.22$	90	ζ_1	ほぼ 0					
		ζ_2	0.98	2.95	8.83	19.4	31.3	−
	45	ζ_1	−0.01	−0.03	0.00	0.10	0.21	0.34
		ζ_2	1.00	1.10	6.00	14.0	27.0	44.6

4.3.6 合流管

図-4.18の合流管において，h_{s_1}は管(1)から管(3)へ流れる時の損失，h_{s_2}は管(2)から管(3)へ流れる時の損失とすると，

$$h_{s_1} = \zeta_1 \frac{v_3^2}{2g}, \quad h_{s_2} = \zeta_2 \frac{v_3^2}{2g} \quad (4.57)$$

損失係数 ζ_1，ζ_2 は θ によっても異なる．

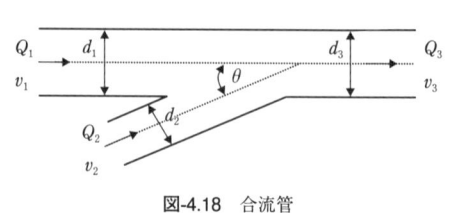

図-4.18 合流管

表-4.10 合流管の ζ_1，ζ_2

$d_1 = 43$ mm	区分		合流管 Q_2/Q_3					
	$\theta(°)$		0	0.2	0.4	0.6	0.8	1.0
$d_2 = 43$ mm $A_1/A_2 = 1$	90	ζ_1	0.04	0.18	0.30	0.40	0.50	0.60
		ζ_2	−1.01	−0.41	0.08	0.46	0.72	0.91
	45	ζ_1	0.04	0.17	0.18	0.06	−0.17	−0.54
		ζ_2	−0.91	−0.37	0.00	0.22	0.37	0.37
$d_2 = 25$ mm $A_1/A_2 = 2.96$	90	ζ_1	0.30	0.54	0.77	1.00	1.25	1.50
		ζ_2	−0.70	0.20	1.25	2.80	4.87	7.25
	45	ζ_1	0.00	0.10	−0.20	−0.70	−1.50	−2.89
		ζ_2	−1.00	−0.10	0.75	2.10	3.70	5.53
$d_2 = 15$ mm $A_1/A_2 = 8.22$	90	ζ_1	ほぼ0					
		ζ_2	−1.18	2.34	11.60	29.10	−	−
	45	ζ_1	0.00	−0.10	−1.10	−2.90	−5.70	−9.62
		ζ_2	−1.00	2.00	7.50	19.5	35.0	54.4

4.3.7 管路の出口

管路の出口に断面変化，弁等があって流れが抵抗を受ける場合には，その損失 ζ $(v^2/2g)$ は，もちろん管路の損失に加えるべきである．特に出口の断面変化で横断面積が急激に変化する場合は，4.3.2(1)a. に示したように，出口断面積が $A_2 = \infty$ となる時は，$\zeta = 1$ となる．

4.3.8 管路の総損失と流量

管路の入口から出口までの総損失水頭を h_t (m),流速を v (m/s),管路の内径を d (m) とすると,

$$h_t = \left(\lambda \frac{l}{d} + \zeta_1 + \cdots\cdots + \zeta_n\right)\frac{v^2}{2g} = \left(\lambda \frac{l}{d} + \Sigma\zeta\right)\frac{v^2}{2g} \tag{4.58 a}$$

ここで,λ:管摩擦係数,ζ_1, $\zeta_2\cdots\cdots$:管摩擦以外の諸損失に対する係数.また,管路に出口があり,出口の断面積が $A_2 = \infty$ となる場合は $\Sigma\zeta + 1$ とする.

管路の流量は,

$$Q = \frac{\pi d^2}{4}\sqrt{\frac{2gh_t}{\lambda(\iota/d) + \Sigma\zeta}} \tag{4.58 b}$$

2ヘッドタンクを管路で連結した場合,両ヘッドタンクの水面の高さの差による流速を v,この流速による管路(管出口を含む)の総損失水頭を h_t とし,流速水頭と管路の総損失水頭を考慮した全水頭差を H_t,管路の流量を Q とすれば,

$$H_t = h_t + \frac{v^2}{2g} = \left(\lambda \frac{l}{d} + \Sigma\zeta + 1\right)\frac{v^2}{2g} \tag{4.58 c}$$

$$Q = \frac{\pi d^2}{4}\sqrt{\frac{2gH_t}{\lambda(\iota/d) + \Sigma\zeta + 1}} \tag{4.58 d}$$

ただし,$\iota/d > 2\,000$ であれば,摩擦損失に対して他の損失および速度水頭は省略することができる.

4.4 開 渠

4.4.1 開渠の断面および流速が一定な場合の流れ

図-4.19 に示すように,平均流速を v (m/s),流体平均深さを m,水面の勾配角を θ,水路の勾配を $i = h_t/\iota = \sin\theta \fallingdotseq \tan\theta$ とすれば,シェジーの公式は,

$$v = \sqrt{\frac{2g}{\lambda'}}\sqrt{mi} = c\sqrt{mi} \qquad (4.59)$$

ここで，λ'：抵抗係数，c：流速係数．
一般に，c は次の諸公式で与えられる．

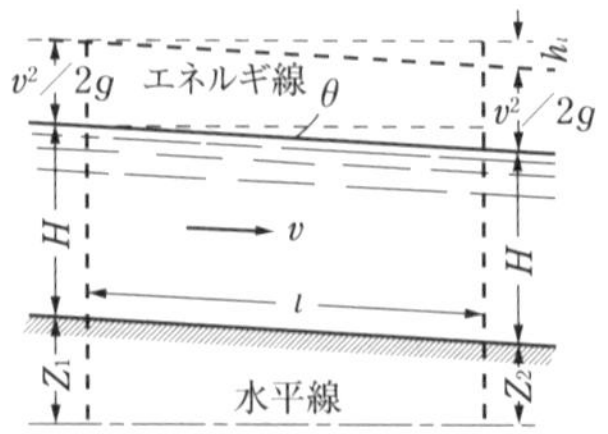

(1) クッターの公式

$$c = \frac{23 + 1/n + 0.00155/i}{1 + n(23 + 0.00155/i)/\sqrt{m}} \qquad (4.60)$$

ここで，n：壁面の状態によって変化する係数．n 値は**表-4.11** に示す．

図-4.19 開渠

表-4.11 直線開渠における n，M の値

断面の種類	状　　態	n	$M \fallingdotseq 1/n$
コンクリート	(1) 上塗りを行い表面滑らかなもの	0.010〜0.012	90〜95
	(2) 型板取へ外しのままのもの	0.015〜0.018	
	(3) 砂利を露出するもの	0.016〜0.020	50
金属	(1) 滑らかなもの	0.010	90〜95
	(2) リベット頭の出ているもの	0.015	55〜75
レンガ	(1) 上薬をかけたレンガ・モルタル積み	0.013	−
	(2) 普通レンガ・モルタ積み	0.015	−
石積み	(1) 切石モルタル積み	0.013	−
	(2) 粗石モルタル積み	0.017	−
掘削開渠	(1) 泥砂	0.012〜0.018	60
	(2) 砂を混えた砂礫	0.020	50
	(3) 砂礫	0.022	40
自然の河川	(1) 浸食，輸送のないもの	−	40
	(2) 浸食，輸送のあるもの	−	35
	(3) 浸食，輸送ありで雑草が生えている	−	30
	(4) 砂床で水深大	0.025〜0.033	−
	(5) 礫床で草が生えている	0.030〜0.040	−

(2) マニングの公式

$$v = Mm^{2/3} i^{1/2} = \frac{1}{n} m^{2/3} i^{1/2} \qquad (4.61)$$

ここで，M：壁面の状態によって変わる係数で，$1/n$ に近い値．式(4.61)は直接 v を与える，いわゆる指数公式のうちの代表的なもので，$m > 0.5$ m，$n < 0.03$，$i > 1/5000$ の範囲においては実測値によく合致している．

4.4.2 流体平均深さ

流れの断面積を A, 濡れ縁の長さを s, 流体平均深さを $m = A/s$ とすると, 図-4.20 に示す流れの種々の断面形に対する m の値は, **表-4.12** のようである.

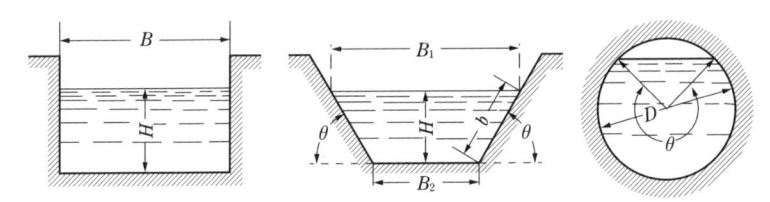

図-4.20 種々な断面形

表-4.12 流体平均深さ

流れの断面形	A	s	m
長方形 図-4.20(a)	BH	$B+2H$	$BH/(B+2H)$
梯形 図-4.20(b)	$H(B_1+B_2)/2$	B_2+2b	$H(B_1+B_2)/[2(B_2+2b)]$
円形 図-4.20(c)	$D^2(\theta - \sin\theta)/8$	$D(\theta/2)$	$D(1-(\sin\theta/\theta))/4$

4.4.3 開渠の断面形状

シェジーの式からは, 一定の断面積の開渠においては, 濡れ縁の長さが最小の時に平均流速が最大になる. 故に, 水理学的に見て最良断面の形は, 次のようになる.

(1) 長方形開渠

$B = 2H$

(2) 梯形開渠

$\theta = 60°$, $H = \sqrt{A/1.732}$ (または, $H = 0.866 B_2$). $B_2 (=$ 梯形底面の幅), θ が他の条件で定まっている時は,

$$H = \frac{B_2}{2\tan(\theta/2)}$$

の時が最良である.

(3) 円形開渠

流速が最大となるのは $\theta = 257.5°$ の時で，流量が最大となるのは $\theta = 308°$ の時である．この時の水深は約 $0.95D$ で，管を満たして流れる場合よりも流量はかえって約5%多い．

4.4.4 開渠の速度分布

図-4.21 に開渠の流れに平行な一垂直線上における速度分布を示す．
長方形開渠の中央垂直線上においては，最大流速 v_{max} は水面から $(0.1 \sim 0.4)H$ の深さにあり，平均流速は $(0.5 \sim 0.7)H$（平均 $0.6H$）の深さにある．

図-4.21 開渠の速度分布

4.4.5 開渠で速度が変わる場合の流れ

図-4.22 のように水平な開渠の途中にゲート（水門）がある場合には，水面の勾配が変化し，流れの状態が変わる．流れの縦断面における水面の曲線を背水曲線という．**図-4.22** の場合において，ゲート直下流の跳水前の射流水深を h_1，跳水後の常流水深（対応水深ともいう）を h_2，跳水前のフルードを $F_{r_1} = V_1/\sqrt{gh_1}$，跳水前の平均流速を V_1，跳水の長さを L とすると，

$$h_2 = \frac{h_1}{2}(\sqrt{1+8F_{r_1}^2}-1) \qquad (4.62)$$

$$L = (4.5 \sim 6)h_2 \qquad (4.63)$$

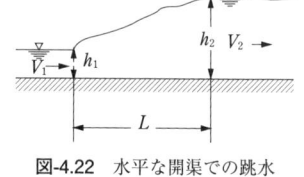

図-4.22 水平な開渠での跳水

開渠の流れではフルード数によって水面の勾配が変化し，フルード数 $F_{r_1} \geq 1$ の射流の場合には水面が鉛直となり，背水はこの付近で止まり，あまり上流に影響を及ぼさない．一方，フルード数 $F_{r_1} < 1$ の常流の場合には水面がほぼ水平となり，背水の変動は上流に影響を及ぼす．

4.4.6 開渠中にある格子の抵抗

開渠中に格子を**図-4.23**のように設置した時の損失水頭 h_g は，

$$h_g = \zeta_1 \frac{v_1^2}{2g} \qquad (4.64)$$

格子の向きと流れの方向との間の角度が θ （垂直面の角度），a （水平面の角度）に対する ζ_1 の値は，次式で示される．

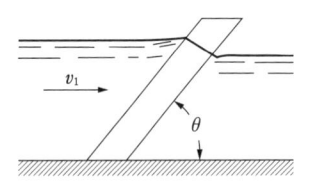

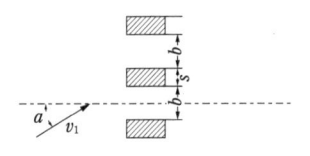

図-4.23 開渠中にある格子

$$\zeta_1 = \beta \left(\frac{s}{b}\right)^{4/3} \sin\theta \qquad (4.65)$$

図-4.24 のような種々な断面を有する格子の β の値を**表-4.13**，角度 a に対する ζ_1 の値を**表-4.14** に示す．

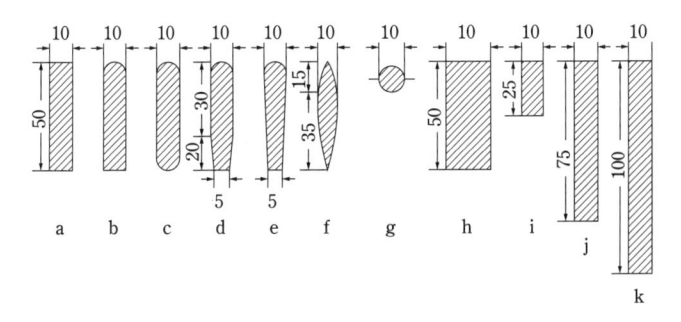

図-4.24 種々な断面を有する格子

表-4.13 β の値

格子の断面	a, h, i, j, k	b	c	d	e	f	g
β	2.34	1.77	1.60	1.0	0.87	0.71	1.73

表-4.14 ζ_1 の値

格子の断面	a	b	c	d	e	f	h	i	j	k
$a = 0°$	1.13	0.86	0.78	0.48	0.42	0.35	1.13	1.13	–	1.13
$a = 30°$	1.46	0.76	0.71	0.43	0.68	0.22	1.88	1.81	1.53	1.62
$a = 45°$	2.05	1.29	1.29	0.94	1.29	0.67	2.75	2.72	2.32	2.12
$a = 60°$	4.26	2.45	2.81	2.19	3.05	1.84	5.15	4.26	3.43	3.88

4.5 流体中を進行する物体の抵抗

4.5.1 抵抗係数 c_x

物体の進行速度を V, 物体の基準面積(通常, 流れに直角な最大面積をとる)を S, 物体の抵抗を R, 流体の密度を ρ とすると, 物体の抵抗係数 c_x は,

$$c_x = \frac{R}{(\rho/2)V^2S} \tag{4.66}$$

4.5.2 種々の物体の抵抗係数

表-4.15 に種々の物体の抵抗係数 c_x の値を示す. ただし, c_x はレイノルズ数によってその値が異なるので, **表-4.15** には概数のみを示す.

4.5.3 円管群の抵抗

図-4.25 の円管群に当たる流速を V とし, $V_1 = V[d_1/(d_1-d)]$ なる流速とそれに対応するレイノルズ数 $R_e = V_1 d/\nu$, 抵抗係数を $c = R/(\rho V^2 d \iota/2)$, R: 管径 d, 長さ ι の1本の管の抵抗とすれば, 第1列の各管1本に対しては,

$$c = 0.31 R_e^{0.031}$$

第2列以下の各管1本当りでは, 基盤型配列においては,

$$c = 2.7 R_e^{-0.22}$$

千鳥型配列においては,

$$c = 3.9 R_e^{-0.29}$$

全抵抗はこれらの各抵抗の総和となる.

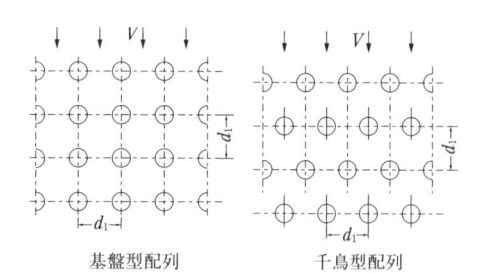

図-4.25 円管群の配列

表-4.15 種々の物体の抵抗係数

物体	寸法の割合		基準面積 S	$c_x = R/(\rho/2)V^2 S$
円柱（流れの方向）	l/d	1	$\pi d^2/4$	0.91
		2		0.85
		4		0.87
		7		0.99
円柱（流れに直角）	l/d	1	dl	0.63
		2		0.68
		4		0.74
		10		0.82
		18		0.98
		∞		1.20
直方形板（流れに直角）	a/b	1	ab	1.12
		2		1.15
		4		1.19
		10		1.29
		18		1.40
		∞		2.01
半球（底なし）		I 凸	$\pi d^2/4$	0.34
		II 凹		1.33
円錐	a	60°	$\pi d^2/4$	0.51
		30°		0.34
円板			$\pi d^2/4$	0.12

4.5.4 流体中の微粒子の運動（自由落下および粉粒子終速度）

（1） ストークスの法則が適用される低レイノルズ数の場合

粉粒子径を d, 粉粒子回りの流体の質量を $m_f = (\pi/6)\rho_f d^3$, 流体の密度を ρ_f, 粉粒子の質量を $m = (\pi/6)\rho_s d^3$, 粉粒子密度を ρ_s, 沈降速度を u_s, 粘性係数を μ, 動粘性係数を $\nu = \mu/\rho$, 重力加速度を g, 時間を t とすれば，その運動方程式は次のようになる．

$$m\frac{\mathrm{d}u_s}{\mathrm{d}t} = (m-m_f)g - \frac{m_f}{2}\frac{\mathrm{d}u_s}{\mathrm{d}t} - 3d\pi\mu u_s \tag{4.67}$$

右辺の第1項は浮力，第2項は粉粒子が加速度を持つために生じる抵抗力，第3項は粘性抵抗である．

$t=0$ で $u_s=0$ の条件で積分すると，

$$\frac{u_s}{u_m} = 1 - e^{-\xi t} \tag{4.68 a}$$

$$u_m = \frac{1}{18}\left(\frac{\rho_s}{\rho_f} - 1\right)\frac{gd^2}{\nu} \tag{4.68 b}$$

$$\xi = \frac{36\nu/d^2}{2(\rho_s/\rho_f)+1} \tag{4.68 c}$$

ここで，u_m：粉粒子の終速度．

(2) 流体抵抗が速度の2乗に比例する場合

次に，速度の2乗に比例する流体抗力を受けるとすると，その運動方程式は次のようになる．

$$m\frac{\mathrm{d}u_s}{\mathrm{d}t} = (m-m_f)g - \frac{m_f}{2}\frac{\mathrm{d}u_s}{\mathrm{d}t} - \frac{1}{8}\pi d^2 C_D \rho_f u_s^2 \tag{4.69 a}$$

$$\frac{u_s}{u_m} = \tanh(\zeta t) \tag{4.69 b}$$

$$u_m = \left[\frac{4}{3}\left(\frac{\rho_s}{\rho_f}-1\right)\frac{gd}{C_D}\right]^{1/2} \tag{4.69 c}$$

$$\zeta = \frac{[(\rho_s/\rho_f)-1]u_m}{[(\rho_s/\rho_f)+1/2]d} \tag{4.69 d}$$

ここで，$C_D = f(R_e)$：抗力係数，R_e：粒子に関するレイノルズ数．上式から明らかなように，u_s は時間 t と共に一定値に近づく．その値は $\mathrm{d}u_s/\mathrm{d}t=0$ として上式から求められ，粉粒子の終速度と呼ばれるが，ここでは u_m で表している．

u_m の程度は，穀類（大麦，小麦，とうもろこし等）では 9～10 m/s，種子類 3～8 m/s，1 mm の砂では 7.5 m/s，0.5 mm で 1.9 m/s，0.1 mm で 0.75 m/s の程度である．

(3) 垂直管を上昇する粉粒子の運動

質量 m なる1個の粒子が速度 u_f で上昇する流体中にある時，粉粒子の上昇速度 u_s は，

$$\frac{\mathrm{d}u_s}{\mathrm{d}t} = \frac{(u_f - u_s)^2}{2m} C_D \rho_f S - g' \tag{4.70 a}$$

ここで，$g' = [(\rho_s - \rho_f)/\rho_s]g$，$\rho_s$：粉粒子の密度，$\rho_f$：流体の密度．式(4.70 a)に粉粒子の終速度 $u_m^2 = 2mg'/C_D \rho_f S$ から $C_D \rho_f S = 2mg'/u_m^2$ を代入すると，

$$\frac{\mathrm{d}u_s}{\mathrm{d}t} = \left[\frac{(u_f - u_s)^2}{u_m^2} - 1 \right] g' \tag{4.70 b}$$

$t = 0$ の時，$u_s = 0$ の初期条件で上式を解くと，

$$\frac{u_s}{u_f} = 1 - \frac{u_m}{u_f} \left[\frac{[(u_f/u_m + 1) + (u_f/u_m - 1)] e^{-2g't/u_m}}{[(u_f/u_m + 1) - (u_f/u_m - 1)] e^{-2g't/u_m}} \right] \tag{4.70 c}$$

$t = \infty$ で $u_s = u_f - u_m$ であるが，u_m が低いほど，すなわち粒子が小さいほど速やかに u_s はこの平衡値に近づく．

(4) 水平管を流れる粉粒子の運動

粉粒が水平管に浮び加速される様子は，垂直管を上昇する場合と同様で，

$$\frac{\mathrm{d}u_s}{\mathrm{d}t} = \frac{(u_f - u_s)^2}{u_m^2} g' \tag{4.71 a}$$

$$\frac{u_s}{u_f} = 1 - \frac{1}{u_f g' t / u_m^2 + 1} \tag{4.71 b}$$

4.5.5 流　砂

開水路(河川)の底面に働く剪断応力によって砂礫が移動する現象を流砂と呼び，砂礫が移動し始める限界を限界掃流と呼ぶ．限界掃流における掃流力は限界掃流力とも呼ばれる．

限界掃流力は，古くから理論的，実験的な研究が多く，中でもシールズの式が有名で，以下のように与えられる．

$$\frac{u_{*c}^2}{[(\rho_s/\rho_f) - 1]gd} = \phi \frac{u_{*c} d}{\nu} \tag{4.72}$$

ここで，u_{*c}：限界摩擦速度，d：砂礫の平均粒径，ρ_s/ρ_f：砂礫と流体の密度比(=

2.65), ν：動粘性係数，$\phi(u_{*c}d/\nu)$：$u_{*c}d/\nu$の関数として示されるが，値か大きくなると一定値になり，全体的な平均値として，$\phi(u_{*c}d/\nu)$は0.05程度であり，これから限界掃流力が計算される．

4.6 水撃作用

4.6.1 水撃波の伝播速度

水が充満して流れている管路の末端に設けられた弁を急速に全閉するか，部分的に閉鎖すると，管内の水流は急激に遮断，または減速され，運動を阻止された水柱の有する運動エネルギーは圧力エネルギーへと変化し，弁の後方に高圧が生じ，水を圧縮し，管路(鉄管)を拡張する．この圧力上昇は，上流に向かう圧力波として一定の速度で伝わる．この現象を水撃作用という．これは弁を急速に開放した場合にも起り，その際には圧力降下を伴う．

アリエビによれば，管内水柱の弾性および管壁材料の弾性を考慮に入れると，圧力波の伝播速度 a は，以下のようになる．

(1) 薄肉管の場合

$$a = \frac{1}{[(\gamma/g)\{(1/K)+(2r_1/Et)\}]^{1/2}} \qquad (4.73)$$

(2) 厚肉管の場合

$$a = \frac{1}{\left[\dfrac{\gamma}{g}\left(\dfrac{1}{K}+\dfrac{2(r_1^2+r_2^2)}{E(r_2^2-r_1^2)}\right)\right]^{1/2}} \qquad (4.74)$$

(3) コンクリートと岩盤に埋設された管の場合

$$a = \cfrac{1}{\left[\cfrac{\gamma}{g}\left(\cfrac{1}{K} + \cfrac{2r_1}{Et}(1-\lambda)\right)\right]^{1/2}} \quad (4.75)$$

$$\lambda = \cfrac{r_1^2/Et}{\cfrac{r_1^2}{Et} + \cfrac{r_3^2 - r_2^2}{2r_3 E_c} + \cfrac{(m_R + 1)r_1}{m_R E_R}}$$

ここで, a：水撃波の伝播速度, K：水の体積弾性係数($=2.231 \times 10^4$ kgf/cm^2, 20℃), E：鉄管の弾性係数($=2.1 \times 10^6$ kgf/cm^2), E_c：コンクリートの弾性係数, E_R：岩盤の弾性係数, m_R：岩盤のポアソン比, t：鉄管の肉厚, r_1：薄肉管, 厚肉管の内半径およびコンクリート埋設管の内半径, r_2：厚肉管の外半径, r_3：コンクリート埋設管の外半径, γ：水の比重量, g：重力加速度.

4.6.2 水撃圧

ダム側から x 点の管路内の水撃圧の水頭 h_x は, 以下のようになる.

(1) 弁を瞬間閉塞する場合
$t = 0 (T = 2L/a)$

$$h_x = h \quad (h = \frac{aV_0}{g} \quad ジューコフスキーの式) \quad (4.76)$$

ここで, h_x：管路内 x 点の水撃圧の水頭, a：水撃波の伝播速度, V_0：弁急遮断前の管内流速, g：重力加速度, t：弁遮断時間, T：水撃波が管路内を往復する時間, L：管路長.

(2) 弁を急遮断する場合
$t < T (T = 2L/a)$

$$h_x = h\frac{x}{x_0} \quad h = \frac{aV_0}{g} \quad x_0 = \frac{at}{2} \quad (4.77\text{ a})$$

(3) 弁を緩遮断する場合
$t > T (T = 2L/a)$

$$h_x = h\frac{T}{t}\frac{x}{L} \qquad h = \frac{aV_0}{g} \qquad (4.77\,\mathrm{b})$$

弁閉鎖される際の水撃圧の振動数 f は，$a/4L$ で与えられる．

4.6.3 水撃波の反射と透過

一般に n 本の管が1点に接合している場合，i 番目の管からその接合点 (j) に入射する水撃波に対し，管の断面積 $A_{i,j}$，音速 $a_{i,j}$，同接合点の管路入口で透過係数 s，反射係数 r は，次式で与えられる．

$$s = \frac{2A_i/a_i}{\sum_{j=1}^{N}(A_j/a_j)} \qquad (4.78\,\mathrm{a})$$

$$r = s - 1 \qquad (4.78\,\mathrm{b})$$

例として，無限領域を有する管路入口では，$s=0$, $r=-1$，行止り管では，$s=2$, $r=+1$ となる．図-4.26 に透過係数 s および反射係数 r の関係を図示する．

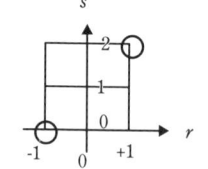

図-4.26 透過係数 s, 反射係数 r

4.6.4 自励的に成長する水撃作用

単一管路の末端に弾性的に支持された弁で，わずかばかり開いている場合を考える．圧力波が弁に入射すると，圧力増加する間，弁の開度がさらに小さくなり，圧力波の入射直前に比べて弁直前の流速が減ずる．この減速による圧力上昇が入射した圧力波の反射に付加され，入射波より増加された圧力波が貯水池の方向に向かうことになる．このように圧力波は，弁における反射のたびごとに自励的に増幅され，ついに管の摩擦と釣合う振幅まで成長し，以後，いつまでも管路内の往復運動として継続する．

上記のような弁特性であれば，管内には圧力の定常波を生じる可能性がある．イェーガーは，定常波が生じる可能性を単に共振という概念で説明している．

5. 流体力学 [2,4,6~9]

5.1 流体力学一般

5.1.1 運動の方程式

$$\frac{\partial u}{\partial t}+\frac{u\partial u}{\partial x}+\frac{v\partial u}{\partial y}+\frac{w\partial u}{\partial z}=X-\frac{1}{\rho}\frac{\partial p}{\partial x}+\nu\Delta u \qquad (5.1\text{ a})$$

$$\frac{\partial v}{\partial t}+\frac{u\partial v}{\partial x}+\frac{v\partial v}{\partial y}+\frac{w\partial v}{\partial z}=Y-\frac{1}{\rho}\frac{\partial p}{\partial y}+\nu\Delta v \qquad (5.1\text{ b})$$

$$\frac{\partial w}{\partial t}+\frac{u\partial w}{\partial x}+\frac{v\partial w}{\partial y}+\frac{w\partial w}{\partial z}=Z-\frac{1}{\rho}\frac{\partial p}{\partial z}+\nu\Delta w \qquad (5.1\text{ c})$$

ここで，x, y, z：直角座標，t：時間，u, v, w：x, y, z方向の分速度，g：重力加速度，p：圧力，ρ：密度($=\gamma/g$)，γ：流体の単位体積当りの重量(kgf/m^3)，ν：動粘性係数($=\mu/\rho$)，μ：粘性，X, Y, Z：流体の単位質量に作用する外力のx, y, z方向成分．

理想流体(ポテンシャル流れ)に対しては，右辺のνのついた項が欠ける．定常的な流れに対しては，左辺の$\partial/\partial t$の項が欠ける．Δは$\partial^2/\partial x^2+\partial^2/\partial y^2+\partial^2/\partial z^2$という演算を表す．

5.1.2 相似則の誘導

(1) 運動の方程式から誘導される相似則

x 方向

$$\frac{\partial u}{\partial t}+\frac{u\partial u}{\partial x}+\frac{v\partial u}{\partial y}+\frac{w\partial u}{\partial z}=X-\frac{1}{\rho}\frac{\partial p}{\partial x}+\nu\Delta u \tag{5.2 a}$$

y 方向

$$\frac{\partial v}{\partial t}+\frac{u\partial v}{\partial x}+\frac{v\partial v}{\partial y}+\frac{w\partial v}{\partial z}=Y-\frac{1}{\rho}\frac{\partial p}{\partial y}+\nu\Delta v \tag{5.2 b}$$

z 方向

$$\frac{\partial w}{\partial t}+\frac{u\partial w}{\partial x}+\frac{v\partial w}{\partial y}+\frac{w\partial w}{\partial z}=Z-\frac{1}{\rho}\frac{\partial p}{\partial z}+\nu\Delta w \tag{5.2 c}$$

x 方向について，以下の無次元化を行えば，相似則に関する条件が得られる．
$u=Uu´,\ v=Uv´,\ w=Uw´,\ \rho U^2 p´,\ t=\tau t´,\ x=Lx´,\ y=Ly´,\ z=Lz´$ と L/U^2 で整理すると，

$$\frac{U}{\tau}\frac{\partial u´}{\partial t´}+\frac{U^2}{L}\left(\frac{u´\,\partial u´}{\partial x´}+\frac{v´\,\partial u´}{\partial y´}+\frac{w´\,\partial u´}{\partial z´}\right)=$$
$$X-\frac{U^2}{L}\frac{\partial p´}{\partial x´}+\frac{\nu U}{L^2}\left(\frac{\partial^2 u´}{\partial x´^2}+\cdots\cdots\right) \tag{5.3 a}$$

$$\frac{L}{U\tau}\frac{\partial u´}{\partial t´}+\left(\frac{u´\,\partial u´}{\partial x}+\frac{v´\,\partial u´}{\partial y}+\frac{w´\,\partial u´}{\partial z´}\right)=$$
$$\frac{L}{U^2}X-\frac{\partial p´}{\partial x´}+\frac{\nu}{UL}\left(\frac{\partial^2 u´}{\partial x´^2}+\cdots\cdots\right) \tag{5.3 b}$$

イタリック体太字の項は，それぞれ以下のような無次元数となる．

$$\frac{L}{U\tau}=\frac{Lf}{U}\quad \text{ストローハル数}:S_t(f=1/\tau) \tag{5.4 a}$$

$$\frac{L}{U^2}X\to\frac{gL}{U^2}\to\frac{U}{\sqrt{gL}}\quad \text{フルード数}:F_r \tag{5.4 b}$$

$$\frac{\nu}{UL}\to\frac{UL}{\nu}\quad \text{レイノルズ数}:R_e \tag{5.4 c}$$

(2) 相似則

a. ストローハル数 S_t

① ストローハル数:流れの非定常性を特徴づけるパラメータである.流れの中に置かれた物体の振動現象は,すべてこのパラメータに支配される.

② ストローハル数:物対の形状によって変化し,特に鈍な形状(円,楕円等曲面で形成される物体)は,流れのレイノルズ数によっても変化する.

b. フルード数 F_r

① フルード数:重力によって液面に生ずる波等のように,重力が支配的な役割を演ずる現象において相似を支配するパラメータである.

② $F_r \geqq 1$:流れは射流となり,表面に発生する波は,下流側へは伝播するが,上流側へは伝播しない(空気中を超音速で飛行する際の衝撃波の挙動と相似であり,衝撃波は飛行物体の前方には伝播しない).また,下流側で跳水が起こる.

③ $F_r < 1$:流れは常流となり,表面に発生する波は,上,下流側へ伝播する.

注) 表面波には,大きく分けて重力波(特別なケースが深海波)と浅海波がある.

c. レイノルズ数 R_e

① レイノルズ数:慣性力と粘性力との比であり,実在の流体に対する相似パラメータである.

② 管路系の臨界レイノルズ数:$R_{ec} \approx 2.3 \times 10^3$ であり,円柱の臨界レイノルズ数は,$R_{ec} \approx 2 \times 10^5$ である.

③ 臨界レイノルズ数よりも小さいレイノルズ数の領域を亜臨界域,臨界レイノルズ数よりも大きいレイノルズ数の領域を超臨界域という.

④ 流れが非定常である場合:レイノルズ数のみならず,ストローハル数も一致することが相似の条件となる.

d. キャビテーション数 σ

① 定義式:

$$\sigma = \frac{P_0 - P_v}{(1/2)\rho V_0^2}$$

ここで,P_0, V_0, ρ:検査点の絶対圧力(大気圧 + ゲージ圧),流速,水の密度,P_v:蒸気圧(絶対圧力で水温によって変化する).

② キャビテーションの判定:$\sigma > \sigma_i$ であれば,キャビテーションは発生しない.

③ σ_i:初生キャビテーション数.

5.1.3 連続の方程式

(1) 密度が変化する場合

$$\frac{\partial \rho}{\partial t} + \frac{\partial (\rho u)}{\partial x} + \frac{\partial (\rho v)}{\partial y} + \frac{\partial (\rho w)}{\partial z} = 0 \tag{5.5}$$

ここで，x, y, z：直角座標，t：時間，u, v, w：x, y, z 方向の分速度，ρ：密度 ($= \gamma / g$)，γ：流体の単位体積当りの重量 (kgf/m^3).

(2) 密度が不変の場合

$$\frac{\partial u}{\partial x} + \frac{\partial v}{\partial y} + \frac{\partial w}{\partial z} = 0 \tag{5.6}$$

(3) ポテンシャルϕが存在する場合(非粘性・非圧縮性で，渦なし流れの理想流体)

$$\Delta \phi = \frac{\partial^2 \phi}{\partial x^2} + \frac{\partial^2 \phi}{\partial y^2} + \frac{\partial^2 \phi}{\partial z^2} = 0 \tag{5.7}$$

5.1.4 簡単なポテンシャル流れの例

(1) 平行および傾斜流れ

$$w(z) = V_0 z \quad\quad z = x + iy \tag{5.8 a}$$
$$\phi = V_0 x \quad\quad \psi = V_0 y$$
$$w(z) = V_0 e^{-i\alpha} z \quad\quad z = x + iy \tag{5.8 b}$$
$$\phi = V_0 (\cos \alpha) x \quad\quad \psi = V_0 (\sin \alpha) y$$

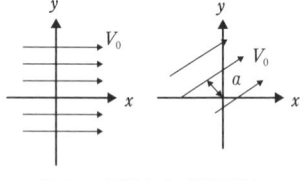

図-5.1 平行および傾斜流れ

(2) 吹出し

$$w(z) = \frac{q}{2\pi} \log z \tag{5.9}$$

$$\phi = \frac{q}{2\pi} \log r \quad\quad \psi = \frac{q}{2\pi} \theta \quad\quad r = \sqrt{x^2 + y^2}$$

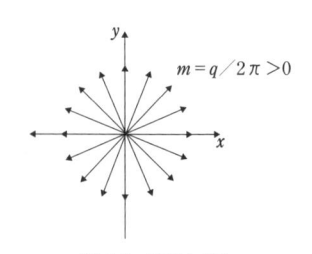

図-5.2 吹出し流れ

(3) 二重吹出し

二重吹出しは，$-a$ に吹出し，$+a$ に吸込みがあり，a が無限に小さくなった極限の流れで図-5.3 のようになる．

$$w(z) = \frac{m}{z} \tag{5.10}$$

$$\phi = \frac{mx}{r^2} \quad \psi = -\frac{my}{r^2} \quad m = \frac{q}{2\pi}$$

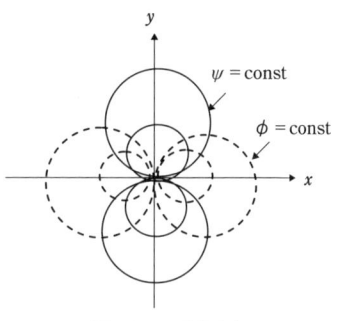

図-5.3 二重吹出し

(4) 渦 点

図-5.4 のように，原点の周りある反時計廻りの渦の強さを $-\Gamma$（時計廻りを正）とすれば，

$$w(z) = -\frac{i\Gamma}{2\pi} \log z \tag{5.11}$$

$$\phi = \frac{\Gamma}{2\pi} \tan^{-1}\left(\frac{y}{x}\right) \quad \psi = -\frac{\Gamma}{2\pi} \log r \quad \theta = \tan^{-1}\left(\frac{y}{x}\right)$$

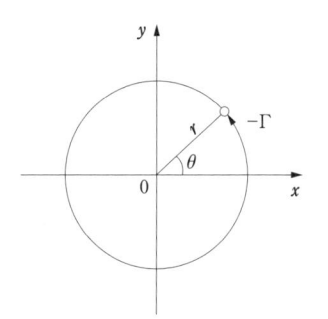

図-5.4 渦点

(5) 平行流れと吹出しとの組合せ

図-5.5 に流れを示す．

$$w(z) = V_0 z + \frac{q}{2\pi} \log z \tag{5.12}$$

図-5.5 において，

$$a = \frac{q}{2\pi V_0} \qquad D = \frac{q}{V_0}$$

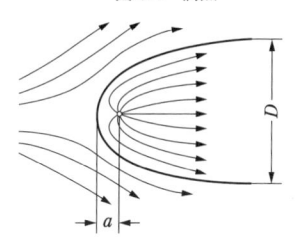

図-5.5 平行流れと吹出しとの組合せ流れ

(6) 円柱の周りの流れ

平行な流速 V_0，円柱の半径 a，円柱の周りの循環（反時計回りを負）の強さ $-\Gamma$ とする．循環が時計回りの強さ Γ とすると，図-5.6～5.9 の流れは反転する．

$$w(z) = V_0\left(z + \frac{a^2}{z}\right) - i\frac{\Gamma}{2\pi} \log z \tag{5.13}$$

$\Gamma = 0$ の場合を図-5.6，$\Gamma < 4\pi a V_0$ の場合を図-5.7，$\Gamma = 4\pi a V_0$ の場合を図-5.8，$\Gamma > 4\pi a V_0$ の場合を図-5.9 に示す．

図-5.6 $\Gamma=0$　　図-5.7 $\Gamma<4\pi aV_0$　　図-5.8 $\Gamma=4\pi aV_0$　　図-5.9 $\Gamma>4\pi aV_0$

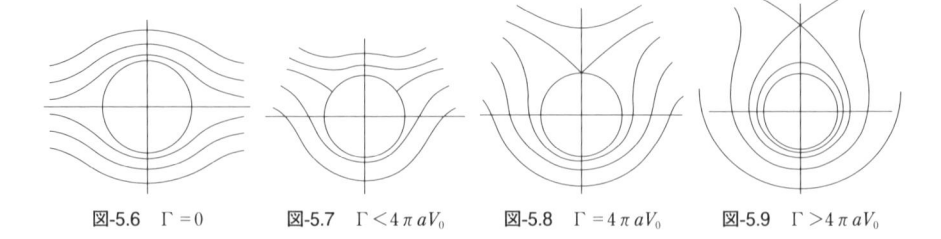

(7) くさび型領域での流れ

図-5.10 に $2>n>1$ の場合，図-5.11 に $n<1$ の場合を示す．

$$w(z)=Az^n \tag{5.14}$$

極座標を $r,\ \theta$ とすると，

$$\phi+i\psi=A(x+iy)^n=Ar^n e^{in\theta}=Ar^n[\cos(n\theta)+i\sin(n\theta)]$$

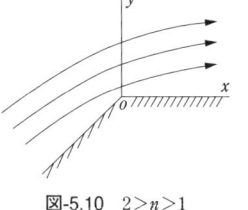

図-5.10 $2>n>1$ 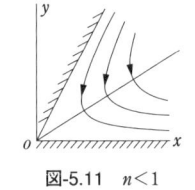　　図-5.11 $n<1$

くさび型領域での簡単な2～3の例を示す．

a. $n=1$ の場合は平行な流れ

$$w(z)=Az \tag{5.15}$$
$$\phi=Ar\cos\theta=Ax$$
$$\psi=Ar\sin\theta=Ay$$

b. $n=\pi/\alpha$ の場合は角 α の2つの平面壁に沿った流れ

$$w(z)=Az^{\pi/\alpha} \tag{5.16}$$
$$\phi=Ar^{\pi/\alpha}\cos\frac{\pi\theta}{\alpha}\qquad \psi=Ar^{\pi/\alpha}\sin\frac{\pi\theta}{\alpha}$$

5.1.5 円柱に働く力

理想流体中の半径 a の円柱表面に働く力は，圧力のみである．ベルヌーイの定理から，

$$p+\frac{\rho v^2}{2}=\gamma H \qquad p=\gamma H-\frac{\rho v^2}{2} \tag{5.17}$$

円柱の周りの流れのポテンシャル w,

5.1 流体力学一般

$$w(z) = V_0\left(z + \frac{a^2}{z}\right) - i\frac{\Gamma}{2\pi}\log z \tag{5.18}$$

$$\phi = V_0\left(r + \frac{a^2}{r}\right)\cos\theta - \frac{\Gamma}{2\pi}\theta$$

円柱表面 $r=a$ において，速度の垂直成分は $\partial\phi/\partial r=0$，接線成分は $\partial\phi/r\partial\theta = 2V_0\sin\theta - \Gamma/2\pi a$ となる．

$p = \gamma H - (\rho/2)[2V_0\sin\theta + \Gamma/2\pi a]^2$ であるから，上向きの合力（揚力）は，

揚力
$$-\int_0^{2\pi} p(\sin\theta)a\,d\theta = \rho V_0 \Gamma \tag{5.19}$$
$$\Gamma = 2\pi a V_0$$

抗力
$$-\int_0^{2\pi} p(\cos\theta)a\,d\theta = 0 \text{（ダランベールの背理：粘性を無視したため）}$$
$$\tag{5.20}$$

5.1.6 翼

(1) 翼の諸係数

翼断面について，普通，図-5.12 のように定義する．翼断面にこの性能を表現するのに，次のような係数を用いる．

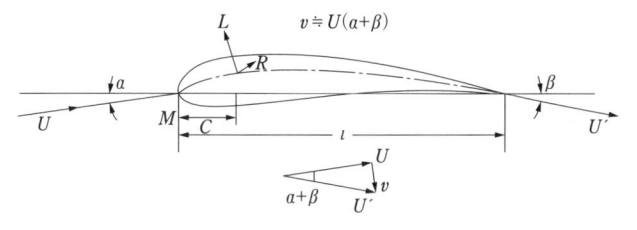

図-5.12 翼に働く力

揚力係数　　$C_L = \dfrac{L}{(\rho/2)U^2 S}$ （5.21 a）

抗力係数　　$C_D = \dfrac{R}{(\rho/2)U^2 S}$ （5.21 b）

モーメント係数　　$C_m = \dfrac{M}{(\rho/2)U^2 S l}$ （5.21 c）

圧力中心係数 $\quad C_p = \dfrac{c}{l}$ (5.21 d)

ここで，b：翼幅，l：翼弦長，a：迎え角，$S=bl$：翼面積，$b^2/S=b/l$：縦横比，M：翼前縁回りのモーメント，$C=l/4$.

(2) 翼の揚力特性

図-5.12 に示すように翼の反り角を β，迎え角 a とすると，翼表面の下向き速度 v は，

$$v \fallingdotseq U(a+\beta)$$

となる．

単位時間に翼表面を通過して，流れ方向を曲げられる流体の質量は $\rho l U$ に比例すると考えられるので，運動量理論から翼に生ずる単位幅当りの揚力は，

$$L = k\rho l U v = 4 k \rho l U^2 (a+\beta)$$ (5.22 a)

また，揚力係数は，式(5.22 a)と式(5.21 a)と比較すると，

$$C_L = 2k(a+\beta)$$ (5.22 b)

ただし，k は定数で，理論計算では $k=\pi$ となり，実験では $k=2.2\sim2.9$ である．

5.1.7 流体力学における次元解析

次元解析は，「物理的な意義あるすべての等式 $A+B=C$ が成立するとすれば，その各項 A, B, C は必ず同じ次元でなければならない」という基本原理に基づいて応用したものである．

(1) 流体抵抗

円柱に作用する抗力は，粘性影響を考慮した計算が必要である．次元解析から円柱に作用する抗力の式を誘導する．

抗力に影響する因子は，流体の密度 ρ，流速 V_0，粘性係数 μ および物体の大きさ l である．

$$D = f(\rho, V_0, \mu, l)$$ (5.23 a)

式(5.23 a)を以下のような形式で表示してみる．

$$D = k \rho^a V_0^b \mu^c l^d$$ (5.23 b)

式(5.23 b)が成立するためには，左右両辺の次元が一致しなければならない．質

量 M，長さ L，時間 T とすると，

$$\mathrm{MLT}^{-2} = (\mathrm{ML}^{-3})^a (\mathrm{LT}^{-1})^b (\mathrm{ML}^{-1}\mathrm{T}^{-1})^c \mathrm{L}^d = \mathrm{M}^{a+c}\mathrm{L}^{-3a+b-c+d}\mathrm{T}^{-b-c} \quad (5.23\,\mathrm{c})$$

ここで，$M : 1 = a + c$，$L : 1 = -3a + b - c + d$，$T : -2 = -b - c$．故に，
$a = 1 - c$，$b = 2 - c$，$d = 2 - c$

$$D = k\rho^{1-c} V_0^{2-c} \mu^c \iota^{2-c} = k\rho V_0^2 \iota^2 \frac{\mu}{\rho V_0 \iota}$$

式 (5.23 c) において ι^2 は，投影面積 A に比例し，また，$\mu/(\rho V_0 \iota) = 1/R_e$，$R_e = V_0 \iota / \nu$，$\nu = \mu/\rho$ であり，$C_d = (1/R_e)^c$，$k = 1/2$ と置くと，

$$D = C_d A \frac{\rho V_0^2}{2} \quad (5.23\,\mathrm{d})$$

と書くことができる．

(2) 管摩擦抵抗

管摩擦による圧力損失 $\Delta p (= \rho g h$，h：摩擦損失水頭$)$ は，管路の長さ ι，流速 V_0，管内径 d，流体の粘性係数 μ，密度 ρ，管内壁の粗さ ε の関数と考えられる．

$$\Delta p = \rho g h = f(\iota,\ V_0,\ d,\ \mu,\ \rho,\ \varepsilon) \quad (5.24\,\mathrm{a})$$

$$\Delta p = k\iota^a V_0^b d^c \mu^x \rho^y \varepsilon^z \quad (5.24\,\mathrm{b})$$

実験によって $\Delta p \propto \iota$ の関係が確かめられているから，$a = 1$ とする．式 (5.24 b) の両辺の次元を比較すると，

$$\mathrm{ML}^{-1}\mathrm{T}^{-2} = \mathrm{L}(\mathrm{LT}^{-1})^b \mathrm{L}^c (\mathrm{ML}^{-1}\mathrm{T}^{-1})^x (\mathrm{ML}^{-3})^y \mathrm{L}^z$$

ここで，$M : 1 = x + y$，$L : -1 = 1 + b + c - x - 3y + z$，$T : -2 = -b - x$．故に，
$b = 2 - x$，$y = 1 - x$，$c = -1 - x - z$

$$\Delta p = k\iota V_0^{2-x} d^{-1-x-z} \mu^x \rho^{1-x} \varepsilon^z = 2k \frac{\iota}{d} \frac{\rho V_0^2}{2} \left(\frac{\mu}{V_0 d \rho}\right)^x \left(\frac{\varepsilon}{d}\right)^z$$

よって，

$$h = \frac{\Delta p}{\rho g} = 2k\left(\frac{1}{R_e}\right)^x \left(\frac{\varepsilon}{d}\right)^z \frac{\iota}{d} \frac{V_0^2}{2g} \quad (5.24\,\mathrm{c})$$

一般に，管摩擦損失水頭は，

$$h = \lambda \frac{\iota}{d} \frac{V_0^2}{2g} \quad (5.24\,\mathrm{d})$$

となり，λ はレイノルズ数 R_e と相対粗さ ε/d の関数となる．

$$\lambda = f(R_e,\ \varepsilon/d)$$

5.2 境界層

5.2.1 境界層一般

物体の回りの流れにおいて，レイノルズ数の比較的高い場合を観測すると，図-5.13 に示すように，物体表面のすぐ近くの薄い層内では流れに流体の粘性の影響が顕著に現れているが，その外部の流れは理想流体の流れと似ている．この粘性の影響を受けている薄い層を境界層という．境界層内の流れを粘性流体の層流理論で説明できる場合を層流境界層という．

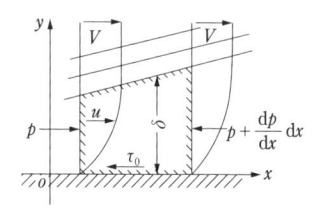

図-5.13 境界層付近の流れ

5.2.2 境界層の方程式

物体の壁面を x 軸，すなわち $y=0$ とする．

$$\frac{\partial u}{\partial t}+\frac{u\partial u}{\partial x}+\frac{v\partial u}{\partial y}=-\frac{\mathrm{d}p}{\mathrm{d}x}+\frac{\partial^2 u}{\partial y^2} \tag{5.25 a}$$

$$\frac{\partial u}{\partial x}+\frac{\partial v}{\partial y}=0 \tag{5.25 b}$$

ただし，$x=x/\iota$，$y=(y/\iota)\sqrt{R_e}$，$u=u/V$，$v=(v/\iota)\sqrt{R_e}$，$t=tV/\iota$，$p=p/\rho V^2$，$R_e=V\iota/\nu$．ここで，V：境界層外部の流速．

5.2.3 境界層の運動量法則（カルマン）

$$\int_0^\delta \rho\left(\frac{\partial u}{\partial t}\right)\mathrm{d}y + \frac{\partial}{\partial x}\int_0^\delta \rho u^2\,\mathrm{d}y - V\frac{\partial}{\partial x}\int_0^\delta \rho u\mathrm{d}y = -\delta\frac{\mathrm{d}p}{\mathrm{d}x}-\tau_0 \tag{5.26}$$

ここで，δ：境界層の厚さ，τ_0：壁面に作用する摩擦力，壁面が x 軸と一致．

5.2.4 境界層の剥がれ

流れの下流に向かって速度 V が次第に増加する(したがって，圧力 p が下流に向かって降下する)場合には，壁面において $\partial u/\partial y>0$．しかし，下流に向かって速度 V が次第に減少する(p が上昇する)場合には，$\partial u/\partial y$ の壁面上の値がだんだん減少し，ついに $\partial u/\partial y=0$ となり，さらに進めば $\partial u/\partial y<0$ となる．この場合の物体表面近くの流れの概況は，**図-5.14** に示すように境界層の剥がれが生じてくる．

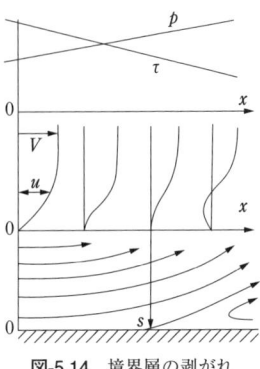

図-5.14 境界層の剥がれ

5.2.5 平　　板

流れに平行に置かれた平板の層流境界層に対して表面の摩擦力は，単位面積につき，

$$\tau_0 = 0.332\mu V\sqrt{\frac{V}{\nu x}} \tag{5.27 a}$$

境界層の厚さ δ は，近似的に，

$$\delta = 5.83\sqrt{\frac{\nu x}{V}} \tag{5.27 b}$$

全表面摩擦力(片面)は，

$$D = \frac{\rho}{2}V^2 S c_f \tag{5.27 c}$$

ここで，S：板の面積，ι：板の長さ．

$$c_f = \frac{1.328}{\sqrt{R_e}} \qquad R_e = \frac{V\iota}{\nu} \tag{5.27 d}$$

以上の式は，$R_e < 5\times 10^5$ に対して用いられる．

$R_e > 5\times 10^5$ (乱れた境界層の場合)に対しては，境界層内の速度分布が $u=V(y/\delta)^{1/7}$ なる法則に従っているものとすると，

$$\tau_0 = 0.0225\rho V^2\left(\frac{\nu}{Vx}\right)^{1/4} \tag{5.27 e}$$

$$\delta = 0.37 \left(\frac{v}{Vx}\right)^{1/5} x \tag{5.27 f}$$

$5\times 10^5 < R_e < 5\times 10^5$ に対しては,

$$c_f = \frac{0.074}{R_e^{1/5}} - \frac{1\,700}{R_e} \tag{5.27 g}$$

5.2.6 回転円板

回転に要するトルク M, 図-5.15 に示すように円板の半径 r_0, 円板の回転角速度 ω, $R_e = \omega r_0^2 / v$ とする時,

$$M = \frac{\rho}{2} \omega^2 r_0^5 c_f \tag{5.28 a}$$

層流境界層 ($R_e < 10^5$) に対しては,

$$c_f = \frac{1.935}{\sqrt{R_e}} \tag{5.28 b}$$

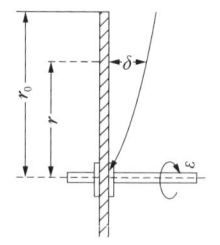

図-5.15 回転円板

乱れた境界層 ($R_e > 10^5 < 10^6$) に対しては,

$$c_f = \frac{0.0728}{R_e^{1/5}} \qquad \delta = 0.522\, r \left(\frac{v}{\omega r^2}\right)^{1/5} \tag{5.28 c}$$

これらは円盤の片面に対する計算値であり,実験値はこれよりもやや高い値を示している.また,これらの値は無限水域に対するものである.

限られた容器内で回転する円板に対して,c_f は上記の約 60% になることが実験上知られている.

5.2.7 潤 滑 面

図-5.16 に示すように微小角 a をなした 2 平面があり,その隙間 h はきわめて小さいとする.また,紙面に垂直な方向には,事柄が変わらないものとする.2 平面が相対的に U なる速度で動く時,その間に含まれる粘性流体(層流)の圧力分布は,

$$p = p_0 + \left[\frac{6\mu U}{a^2(x_2 + x_1)}\right]\left[\frac{(x_2 - x)(h - h_1)}{x^2}\right]$$

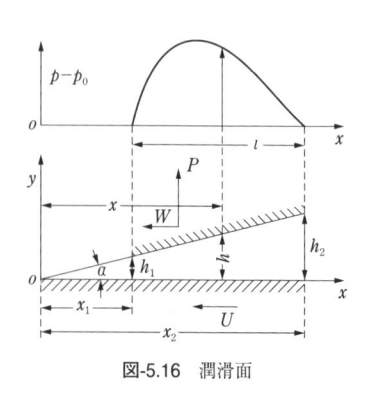

図-5.16 潤滑面

(5.29 a)

圧力の合力は,

$$P=\left[\frac{6\mu U \iota^2}{(k-1)^2 h_1^2}\right]\left[\ln k - \frac{2(k-1)}{k+1}\right] \quad (5.29\,\text{b})$$

粘性応力の合力(摩擦力)は,

$$W=\left[\frac{2\mu U \iota}{(k-1)h_1}\right]\left[2\ln k - \frac{3(k-1)}{k+1}\right] \quad (5.29\,\text{c})$$

ここで, $k:h_2/h_1$, $h_1=ax_1$, $h_2=ax_2$, $\iota=x_2-x_1$, ln:自然対数. $k=2.2$ の時, P は最大値 $0.16\mu U \iota^2/h_1^2$ をとり, それに対する摩擦係数 W/P は $4.7 h_1/\iota$ となる. h_1/ι は 10^{-3} の程度であるから, 摩擦係数は非常に小さい.

5.3 波　　　動

5.3.1 波の分類

水面上を吹く風, 地震, 高潮等のエネルギー源により平衡の状態から水面が変位すると, これをもとに引き戻そうとする復元力が働く. 復元力には, 表面張力, 重力, コリオリの力が考えられる. 表面張力が主な復元力の場合, 表面張力波という. 重力の場合は重力波, 重力とコリオリの力の場合は長周期波という. **表**-5.1に示すように重力波を対象とする. 波諸量の表現の中には, 重力の加速度 g が

表-5.1　波の分類

波の分類		内　　容
深水波	進行波	微小振幅波:エアリー, ゲルストナー
		有限振幅波:ストークス, ハヴロック, スケルブレア
	重複波	微小振幅波
		有限振幅波:ペニー, プライス
浅水波	進行波	微小振幅波:エアリー
		有限振幅波:ストークス, 田中, 山田
	重複波	微小振幅波
		有限振幅波:サンフルー, 岸, 合田
長波 (極浅水波)	進行波	微小振幅波
		有限振幅波 クノイド波 近似理論 孤立波
	重複波	微小振幅波
		有限振幅波 クノイド波 孤立波

5.3.2 深水波

(1) 進行波
a. 微小振幅波
表面波形

$$\eta = \frac{H_0}{2}\sin\left[\frac{2\pi x}{L_0} - \frac{2\pi t}{T}\right] \qquad (5.30\,\text{a})$$

ここで，η：x 軸（静水面）から水面の高さ，H_0：波高，L_0：波長，T：周期.

波速

$$C_0 = \sqrt{\frac{gL_0}{2\pi}} = \frac{gT}{2\pi}\,(=1.56\,T) \qquad (5.30\,\text{b})$$

波長

$$L_0 = \frac{gT^2}{2\pi}\,(=1.56\,T^2) \qquad (5.30\,\text{c})$$

水面の単位面積当りの波の平均エネルギー

$$E_p = E_k = \frac{1}{16}\rho g H_0^2 \qquad (5.30\,\text{d})$$

$$E = E_p + E_k = \frac{1}{8}\rho g H_0^2 \qquad (5.30\,\text{e})$$

ここで，E_p：位置エネルギー，E_k：運動エネルギー.

b. 有限振幅波
表面波形

$$\eta = a_0 \cos\left(\frac{2\pi x}{L_0} - \frac{2\pi t}{T}\right) + \frac{\pi a_0^2}{L_0}\cos\left(\frac{4\pi x}{L_0} - \frac{4\pi t}{T}\right) +$$

$$\frac{3}{2}\frac{\pi^2 a_0^3}{L_0^2}\cos\left(\frac{6\pi x}{L_0} - \frac{6\pi t}{T}\right) \qquad (5.31\,\text{a})$$

$$a_0 = \frac{H_0}{2}\left[1 - \frac{3\pi^2}{8}\left(\frac{H_0}{L_0}\right)^2\right]$$

波速

$$C_0 = \sqrt{\frac{gL_0}{2\pi}} \left[1 + \left(\frac{2\pi a_0}{L_0} \right)^2 \right]^{1/2} \tag{5.31 b}$$

波長

$$L_0 = \frac{gT^2}{2\pi} \left[1 + \left(\frac{2\pi a_0}{L_0} \right)^2 \right] \tag{5.31 c}$$

水面の単位面積当りの波の平均エネルギー

$$E_p = \frac{1}{16} \rho g H_0^2 \left[1 - \frac{1}{2} \left(\frac{\pi H_0}{L_0} \right)^2 \right] \tag{5.31 d}$$

$$E_k = \frac{1}{16} \rho g H_0^2 \left[1 + \frac{1}{4} \left(\frac{\pi H_0}{L_0} \right)^2 \right] \tag{5.31 e}$$

$$E = E_p + E_k = \frac{1}{8} \rho g H_0^2 \left[1 - \frac{1}{8} \left(\frac{\pi H_0}{L_0} \right)^2 \right] \tag{5.31 f}$$

(2) 重複波

a. 微小振幅波　微小振幅波であるので重ね合わせができ，xの負方向に進む表現の式を加えればよい．xの負方向に進む波は，$(2\pi/L_0)x - (2\pi/T)t$ を $(2\pi/L_0)x + (2\pi/T)t$ で置き換えれば得られる．この時，流速に関しては，同時に符号を変えなければならない．

b. 有限振幅波

表面波形

$$\eta = a_1 \cos \frac{2\pi x}{L_0} + a_2 \cos \frac{4\pi x}{L_0} + a_3 \cos \frac{6\pi x}{L_0} \tag{5.32 a}$$

$$a_1 = A \left[1 + \frac{3}{8} \left(\frac{\pi A}{L_0} \right)^2 \right] \sin \frac{2\pi t}{T} + \frac{1}{4} \left(\frac{\pi}{L_0} \right)^2 A^3 \sin \frac{6\pi x}{L_0}$$

$$a_2 = \frac{1}{2} \frac{\pi}{L_0} A^2 - \frac{1}{2} \frac{\pi}{L_0} A^2 \cos \frac{4\pi t}{T}$$

$$a_3 = \frac{9}{8} \left(\frac{\pi}{L_0} \right)^2 A^3 \sin \frac{2\pi t}{T} - \frac{3}{8} \left(\frac{\pi}{L_0} \right)^2 A^3 \sin \frac{2\pi t}{T}$$

$$A = \frac{H_0}{2} - \frac{13}{64} \left(\frac{\pi}{L_0} \right)^2 H_0^3$$

波長

$$L_0 = \frac{gT^2}{2\pi\left[1-\frac{1}{8}\left(\frac{\pi H_0}{L_0}\right)^2\right]^2} \tag{5.32 b}$$

5.3.3 浅 水 波

図-5.17 に浅水波の座標系を示す．

(1) 進 行 波

a. 微小振幅波

表面波形

$$\eta = \frac{H}{2}\sin\left(\frac{2\pi x}{L} - \frac{2\pi t}{T}\right) \tag{5.33 a}$$

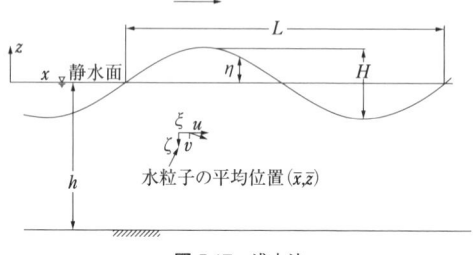

図-5.17 浅水波

ここで，η：x 軸（静水面）から水面の高さ，H：波高，L：波長，T：周期．

波速

$$C = \sqrt{\frac{gL}{2\pi}\tanh\frac{2\pi h}{L}} \tag{5.33 b}$$

波長

$$L = \frac{gT^2}{2\pi}\tanh\frac{2\pi h}{L} \tag{5.33 c}$$

水中の任意点での圧力

$$p = \frac{\rho gH}{2}\frac{\cosh 2\pi(z+h)}{\cosh(2\pi h/L)}\sin\left(\frac{2\pi h}{L} - \frac{2\pi t}{T}\right) \tag{5.33 d}$$

単位時間に単位幅を横切って輸送される平均のエネルギー

$$W = \frac{1}{16}\rho gH^2\left[1+\frac{4\pi h/L}{\sinh(4\pi h/L)}\right]\sqrt{\frac{gL}{2\pi}\tanh\frac{2\pi h}{L}} \tag{5.33 e}$$

b. 有限振幅波

表面波形

$$\eta = a\cos\left(\frac{2\pi x}{L_0} - \frac{2\pi t}{T}\right) + \frac{1}{2}\frac{\pi}{L}a^2\left(\frac{\cosh\frac{2\pi h}{L}\cosh\frac{4\pi h}{L}+2}{\sinh^3\frac{2\pi h}{L}}\right)\cos\left(\frac{4\pi x}{L} - \frac{4\pi t}{T}\right) +$$

$$\frac{3}{16}\left(\frac{\pi}{L}\right)^2 a^3 \left[\frac{8\cosh^6\left(\frac{2h}{L}\right)+1}{\sinh^6\frac{2\pi h}{L}}\right]\cos\left(\frac{6\pi x}{L}-\frac{6\pi t}{T}\right) \qquad (5.34\text{ a})$$

$$a=\frac{H}{2}-\frac{3}{128}\left(\frac{\pi}{L}\right)^2 H^3 \left(\frac{8\cosh^6\frac{2\pi h}{L}+1}{\sinh^6\frac{2\pi h}{L}}\right)$$

波速

$$C=\sqrt{\frac{gL}{2\pi}\tanh\frac{2\pi h}{L}}\left[\frac{1+\left(\frac{2\pi a}{L}\right)^2\left(\cosh\frac{8\pi h}{L}+8\right)}{\sinh^6\frac{2\pi h}{L}}\right]^{1/2} \qquad (5.34\text{ b})$$

波長

$$L=\frac{gT^2}{2\pi}\tanh\frac{2\pi h}{L}\left[1+\left(\frac{2\pi h}{L}\right)^2\left(\frac{\cosh\frac{8\pi h}{L}+8}{8\sinh^4\frac{2\pi h}{L}}\right)\right] \qquad (5.34\text{ c})$$

(2) 重複波

a. 微小振幅波　微小振幅波であるので重ね合わせができ，xの負方向に進む表現の式を加えればよい．xの負方向に進む波は，$(2\pi x/L_0)-(2\pi t/T)$を$(2\pi x/L_0)+(2\pi t/T)$で置き換えれば得られる．この時，流速に関しては，同時に符号を変えなければならない．

b. 有限振幅波

表面波形

$$\eta = a\sin\frac{2\pi t}{T}\cos\frac{2\pi x}{L}+\frac{\pi a^2}{4L}\left[\tanh\frac{2\pi h}{L}+\coth\frac{2\pi h}{L}+\right.$$
$$\left(\coth\frac{2\pi h}{L}-3\coth^3\frac{2\pi h}{L}\right)\cos\frac{4\pi x}{L}\right]+$$
$$\left(\frac{2\pi}{L}\right)^2 a^3\left[b_{11}\sin\frac{2\pi t}{T}\cos\frac{2\pi x}{L}+b_{13}\sin\frac{2\pi t}{T}\cos\frac{6\pi x}{L}+\right.$$

$$b_{31}\sin\frac{6\pi t}{T}\cos\frac{2\pi x}{L}+b_{33}\sin\frac{6\pi t}{T}\cos\frac{6\pi x}{L}\Bigg] \quad (5.35\,\text{a})$$

$$b_{11}=\frac{1}{32}\left(3\coth^4\frac{2\pi h}{L}+6\coth^2\frac{2\pi h}{L}-5+\tanh^2\frac{2\pi h}{L}\right)$$

$$b_{13}=\frac{3}{128}\left(9\coth^4\frac{2\pi h}{L}+27\coth^2\frac{2\pi h}{L}-15+\tanh^2\frac{2\pi h}{L}+2\tanh^4\frac{2\pi h}{L}\right)$$

$$b_{31}=\frac{1}{128}\left(3\coth^4\frac{2\pi h}{L}+18\coth^2\frac{2\pi h}{L}-5\right)$$

$$b_{33}=\frac{3}{128}\left(-9\coth^6\frac{2\pi h}{L}+3\coth^4\frac{2\pi h}{L}-3\coth\frac{2\pi h}{L}+1\right)$$

$$a=\frac{H}{2}-\frac{1}{1\,024}\left(\frac{\pi}{L}\right)^2 H^3\Bigg(27\coth^6\frac{2\pi h}{L}+27\coth^4\frac{2\pi h}{L}+96\coth^2\frac{2\pi h}{L}-$$

$$-63+11\tanh\frac{2\pi h}{L}+6\tanh^4\frac{2\pi h}{L}\Bigg)$$

波長

$$L=\frac{gT^2}{2\pi}\tanh\frac{2\pi h}{L}\Bigg[1+\frac{1}{16}\left(\frac{\pi a}{L}\right)^2\left(9\coth^4\frac{2\pi h}{L}-12\coth^2\frac{2\pi h}{L}-3-\right.$$

$$\left.-2\tanh^2\frac{2\pi h}{L}\right)\Bigg] \quad (5.35\,\text{b})$$

5.3.4 長波(極浅水波)

(1) 進 行 波

a. 微小振幅波

表面波形

$$\eta=\frac{H}{2}\sin\left(\frac{2\pi x}{L}-\frac{2\pi t}{T}\right) \quad (5.36\,\text{a})$$

ここで,η:x軸(静水面)から水面の高さ,H:波高,L:波長,T:周期.
波速

$$C=\sqrt{gh} \quad (5.36\,\text{b})$$

波長

$$L=\sqrt{gh}\,T \quad (5.36\,\text{c})$$

5.3 波　動

b. 有限振幅波　有限振幅波のうち，周期性を持つものをクノイド波という．

① クノイド波：**図-5.18**にクノイド波の座標系を示す．

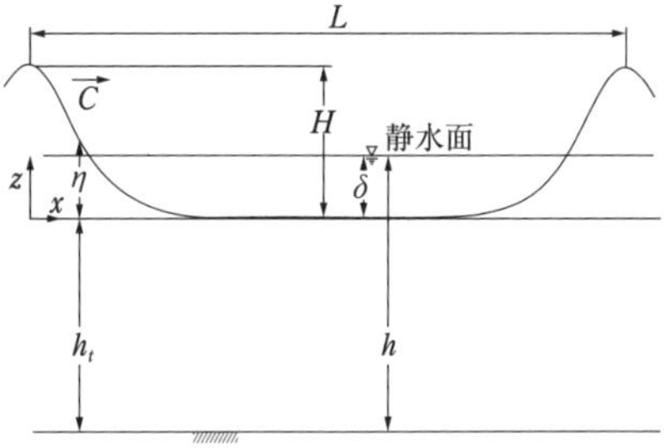

表面波形

$$\eta = H\mathrm{cn}^2\left[\frac{2K}{L}(x-ct),k\right] - \frac{3}{4}\frac{H^2}{h_t}\mathrm{cn}^2\left[\frac{2K}{L}(x-ct),k\right]\left[1-\mathrm{cn}^2\left(\frac{2K}{L}(x-ct),k\right)\right] \quad (5.37\,\mathrm{a})$$

図-5.18 クノイド波

ここで，cn：ヤコビの楕円関数，k：その母数，K：第1種完全楕円積分，c：波速．

波速

$$c = \sqrt{gh_t}\left[1 + \frac{H}{h_t}\frac{1}{k^2}\left(\frac{1}{2} - \frac{E}{K}\right) + \left(\frac{H}{h_t}\right)^2\frac{1}{k^4}\left\{\frac{E}{K}\left(\frac{E}{K} + \frac{3k^2}{4} - 1\right) - \frac{k^4 + 14k^2 - 9}{40}\right\}\right] \quad (5.37\,\mathrm{b})$$

波長

$$L = \frac{4kh_tK}{(3H/h_t)^{1/2}}\left[1 + \frac{H}{h_t}\frac{7k^2-2}{8k^2}\right] \quad (5.37\,\mathrm{c})$$

ここで，E：第2種完全楕円積分．

② 孤立波：弧立波は，クノイド波の波長を無限大にしたものである．波長Lを無限大にした時の母数や楕円関数，完全楕円積分の極限は**表-5.2**のとおりである．

表-5.2 母数や楕円関数，完全楕円積分の極限

記　号	極　限
L	$L \to \infty$
k	$k \to 1$
$K(k)$	$K(k) \to \infty$
$E(k)$	$E(k) \to 1$
$\mathrm{sn}(u,1)$	$\mathrm{sn}(u,1) \to \tanh u$
$\mathrm{cn}(u,1)$	$\mathrm{cn}(u,1) \to \mathrm{sech}\,u$
$\mathrm{dn}(u,1)$	$\mathrm{dn}(u,1) \to \mathrm{sech}\,u$

表面波形

$$\eta = H\mathrm{sech}^2 a(x-ct) - \frac{3}{4}\left(\frac{H}{h}\right)^2 \mathrm{sech}^2 a(x-ct)\left[1 - \mathrm{sech}^2 a(x-ct)\right]$$

$$a = \left(\frac{3H}{4h^3}\right)^{1/2}\left(1 - \frac{5}{8}\frac{H}{h}\right) \quad (5.38\,\mathrm{a})$$

波速

$$c = \sqrt{gh}\left[1 + \frac{1}{2}\frac{H}{h} - \frac{3}{20}\left(\frac{H}{h}\right)^2\right] \quad (5.38\,\mathrm{b})$$

(2) 重複波

a. 微小振幅波　微小振幅波であるので，重ね合わせができ，x の負方向に進む表現の式を加えればよい．x の負方向に進む波は，$(2\pi/L_0)x - (2\pi/T)t$ を $(2\pi/L_0)x + (2\pi/T)t$ で置き換えれば得られる．この時，流速に関しては，同時に符号を変えなければならない．

表面波形

$$\eta = \frac{H}{2}\left[\mathrm{cn}^2[a(x-ct)] + \mathrm{cn}^2[a(x+ct)] - \frac{2}{k^2}\left(\frac{E}{K} - 1 + k^2\right)\right] +$$

$$\left(\frac{H}{2}\right)^2\left[\frac{3}{4h}\left\{\mathrm{cn}^4[a(x-ct)] + \mathrm{cn}^4[a(x+ct)]\right\} +$$

$$\frac{1}{2h}\left\{\mathrm{cn}^2[a(x-ct)]\mathrm{cn}^2[a(x+ct)]\right\} - \frac{1}{h}\left\{\mathrm{cn}^2[a(x-ct)] + \mathrm{cn}^2[a(x+ct)]\right\} -$$

$$\frac{1}{2k^2h}\left\{\mathrm{sn}[a(x-ct)]\mathrm{cn}[a(x-ct)]\mathrm{dn}[a(x-ct)] + \mathrm{cn}^2[a(x+ct)]\right\} -$$

$$\frac{1}{2k^2h}\left\{\mathrm{sn}[a(x-ct)]\mathrm{cn}[a(x-ct)]\mathrm{dn}[a(x-ct)]\right\}Z[a(x+ct)] +$$

$$\mathrm{sn}[a(x+ct)]\mathrm{cn}[a(x+ct)]\mathrm{dn}[a(x+ct)]Z[a(x-ct)] +$$

$$\frac{1}{2k^4h}\left\{(2+k^2)(k^2-1) + 2\frac{E}{K}\right\}\right] \tag{5.39 a}$$

ここで，sn, cn, dn：ヤコビの楕円関数．k：母数．K, E：母数 k に対する第 1 種および第 2 種の完全楕円関数．また，Z はヤコビのデータ関数で，以下のように定義される．

$$Z(u) = \int_0^u \mathrm{dn}^2 u\,\mathrm{d}u - \frac{E}{K}u$$

$$a = \left(\frac{3H}{8k^2h^3}\right)^{1/2}\left[1 - \frac{H}{4k^2h}\left(6 - 3k^2 - 7\frac{E}{K}\right)\right]^{1/2}$$

ここで，H：波の山と谷の間の最大鉛直距離．

波長

$$L = \frac{4\sqrt{2}\,Kkh}{\sqrt{3}}\left(\frac{h}{H}\right)^{1/2}\left[1 + \frac{1}{8k^2}\frac{H}{h}\left(6 - 3k^2 - 7\frac{E}{K}\right)\right] \tag{5.39 b}$$

5.3.5 津　　波

(1) 定　　義
　津波は，地震，海底変動等によって生じる波長の長い波で，海岸に近づくと急に波高を増し，土手のようになって押し寄せる．「津波」の津とは，「津々浦々」にあるように「舟つき場」，「渡舟場」，つまり港という意味である．津波は，その「津」に押し寄せる異常な波ということから，言い伝えられたともいわれる．沖にいた時には気づかなかったのに，津（港）に帰ってみると，大波が押し寄せていて，海辺の里も人々も流され，跡形もなかった－そういう異常な波である．

(2) 発生原因
a. 地震によるもの　　海底地震に伴う地殻変動で，震源に近い海底がほとんど瞬間的に隆起と沈降を繰り返す場合がある．この変動形態により海水が海底から大きく動いて，盛り上がったり，凹んだりする．こうして波が四方に広がり，津波が発生する．

b. 地震以外の原因によるもの　　津波には，陸上の火山の爆発により地すべりが生じ，大量の土砂が海に突入することによって発生する種類のものがある．「島原大変肥後迷惑」という言葉で有名な寛政4年(1792)の島原湾の大津波が代表的な例である．

(3) 津波の種類
a. 遠地津波　　原因となる地震が発生してから1時間以上たって襲来する津波のことで，その地点で地震波動を感じないような遠方の地震による津波のことを指す．1960年5月24日に日本を襲ったチリ地震津波がその代表例である．

b. 近地津波　　原因となる地震が発生してから1時間以内に襲来する津波のこと．震源が近いほど短時間のうちに津波が押し寄せる．

(4) 特　　性
a. 津波の伝播　　津波は，第1波より第2波以降の方が大きくなることもあること，繰り返し波が押し寄せてくる可能性があることを考えれば，少なくとも12時間以上は警戒が必要である．

津波が内陸に押し寄せる際には，その水位の高まりはあたかも海面自体が上昇するような状態になり，大きな水圧による破壊力が加わる．また，津波が引く際にも高くなった海面がそのまま引いていく形になり，やはり大きな破壊力を発揮する．チリ地震津波の函館における例では，押し波の水位差が2m，引き波が3mで，引き波が強かった．このような場合は，押し波で破壊された物，もと陸にあった物等が海に持ち去られて被害が大きくなる．

津波の伝播する速度は，水深と波高により決まる．外洋での津波の速度は，重力加速度 $g(=9.8\,\mathrm{m/s^2})$ に水深 h を乗じた値の平方根にほぼ等しい．すなわち，速度 $=\sqrt{gh}$ となる．水深1000mでは時速360km，水深4000mでは時速720kmとなる．沿岸では水深が浅くなり，そのため津波の波高が増し，速度は $\sqrt{g(d+H)}$ となる．ここで，d は沿岸部での水深，H は水面の波高である．

b. 津波の波長 津波の波長は約10〜100km程度となり，非常に長い．そのため，沖合ではほとんど津波を感じることはない．

c. 津波の共振 湾の一端が外海と通じ，自由に海水が出入りできる湾は，その形，大きさ，深さがそれぞれ異なるので，それぞれ一定の周期を持った海面水位の振動がある．この一定の周期をその湾の固有周期(セイシュ)と呼ぶ．もし，津波の襲来周期(第1波と第2波目の時間間隔)とこの湾の固有周期が一致すると，湾内の海水は共振現象を起こし，2波目以降の津波が外海の津波波高の数倍にも増幅されるようになる．

5.4 湖および湾の流体の振動

境界面が完全に囲まれた流体の振動は，境界面の一部にきわめて狭い開口のある湖や湾の振動(セイシュ)に対しても適用できる．開口が無視できない場合の湾振動は副振動と呼ばれている．この場合の流体の振動は，湾口補正がなされる．ここでは，水深が一定の場合について記述する．

5.4.1 表面張力の影響

浅水波の波速 $C=\sqrt{(gL/2\pi)\tanh(2\pi h/L)}$，長波(極浅水波)の波速は，$h/L$ が

大(1以上)であれば，$C=\sqrt{gh}$ となる．

表面張力の影響を考えれば，C の値は $\sqrt{1+(\sigma/\rho g)(2\pi/L)^2}$ 倍となる．ここで，σ は表面張力で，通常，1.7 cm 以下の波長の波では，ほとんど表面張力のみに支配される．1.7 cm の数倍以上の波長の波においては，表面張力を考える必要はない．

5.4.2 長方形タンクに満たされた水の固有振動数

図-5.19 に示す長方形タンク内の固有振動数 f は，タンクの幅 b，長さ a，水深 h に対して，

$$f^2 = \frac{g}{4\pi^2}\sqrt{a^2+\beta^2}\tanh(\sqrt{a^2+\beta^2}\,h) \quad (5.40\,\text{a})$$

ただし，h：水深，$a: m\pi/a$，$\beta: n\pi/b$，m, $n: 1, 2, \cdots$，$m=1$, $n=1$ が基本振動数を与える．もし，水深が浅ければ，

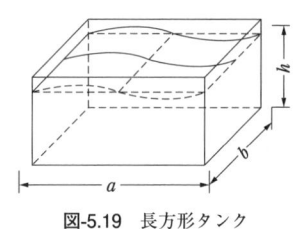

図-5.19　長方形タンク

$$f = \frac{1}{2\pi}\sqrt{(a^2+\beta^2)gh} \quad (5.40\,\text{b})$$

5.4.3 円形および楕円形タンクに満たされた水の固有振動数

水深が浅い場合には，円形タンク半径 a の時，

$$f = \frac{k\sqrt{gh}}{2\pi a} \quad (5.41\,\text{a})$$

ここで，k：方程式 $J_s{}'(k)=0$（s 次のベッセル関数）の根．$s=0$ に対し，$k=3.832$, 7.016, 10.173, $\cdots$，$s=1$ に対し，$k=1.841$, 5.382, 8.536, $\cdots$．

楕円形タンクにおいて，水深が浅い場合の対する概近値は，

$$f = \frac{k\sqrt{gh}}{2\pi a} \quad (5.41\,\text{b})$$

$$k = \sqrt{\frac{18a^2+6b^2}{5a^2+2b^2}}$$

ただし，楕円形タンクの径はそれぞれ $2a$, $2b$，$b>a$ とする．

5.4.4 等深な湾の固有振動数および湾口補正

長方形湾の場合，湾の奥行きを ι，節数を m とすると，

$$f_m = (2m-1)\frac{\sqrt{gh}}{4\iota}, \quad m=1, 2, \quad (5.42\,\text{a})$$

湾口は必ず節となる．通常，$m=1$ が発生する．

　実際の港湾では，湾内の海水が定常的に振動するばかりでなく，湾口付近の外海の水も多少振動するので，その影響が現れる．そのため，固有振動数を a という係数で補正する．

$$f = \frac{\sqrt{gh}}{a\,4\iota} \quad (5.42\,\text{b})$$

$$a = \left[1 + \frac{2b}{\pi\iota}\left(0.9228 - \ln\frac{\pi b}{4\iota}\right)\right]^{1/2}$$

ここで，ι：湾の奥行き，ln：自然対数，b：湾の幅．a を湾口補正係数といい，**表-5.3** に数値を示す．

表-5.3　湾口補正係数

b/ι	1	1/2	1/3	1/4	1/5	1/10	1/25
a	1.320	1.261	1.217	1.187	1.163	1.106	1.064

5.5　付加質量

　物体が流体の中を動くためには，回りの流体に運動を与えなければならない．したがって，流体のない場合に比べると，余分の動エネルギーを供給する必要がある．そのため，見掛け上，物体の質量が増したかのような現象を呈する．この見掛け上の質量の増し量を見掛け質量または付加質量と呼ぶ．

　球，回転楕円体および円柱の付加質量を**表-5.4** に示す．ただし，x 軸の方向に $2a$ の長さ，yz 平面における断面は半径 b の円である．回転楕円体を考えると，x

5.5 付加質量

方向,y方向に動く時の付加質量をρK_x, ρK_yとし,回転楕円体の体積$V=(4/3)\pi ab^2$で割った数値を$k_x=K_x/V$, $k_y=K_y/V$と置く.また,y軸回りの物体が回転する時の付加慣性モーメントをρK_dとし,$k_d=K_d/I_y$, $I_y=4/15[\pi(a^3b^2+ab^4)]$と置く.

表-5.4 球,回転楕円体および円柱の付加質量

a/b	1.0	1.5	2.0	4.0	8.0	∞
形状	球	回転楕円体				円柱
k_x	0.5	0.305	0.210	0.082	0.029	0
k_y	0.5	0.621	0.702	0.860	0.945	1
k_d	0	0.094	0.240	0.608	0.840	1

6. 拡　　　散[10,11]

　拡散とは，ある系内において物質，エネルギー等が平衡状態でなく濃度差があるなどの「ずれ」に対して，平衡状態に近づけようとする現象である．すなわち，拡散は，濃度差等の不平衡を解消するために物質の濃度の高い方から低い方へ移動する現象である．
　このような拡散現象を定式化したのがフィックであり，関係式の導入はニュートンの冷却の法則やフーリェの熱伝導法則と同じ考え方である．
　拡散質の濃度を C，x, y, z 方向の流速を u, v, w および拡散係数を K_x, K_y, K_z，単位時間当りの物質湧出量を q，物質が見掛け上減衰する場合の減衰項を λC とすると，拡散方程式は，

$$\frac{\partial C}{\partial t} = \left(\frac{\partial}{\partial x}\left(K_x \frac{\partial C}{\partial x} \right) + \frac{\partial}{\partial y}\left(K_y \frac{\partial C}{\partial y} \right) + \frac{\partial}{\partial z}\left(K_z \frac{\partial C}{\partial z} \right) \right) - \left(\frac{\partial}{\partial x}(uC) + \frac{\partial}{\partial y}(vC) + \frac{\partial}{\partial z}(wC) \right) + q - \lambda C \tag{6.1}$$

6.1　拡散方程式の解

　物質湧出量を q および減衰項を λC が存在しない特殊な場合について論ずる．

6.1.1　1次元拡散

　単位時間当りの拡散物質を M_1 とすると，拡散方程式の解は，

$$C(x, t) = \frac{M_1}{\sqrt{4\pi K_x t}} \exp\left[-\frac{(x-ut)^2}{4 K_x t}\right] \tag{6.2}$$

ただし，$q = \lambda = 0$，K_x は一定としている．

6.1.2　2次元拡散

単位時間当りの拡散物質を M_2 とすると，拡散方程式の解は，

$$C(x, y, t) = \frac{M_2}{4\pi t \sqrt{K_x K_y}} \exp\left[-\frac{(x-ut)^2}{4 K_x t} + \frac{(y-vt)^2}{4 K_y t}\right] \tag{6.3}$$

ただし，$q = \lambda = 0$，K_x，K_y は一定としている．

6.1.3　3次元拡散

単位時間当りの拡散物質を M_3 とすると，拡散方程式の解は，

$$C(x, y, z, t) = \frac{M_3}{\sqrt{(4\pi t)^3 K_x K_y K_z}} \exp\left[-\frac{(x-ut)^2}{4 K_x t} + \frac{(y-vt)^2}{4 K_y t} + \frac{(z-wt)^2}{4 K_z t}\right] \tag{6.4}$$

ただし，$q = \lambda = 0$，K_x，K_y，K_z は一定としている．

6.2　連続放出の拡散モデル

6.2.1　パフモデル

　連続的に放出される拡散物質を適当な単位時間ごとに区切り，それぞれを瞬間放出による独立な拡散団塊（パフ）と考え，拡散場における媒体流体の非定常な運動に合わせて個々のパフを重ねていく方法で，時間的，空間的な変動が激しい場合の逐次計算方式である．
　直角座標の原点において瞬間的に物質 Q_i が放出され，t 時間後にそのパフの中心が (ξ, η, ζ) にあるとすると，そのパフの各点 (x, y, z) の濃度 C_i は，

$$C_i = \frac{Q_i}{(2\pi)^{3/2} \sigma_x \sigma_y \sigma_z} \exp{-\frac{1}{2}\left[\left(\frac{x-\xi}{\sigma_x}\right)^2 + \left(\frac{y-\eta}{\sigma_y}\right)^2 + \left(\frac{z-\zeta}{\sigma_z}\right)^2\right]} \quad (6.5)$$

連続的放出は瞬間的な放出の重ね合わせであるから,瞬間的なパフごとに各時刻におけるパフの中心位置の濃度を計算し,パフごとの濃度を重ね合わせして各点の濃度を求めるもので,濃度 C は,

$$C(x, y, z) = \sum_{i=1}^{n} C_i \quad (6.6)$$

6.2.2 プルームモデル

1つの放出源から拡散物質が無限に連続放出された結果として,定常状態 $\partial C/\partial t = 0$ を仮定するものである.ここで,拡散係数 K_y,K_z の代わりにそれぞれ $\sigma_y^2/2t$,$\sigma_z^2/2t$ を導入する.この場合,拡散時間 $t = x/u$ であることを考えれば,$K_y = u\sigma_y^2/2x$,$K_z = u\sigma_z^2/2x$ となる.

$$C(x, y, z) = \frac{q}{2\pi u \sigma_y \sigma_z} \exp{-\frac{1}{2}\left[\left(\frac{y}{\sigma_y}\right)^2 + \left(\frac{z}{\sigma_z}\right)^2\right]} \quad (6.7)$$

大気汚染予測の場合には,拡散質の高さとして有効高さ H_e をとり,バックグランド濃度 C_B を加えると,

$$C(x, y, z; H_e) = \frac{q}{2\pi u \sigma_y \sigma_z} \exp{-\frac{1}{2}\left[\left(\frac{y}{\sigma_y}\right)^2 + \left(\frac{z-H_e}{\sigma_z}\right)^2 + \left(\frac{z+H_e}{\sigma_z}\right)^2\right]} + C_B \quad (6.8)$$

米国環境庁の作成した拡散モデルは,$\sigma_y = (1/\sqrt{2}) C_y x^{(2-n)/2}$,$\sigma_z = (1/\sqrt{2}) C_z x^{(2-n)/2}$ としたもので,サットンの式と呼ばれるものである.

$$C(x, y, z; H_e) = \frac{q}{\pi u C_y C_z^{2-n}} \exp{-\left[\frac{y^2}{C_y^2 x^{2-n}} + \frac{(z-H_e)^2}{C_z^2 x^{2-n}} + \frac{(z+H_e)^2}{C_z^2 x^{2-n}}\right]} \quad (6.9)$$

サットンの拡散パラメータの σ_y,σ_z,n は**表-6.1**のようになる.

表-6.1で強い低減とは,大気中の高度上昇に対する温度減少率(気温減率)が汚染質の気体の断熱減率よりも大きい場合である.大気よりも温度の下がり方が小さいので,周囲の大気より温度が高く(汚染質の密度が小さい),上昇速度が加速される.逆に下降する場合は,周囲の大気より温度が低くなり(汚染質の密度が大きい),下方に加速される不安定な状態となる.

弱い低減とは,気温減率が汚染質の断熱減率より小さい場合であり,ある高度で

表-6.1 サットンの拡散パラメータ

汚染源の高さ (m)	強い低減 ($n=0.20$)		弱い低減または中立 ($n=0.25$)		中位の逆転 ($n=0.35$)		強い逆転 ($n=0.50$)	
	C_y	C_z	C_y	C_z	C_y	C_z	C_y	C_z
0	0.37	0.21	0.21	0.12	0.21	0.074	0.080	0.047
10	0.37	0.21	0.21	0.12	0.21	0.074	0.080	0.047
25		0.21		0.12		0.047		0.074
30		0.20		0.11		0.070		0.044
45		0.18		0.10		0.062		0.040
60		0.17		0.095		0.057		0.037
75		0.16		0.086		0.053		0.034
90		0.14		0.077		0.045		0.030
105		0.12		0.060		0.037		0.030

大気と同じ温度であった汚染質が上昇または下降する時,大気より温度が下がり方または上がり方が大きいので,汚染質の動きが抑制され,安定な状態にある.

中立とは,気温減率＝断熱減率の状態である.逆転とは,一般に高度が高いほど大気温度が上昇することをいい,逆転層の中では汚染質の上昇は抑制される.

7. 圧縮性流体の運動[1,6,7]

7.1 ベルヌーイの式

流体の粘性を省略し,非回転運動を仮定する時,運動方程式の積分は,

$$\frac{\partial \varphi}{\partial t} + \frac{1}{2}q^2 + \Omega + \int \frac{dp}{\rho} = F(t) \tag{7.1}$$

ここで,φ:速度ポテンシャル,Ω:外力ポテンシャル,q:合速度,$F(t)$:時間の任意の関数.

流体の特性式を $p = A\rho^\kappa$ とし,定常運動を取扱う時は,

$$\frac{1}{2}q^2 + \Omega + \frac{a^2}{\kappa-1} = 定数 \tag{7.2}$$

ただし,$a^2 = \kappa p/\rho$ であり,音速は $a = \sqrt{\kappa p/\rho}$,$\kappa = 1.4$ となる.

また,式(7.2)の音速は $a^2 = \kappa RT$ [ガス定数 $R = 287.84 \text{ m}^2/\text{s}^2\cdot°\text{K}$,$T$ は絶対温度(°K)]で示され,外力を省略($\Omega = 0$)とすると,$(1/2)q^2 + \kappa RT/(\kappa-1) = $ 定数とも示される.澱み点 $q = 0$ の温度を T_0 とし,温度上昇 $\Delta T \equiv T_0 - T$ は,

$$\Delta T = \frac{\kappa-1}{\kappa R}\frac{1}{2}q^2 \tag{7.3 a}$$

さらに,$\Omega = 0$ とすると,

$$\frac{\rho}{\rho_0} = \left[1 - \frac{\kappa-1}{2a_0^2}(q^2 - q_0^2)\right]^{1/(\kappa-1)} \tag{7.3 b}$$

$$\frac{p}{p_0} = \left[1 - \frac{\kappa-1}{2a_0^2}(q^2 - q_0^2)\right]^{\kappa/(\kappa-1)} \tag{7.3 c}$$

7.2　ラバール管内の運動

図-7.1に示す管の左は，大きい高圧槽(圧力 p_0，密度 ρ_0，速度 0)につながれていて，右側に任意の圧力の中に吹き出されるとする．管の任意の点の断面積を S とすると，連続の条件は，

$$\rho qS = M = 一定$$

図-7.1に示すように，速度が局所音速に達するまで断面を絞り，その後，ある定まった量だけ拡大させる必要がある．このような管をラバール管と呼ぶ．最小断面の所で局所音速に達した後，広がり部分において超音速で次第に高速になり，圧力は p_{cr} より下がる．出口圧力が $p_e{}'$ と p_0 との間にある場合，途中で圧力が p_1 のように変化し，圧力の急昇が起こり $p_e{}'$ の曲線に移る．この圧力の急昇の点 $p_1, p_2, \cdots\cdots$ が衝撃波である．

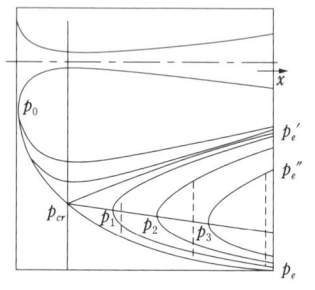

図-7.1　ラバール管内の圧力

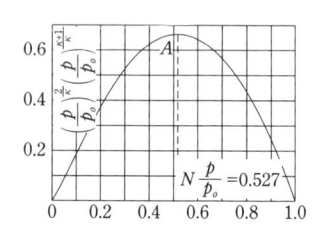

図-7.2　ラバール管における連続の関係

連続の条件式から，

$$\left(\frac{p}{p_0}\right)^{2/\kappa} - \left(\frac{p}{p_0}\right)^{(\kappa+1)/\kappa} = \frac{M^2}{S^2}\frac{\kappa-1}{2a_0^2\rho_0^2} \tag{7.4}$$

図-7.2は，左辺を p/p_0 の関数として図示したもので，流量の関係ともみなせる．最小断面以降の拡大部を省いた単純なノズルを用いる時，最小断面の所では $p/p_0 = 0.527$ となり，流速は局所音速に等しい．この場合の流量は，最大流量 M_{max} となり，圧力を $p/p_0 < 0.527$ に下げても流量は M_{max} の一定である．

7.3　音速とマッハ数

音速は流体中を伝播する圧力波である．物体の速度 U と圧力波の伝播速度 a と

の比,

$$M = \frac{U}{a} \quad (7.5)$$

をマッハ数という．流れの慣性力と弾性力の比の$1/2$乗に相当する．

図-7.3(a)は$U<a$の亜音速の場合，(b)は$U>a$の超音速の場合を示す．亜音速の場合は音速が物体の速度に先行するが，超音速の場合は物体の速度が音速に先行する．

物体の進行途上において発生したすべての圧力波の包絡面は一つの円錐となる．この円錐面上では，無数の圧力波が重なることになり，圧力波が高く，気体の圧力および密度の変化が大きい．この円錐面をマッハ波という．

この円錐面の半頂角aをマッハ角という．

$$a = \sin^{-1}\frac{at}{Ut} = \sin^{-1}\frac{a}{U} = \sin^{-1}\frac{1}{M} \quad (7.6)$$

シュリーレン写真(気体中の密度変化により光線が屈折することを利用した流れの様子を撮影する方法)によってこのマッハ波を撮影し，そのマッハ角を測定することでマッハ数あるいは物体の速度を調べることができる．

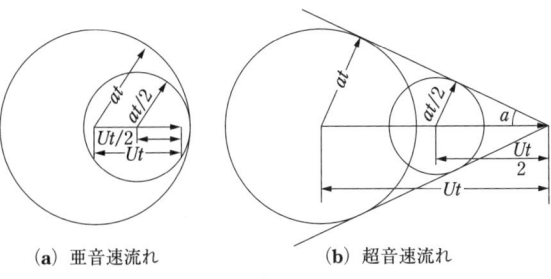

(a) 亜音速流れ　(b) 超音速流れ

図-7.3　物体の速度と音速との関係

7.4　衝　撃　波

圧力変化が大きい波は，その形を崩さずに進むことはできず，やがて圧力の不連続に変わる衝撃波になる．

ここでは，このような不連続面が既に存在するとして定常的に伝播する様式を調べる．**図-7.4**に示すように速度q_1，圧力p_1，密度ρ_1の気体が不連続面(衝撃波)を通過する時，速度がq_2に減り，圧力および密度がp_2, ρ_2に増加するものとする．衝撃波に固定された座標系を用い，衝撃波の単位時間に通過する質量をmとすると，連続の条件から，

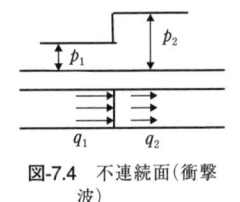

図-7.4　不連続面(衝撃波)

$$m = \rho_1 q_1 = \rho_2 q_2 \tag{7.7 a}$$

次に運動量の保存の条件から，

$$p_2 - p_1 = m(q_1 - q_2) \tag{7.7 b}$$

最後にエネルギー保存の条件から，

$$\frac{q_1^2}{2} + \frac{\kappa}{\kappa-1}\frac{p_1}{\rho_1} = \frac{q_2^2}{2} + \frac{\kappa}{\kappa-1}\frac{p_2}{\rho_2} \tag{7.7 c}$$

が得られる．このように3方程式が成り立つので，p_1, p_2, ρ_1, ρ_2, q_1, q_2 のうち3つがわかれば，残りの3つを求めることができる．特に q_1 と q_2 を消去すれば，

$$\frac{\rho_2}{\rho_1} = \frac{(\kappa-1)p_1 + (\kappa+1)p_2}{(\kappa+1)p_1 + (\kappa-1)p_2} \tag{7.7d}$$

この関係式は，衝撃波の前後の圧力と密度を連絡するもので，ランキン・ユゴニオの関係と呼ばれ，**図-7.5** のようになる．

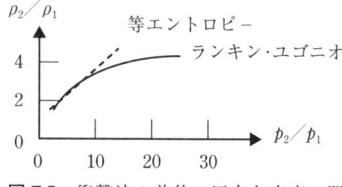

図-7.5 衝撃波の前後の圧力と密度の関係

7.5 連続の方程式

縮む流体に対する連続の方程式は，

$$\frac{\partial \rho}{\partial t} + \frac{\partial(\rho u)}{\partial x} + \frac{\partial(\rho v)}{\partial y} + \frac{\partial(\rho w)}{\partial z} = 0 \tag{7.8 a}$$

定常非回転に対しては，

$$\frac{\partial^2 \varphi}{\partial x^2} + \frac{\partial^2 \varphi}{\partial y^2} + \frac{\partial^2 \varphi}{\partial z^2} = \frac{1}{2a^2}\left[\frac{\partial \varphi}{\partial x}\left(\frac{\partial q^2}{\partial x}\right) + \frac{\partial \varphi}{\partial y}\left(\frac{\partial q^2}{\partial y}\right) + \frac{\partial \varphi}{\partial z}\left(\frac{\partial q^2}{\partial z}\right)\right] \tag{7.8 b}$$

ただし，$q^2 = (\partial \varphi/\partial x)^2 + (\partial \varphi/\partial y)^2 + (\partial \varphi/\partial z)^2$，$a^2 = a_0^2 + [(\kappa-1)/2](q_0^2 - q^2)$．さらに，2次元の場合は，

$$\frac{\partial \varphi}{\partial y} = \frac{\rho}{\rho_0} u, \quad \frac{\partial \varphi}{\partial x} = -\frac{\rho}{\rho_0} v \tag{7.8 c}$$

なる流れ関数が存在するから，これを用いることは，連続の条件を満足することを意味する．

8. 水力機械[1,7,12]

8.1 水力発電設備

8.1.1 有効落差

取水口と放水口との水面の高低差を H_g, 水路, 水圧管路, 放水路における損失落差を h_1, h_2, h_3 とすれば, 有効落差 H は,

$$H = H_g - (h_1 + h_2 + h_3) \tag{8.1}$$

8.1.2 理論水力, 発電出力

(1) 発電出力

発電出力を P, 使用水量を $Q(\mathrm{m^3/s})$, 有効落差を H, 水の比重量を γ, 水車の総合効率を η とすると,

$$P = \frac{\gamma \eta QH}{102} = 9.8003\, \eta\, QH\,(\mathrm{kW}) \tag{8.2}$$

$\eta =$ (理論水力 $= 1$) $\times$ (水車効率 η_1) $\times$ (発電機効率 η_2)

表-8.1 に水車および発電機の効率概数を示す.

表-8.1 水車および発電機の効率概数

水車出力	η_1	η_2	$\eta_1\eta_2$
100 kW 以下	0.79	0.91	0.72
300 kW 以下	0.81	0.93	0.75
1 000 kW 以下	0.83	0.94	0.78
2 500 kW 以下	0.84	0.95	0.80
10 000 kW 以下	0.85	0.96	0.82
10 000 kW 以上	0.87 ~ 0.90	0.97 ~ 98	0.84 ~ 0.88

(2) 効率換算式

直径を D,効率を η,および直径を D',効率を η' とする時の効率換算式は,

$$\eta = 1-(1-\eta')\left(\frac{D'}{D}\right)^{1/4} \quad \text{ムーディの 1/4 乗式}$$

$$\eta = 1-(1-\eta')\left(\frac{D'}{D}\right)^{1/5} \quad \text{ムーディの 1/5 乗式}$$

8.1.3 発電方式

(1) 構造形式による分類

表-8.2 に構造形式による分類を示す.

表-8.2 構造形式による分類

形式	取水~放水への経路
水路形式	取水ダム→取水口→水路→沈砂池→水路→ヘッドタンク→水圧管路→水車→放水路→放水口
	貯水池,調整池または取水ダム→取水口→水路→調整池→水路→ヘッドタンク→水圧管路→水車→放水路→放水口
	貯水池,調整池または取水ダム→取水口→水路→調整池→圧力水路→サージタンク→水圧管路→水車→放水路→放水口
ダム式	貯水または調整池ダム→取水口→水圧管路→水車→放水路→放水口
ダム水路式	貯水または調整池ダム→取水口→圧力水路→サージタンク→水圧管路→水車→放水路→放水口
揚水式	発電;上貯水池→圧力水路→サージタンク→水圧管路→水車→放水路→放水口→下貯水池 揚水;下貯水池→放水口→取水路→ポンプ→水圧管路→サージタンク→圧力水路→上貯水池

(2) 運用方法による分類

表-8.3に運用方法による分類を示す.

表-8.3 運用方法による分類

分類	運用方法
流込式	河川流量を調整せずに,そのまま発電するもの
調整式	1日または数日間程度の負荷変化に応じて使用するもの
貯水式	河川流量を貯水して,季節的の負荷の変化に応じて使用するもの
揚水式	ポンプによって揚水し,貯水した水を使って発電するもの

8.2 水　　車

8.2.1 水車の出力と効率

水車の理論出力を L_w, 有効落差を H, 流量を Q とすると,

$$L_w = 9.8003\, QH\,(\mathrm{kW}) \tag{8.3}$$

水車の正味出力は,水車効率 η_1 を掛けたもので,水車形式,出力,構造,形態の大小,その他によって異なる(**表-8.3**).

8.2.2 比較回転度と水車形式

水車の回転数を N, 出力を L, 有効落差を H とすれば,比較回転度 n_s は,

$$n_s = \frac{NL^{1/2}}{H^{5/4}}\,(\mathrm{m\cdot kW}) \tag{8.4}$$

出力の代わりに流量 $Q(\mathrm{m^3/s})$ を用いる場合は,

$$n_s{'} = \frac{NQ^{1/2}}{H^{3/4}} \tag{8.5}$$

水車形式に対する比較回転度 n_s は,**表-8.4**のように設定されている.

表-8.4　水車形式に対する比較回転度 n_s

水車形式	比較回転度 n_s	
	日本水力設備委員会制定	池谷式
ペルトン水車	$8 \leq n_s \leq 30$	―
フランシス水車	$n_s = [1\,300/(H+20)] + 50$	$n_s = 1\,600/H^{1/2}$
プロペラおよびカプラン水車	$n_s = 20\,000/(H+20)$	―

8.2.3　水車の回転数の決定

比較回転度 n_s から水車の回転数 N は，

$$N = \frac{n_s H^{5/4}}{L^{1/2}} \tag{8.6}$$

水車に交流発電機を直結する場合は，$N = 120 f/p$ と置いて修正する．ただし，f は周波数で，関東以北は $f = 50$ Hz，関西以西は $f = 60$ Hz，p は交流機の磁極数である．

8.2.4　水車形式

表-8.5 に水車形式を示す．

表-8.5　水車形式および出力

形　式	特徴および出力
ペルトン水車	ペルトン水車は高落差の領域に適用され，一般に横軸型が多く採用されるが，都合により立軸型を採用することもある． 主要部分は，羽根車，ノズル，ニードル弁，主軸，ケーシング等からなる． 噴射水が羽根車に及ぼす毎秒の仕事量 L_h(kgf·m/s)は，噴射流量 Q，噴射水の速度 v_0，バケットの周速度 u，相対流出速度とのなす角 β とすると，$L_h = (\gamma/g) Q u (v_0 - u)(1 + \cos\beta)$ となり，$\beta = 0$，$u = v_0/2$ とすると，ペルトンの理論上の最大仕事量 $L_{h\max} = \gamma Q v_0^2 / 2g$ となる．
フランシス水車	フランシス水車は，適用される落差の範囲が広い． 流量を Q，羽根車の入口と出口における周速度を u_1, u_2，水の絶対流入および流出速度を v_1, v_2，流入および流出角を α_1, α_2 とすると，羽根車に及ぼす仕事量 L_h は，$L_h = (\gamma/g) Q (u_1 v_1 \cos\alpha_1 - u_2 v_2 \cos\alpha_2)$ となる．
プロペラ水車	低落差に適用され，流水は羽根車の軸方向に進む．羽根枚数は 2 枚ないし 8 枚が採用され，これを可動の構造とする．

8.2.5 吸出し高

水車で許容される最大の吸出し高をH_s[フランシス水車では水車中心(案内羽根の中心)と停止時放流水面との高低差, プロペラ水車では羽根車中心と停止時放流水面との高低差(放水面より下方を正とする)], 発電所標高での大気圧をH_atm(標高によって異なるが, 300 m 付近までは 10 m としてよい), 水温に相当する蒸気圧H_v(m), 有効落差をH, トーマのキャビテーション係数をσとすると,

$$H_s = H_\mathrm{atm} - H_v - \sigma H \tag{8.7}$$

トーマのキャビテーション係数σの概数値を**表-8.6**に示す.

表-8.6 フランシス水車およびカプラン水車のトーマのキャビテーション係数σの概数値

水車形式	n_s	トーマのキャビテーション係数σ
フランシス水車	70	0.037
	100	0.048
	200	0.12
	300	0.25
カプラン水車	400	0.46
	600	0.80

8.3 導水設備

8.3.1 ダム

表-8.7にダムの分類を示す.

表-8.7 ダムの分類

分類	内容
重力ダム	コンクリート造り
アーチダム	コンクリート造り
アース(ロック)ダム	上, 下流面の法面の勾配は, 上流側 1:3, 下流側 1:2 ぐらいを標準

8.3.2 ダムの付属設備(水門およびバルブ)

(1) 水　門
表-8.8,図-8.1～8.23に各種水門を示す．

表-8.8　各種水門

形　式	分　類
ローラ形式	ローラゲート(フィックスドホイルゲート)(図-8.1)
	キャタピラゲート(ローラマウンテッドゲート)(図-8.2)
	リングシールゲート(図-8.3)
	長径間ローラゲート(図-8.4)
	長径間フラップ付ローラゲート(図-8.5)
	長径間2段式ローラゲート(図-8.6)
	長径間多重式ローラゲート(図-8.7)
	2段式ローラゲート(図-8.8)
	多段式ローラゲート(図-8.9)
	多段式半円ゲート(図-8.10)
ヒンジ形式	ラジアルゲート(図-8.11)
	高圧ラジアルゲート(図-8.12)
	セクタゲート(図-8.13)
	ドラムゲート(図-8.14)
	転倒ゲート(起伏ゲート)(図-8.15)
	バイザゲート(図-8.16)
スライド形式	スライドゲート(図-8.17)
	高圧スライドゲート(図-8.18)
	ジェットフローゲート(図-8.19)
	リングホロワゲート(図-8.20)
その他の形式	ローリングゲート(図-8.21)
	シリンダゲート(図-8.22)
	多段式シリンダゲート(図-8.23)

8.3 導水設備

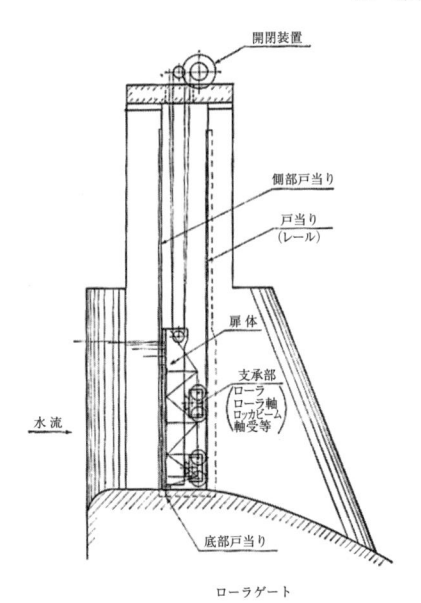

図-8.1 フィックスドホイールゲート

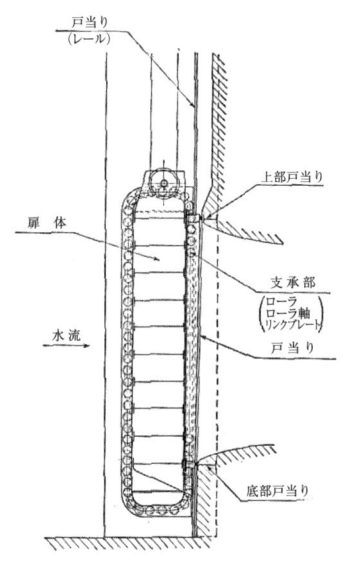

図-8.2 キャタピラゲート（ローラマウンテッドゲート）

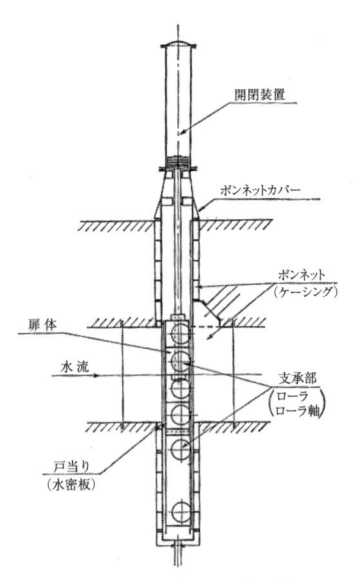

図-8.3 リングシールゲート

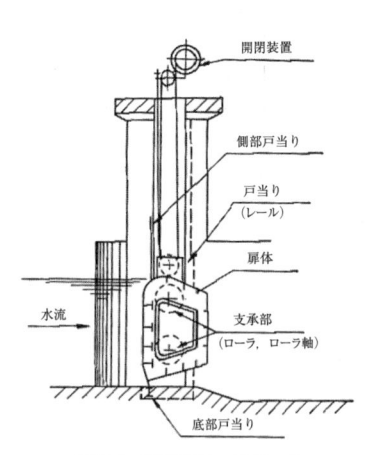

図-8.4 長径間ローラゲート

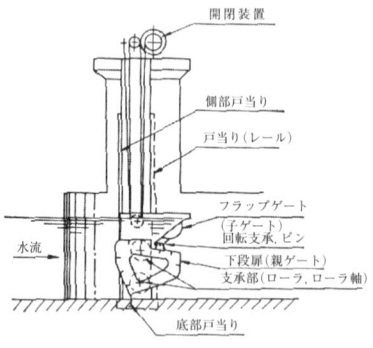

図-8.5　長径間フラップ付きローラゲート

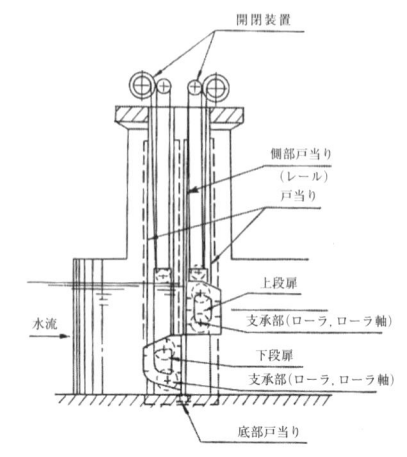

図-8.6　長径間2段式ローラゲート

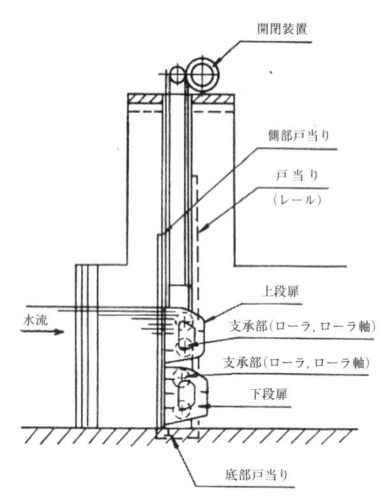

図-8.7　長径間多重式ローラゲート

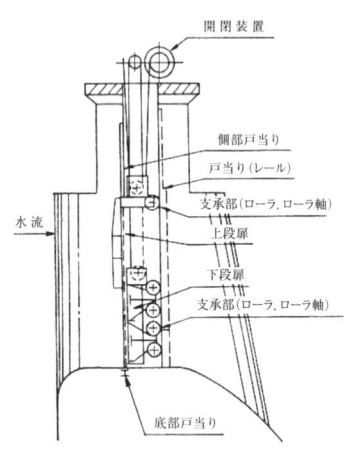

図-8.8　2段式ローラゲート（越流形および非越流形）

8.3 導水設備

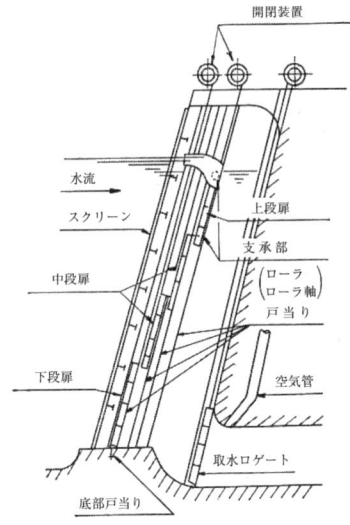

図-8.9 多段式ローラゲート

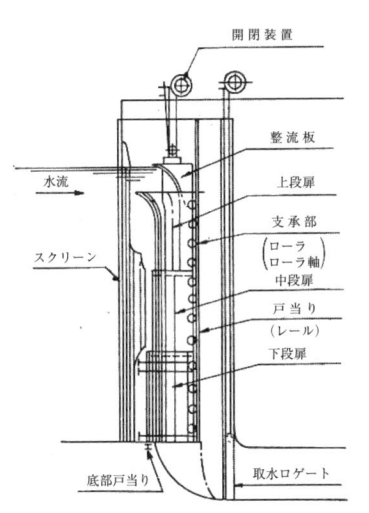

図-8.10 多段式半円ゲート

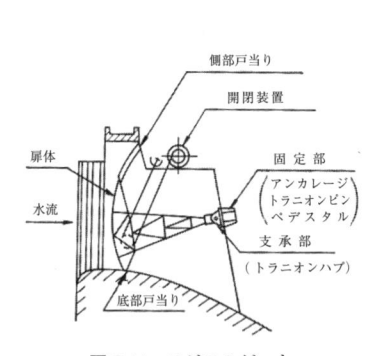

図-8.11 ラジアルゲート

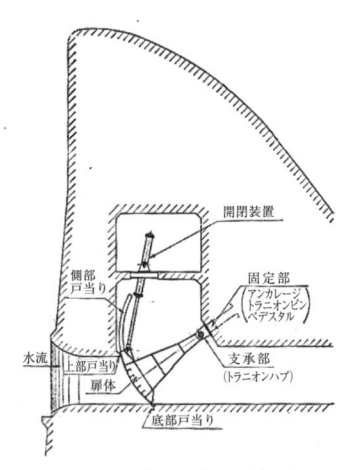

図-8.12 高圧ラジアルゲート

112　　　　　　　　　　　　　　　8. 水力機械

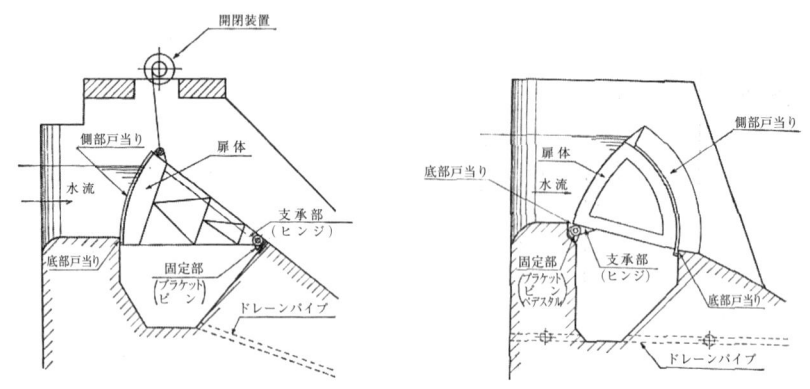

図-8.13　セクタゲート（横軸）

図-8.14　ドラムゲート

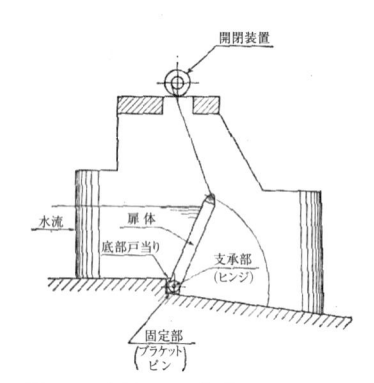

図-8.15　転倒ゲート（起伏ゲート，フラッグゲート）

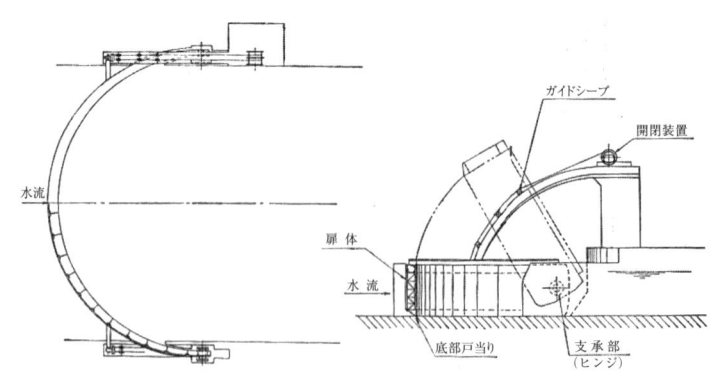

図-8.16　バイザゲート

8.3 導水設備

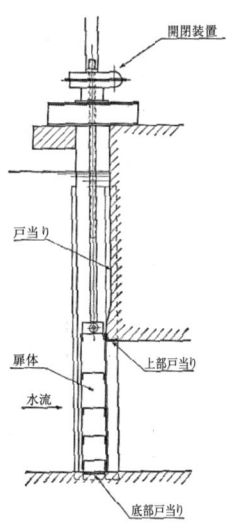

図-8.17 スライドゲート

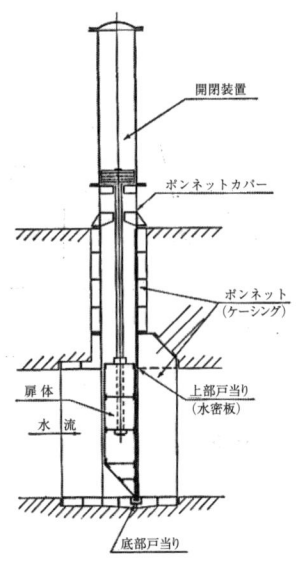

図-8.18 高圧スライドゲート

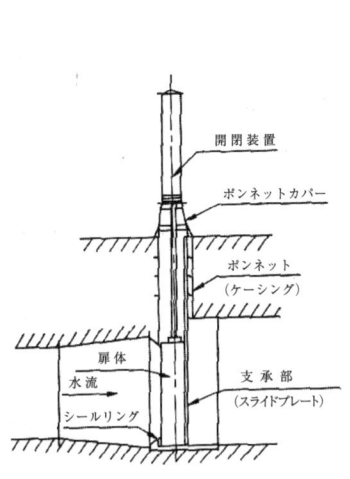

図-8.19 ジェットフローゲート

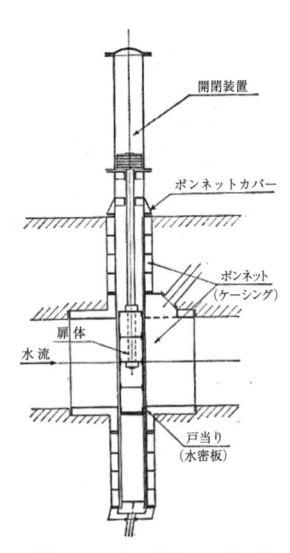

図-8.20 リングホロワゲート

8. 水力機械

図-8.21 ローリングゲート

図-8.22 シリンダゲート

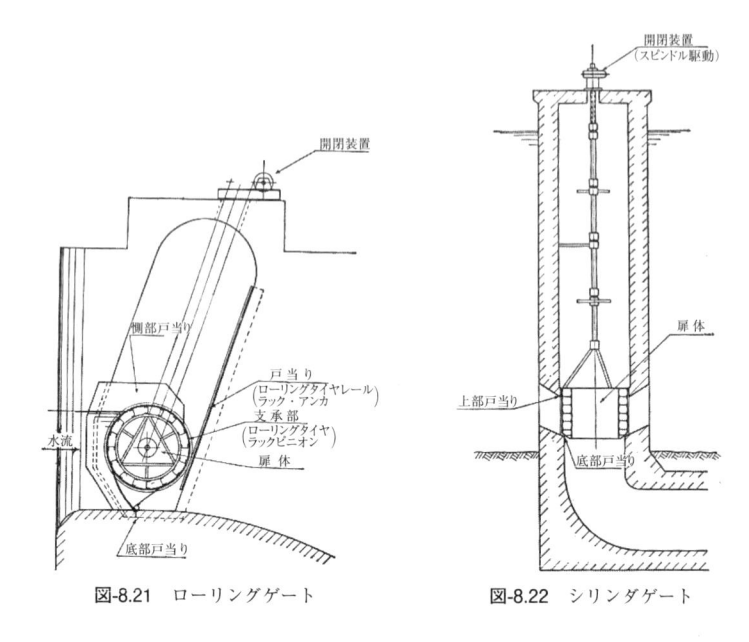

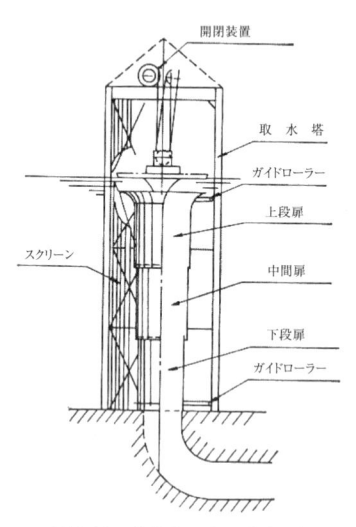

図-8.23 多段式シリンダゲート

(2) 各種バルブ

表-8.9, 図-8.24〜8.29に各種バルブを示す.

表-8.9 各種バルブ

形　式	分　類
高圧バルブ	ホロージェットバルブ(図-8.24)
	コーン型スリーブバルブ(図-8.25)
	コーンバルブ(図-8.26)
	スルースバルブ(図-8.28)
	バタフライバルブ(図-8.27)
	ロータリーバルブ(図-8.29)

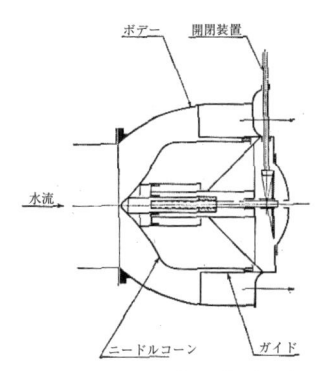

図-8.24 ホロージェットバルブ

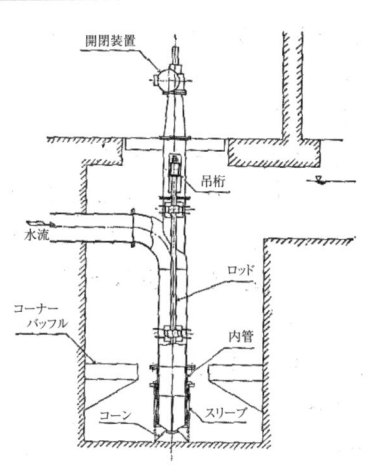

図-8.25 コーン形スリーブバルブ

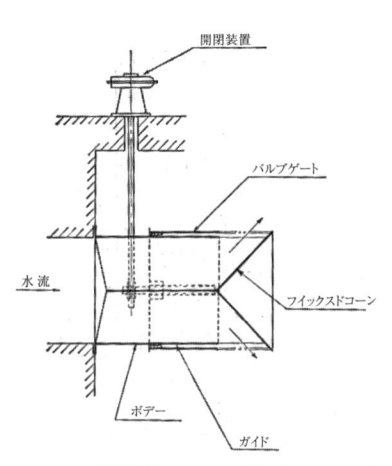

図-8.26 コーンバルブ

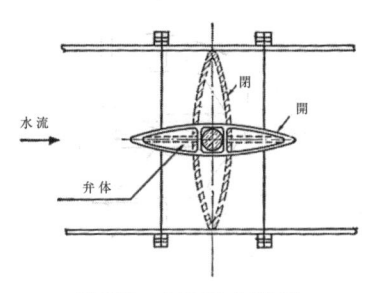

図-8.27 バタフライバルブ

図-8.28　ゲートバルブ

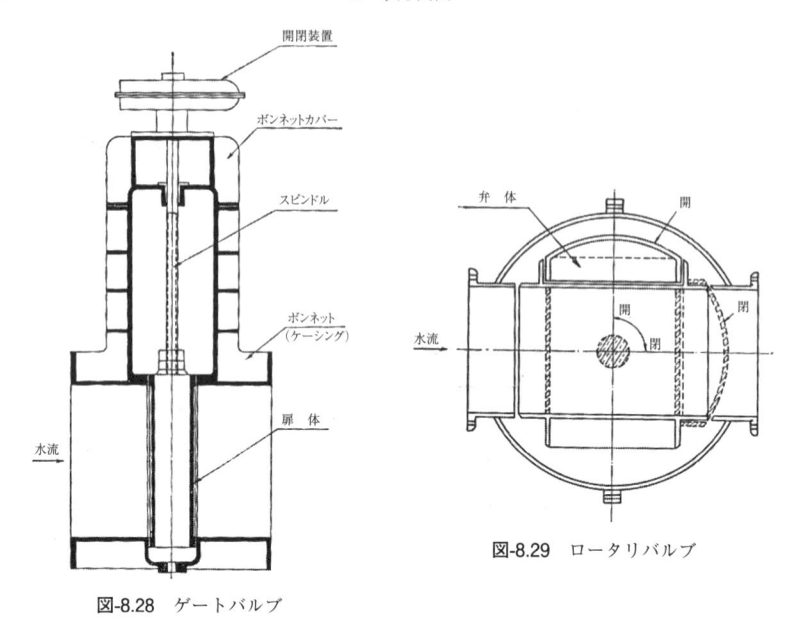

図-8.29　ロータリバルブ

8.4　ポ ン プ

8.4.1　渦巻ポンプ

(1)　渦巻ポンプの分類

形　式	構　造	吸込口	段　数	用　途
ボリュートポンプ	羽根車の外周にすぐ渦形室のあるもの			揚水ポンプ
渦室を有する渦巻ポンプ	羽根車の外周に渦室のあるもの			排水ポンプ
タービンポンプ	羽根車の外周に案内羽根のあるもの	片側型 両側型	2段ポンプ 3段ポンプ	消防ポンプ 給水ポンプ 循環ポンプ 復水ポンプ

(2) 渦巻ポンプの揚程

図-8.30 に渦巻きポンプの揚程の設定法を示す．ポンプの吐出水頭を H_d，吸込水頭を H_s，ポンプの揚程（圧力形水頭）を H とすると，

$$H = H_d - H_s \tag{8.8 a}$$

$$H_d = \frac{p_d}{\gamma} + \frac{v_d^2}{2g} + y_d \tag{8.8 b}$$

$$H_s = \frac{p_s}{\gamma} + \frac{v_s^2}{2g} - y_s \tag{8.8 c}$$

(3) 渦巻ポンプの動力および効率

吐出量を $Q(\mathrm{m^3/s})$，水頭を $H(\mathrm{m})$，水の比重量を γ $(\mathrm{kgf/m^3})$，ポンプの水動力を L_n とすると，

$$L_n = \frac{\gamma QH}{75} (\mathrm{Ps}) \tag{8.9 a}$$

$$L_n = \frac{\gamma QH}{102} = 9.803\ QH (\mathrm{kW}) \tag{8.9 b}$$

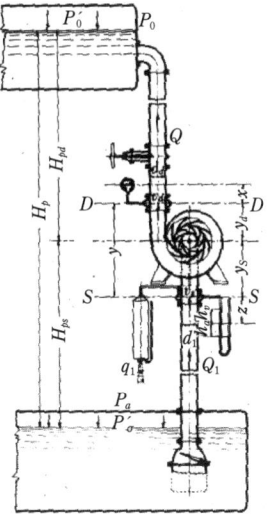

図-8.30 渦巻きポンプの揚程

所要軸動力 L には，ポンプ内での漏れ量を q，羽根車の入口，出口等における衝撃，流路内の逆流，渦流その他の流体抵抗に費やされる動力を L_a，円盤摩擦に費やされる動力を L_f，軸受，軸パッキング部等の機械摩擦に費やされる動力を L_m とすると，

$$L = \frac{\gamma(Q+q)H}{75} + L_a + L_f + L_m \tag{8.10}$$

ポンプの総効率（単に効率ともいう）η は，ポンプの水動力 L_n と軸動力 L との比となる．

$$\eta = \frac{L_n}{L} \tag{8.11}$$

8.4.2 渦巻きポンプの理論水頭

(1) 羽根数が無限の場合

羽根数無限の流動をなすと仮定した場合，羽根車の回転によって水に付与されるべき仮想の理論水頭を羽根数無限の場合の理論水頭といい，$H_{\mathrm{th}\infty}$ で表す．

$$H_{th\infty} = \frac{u_2^2 - u_1^2}{2g} + \frac{v_2^2 - v_1^2}{2g} + \frac{w_2^2 - w_1^2}{2g} \tag{8.12}$$

$H_{th\infty}$を示す基礎式(オイラーの式)は次の形で示される(**図-8.31**).

$$H_{th\infty} = \frac{1}{g}(u_2 v_2 \cos a_2 - u_1 v_1 \cos a_1) \tag{8.13}$$

ここで，$a_1 \fallingdotseq 90°$ であるので，近似的に，

$$H_{th\infty} = \frac{1}{g} u_2 v_2 \cos a_2 \tag{8.14}$$

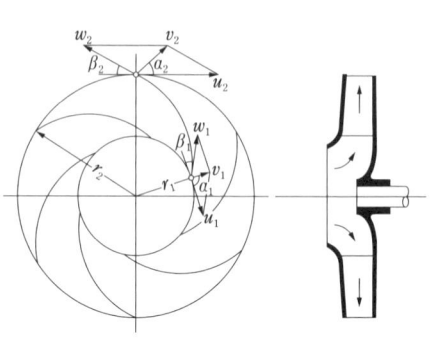

図-8.31 羽根車と速度線図

(2) 羽根数有限の場合

羽根数有限の羽根車によって水に付与される理論水頭H_{th}を表す基礎式(オイラーの式)は，次のように示される．

$$H_{th} = \frac{1}{g}(u_2 v_2' \cos a_2' - u_1 v_1' \cos a_1') \tag{8.15}$$

ここで，$a_1 \fallingdotseq 90°$ とみなしうる場合は$\cos a_1' = 0$で，近似的に，

$$H_{th} = \frac{1}{g} u_2 v_2' \cos a_2' \tag{8.16}$$

羽根数有限の場合，理論水頭 $H_{th} = \psi H_{th\infty}$，$\xi_h H_{th} = \psi \xi_h H_{th\infty}$で，$\psi \xi_h$は約 0.6 くらいである．

(3) 渦巻きポンプの相似則および比速度

図-8.32に示すように，お互いに相似で大きさが異なるポンプ(送風機)において，羽根車の直径，回転数，流量，揚程，軸動力を以下のように設定する．

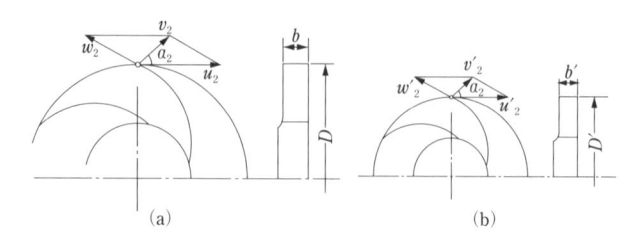

図-8.32 相似な2つの羽根車

$$\left. \begin{array}{l} D,\ n,\ Q,\ H,\ L \\ D´,\ n´,\ Q´,\ H´,\ L´ \end{array} \right\}$$

2つの羽根車内の流れが相似になるためには,

$$\frac{v_2´}{v_2} = \frac{u_2´}{u_2} = \frac{n´D´}{nD}$$

$$Q = \pi D b v_2 \sin a_2$$

$$Q´ = \pi D´ b´ v_2´ \sin a_2$$

$$\frac{b}{b´} = \frac{D}{D´}$$

$$\frac{Q´}{Q} = \frac{D´b´v_2´}{Dbv_2} = \left(\frac{D´}{D}\right)^3 \frac{n´}{n}$$

$H \propto u_2 v_2 \cos a_2$ であるから,

$$\frac{H´}{H} = \frac{u_2´ v_2´}{u_2 v_2} = \left(\frac{n´D´}{nD}\right)^2 \tag{8.17 a}$$

となり,軸動力が $L \propto QH$ であるので,

$$\frac{L´}{L} = \frac{Q´H´}{QH} = \left(\frac{D´}{D}\right)^5 \left(\frac{n´}{n}\right)^3 \tag{8.17 b}$$

となる.$Q´/Q$ と $H´/H$ から $D´/D$ を消去すると,

$$n´ \frac{Q´^{1/2}}{H´^{3/4}} = n \frac{Q^{1/2}}{H^{3/4}} \tag{8.17 c}$$

となり,互いに相似なポンプにおいては常に $n[Q^{1/2}/H^{3/4}] = $ 一定である.この値を n_s とすると,

$$n_s = n \frac{Q^{1/2}}{H^{3/4}} \tag{8.18}$$

となる.この値を比速度という.

8.5 送風機

遠心型送風機を例に考えてみると,渦巻ポンプと同様な関係が適用できる.理論全圧力は,

$$P_{th\infty} = \rho g H_{th\infty} = \rho (u_2 v_2 \cos a_2 - u_1 v_1 \cos a_1) \fallingdotseq \rho u_2 v_2 \cos a_2 \tag{8.19}$$

実際には,羽根数が有限であるための流れの偏りと羽根との間の流体摩擦,さらに送風機の効率 η により,有効全圧力 P は $P_{th\infty}$ より小さくなる.

$$P_{th} = \psi P_{th\infty} \tag{8.20 a}$$

$$P = \eta P_{th} = \eta \psi P_{th\infty} \tag{8.20 b}$$

ここで,$\eta \psi$ は約 0.6 くらいである.

問　　題

1. 水の体積弾性係数 $K=2\times 10^4$ kgf/cm^2 (1.96×10^6 kN/cm^2) として，圧力が大気圧から100気圧にまで上昇する時，体積は何％に減少するか求めよ．
2. 水中に半径 $r=0.2$ mm のガラス管を垂直に立てた場合，毛管現象によって水が昇る高さ h を求めよ．ただし，水温は20℃とする．
3. 水頭100 m の圧力は何 kPa になるか求めよ．ただし，水温は20℃とする．
4. 管内の水圧 Δp を測定する示差圧力計において，$H=10$ cmAq，$H'=5$ cmHg であれば，管内の水圧は幾らになるか求めよ．ただし，水銀の比重は13.6とする．
5. 傾斜微圧計において，$\iota=150$ mm，$a=15°$ の場合の圧力差 Δp を求めよ．ただし，アルコールの比重は0.87とする．
6. 幅1 m，長さ2 m の長方形平板が水面と30°の傾斜に置かれ，平板の上辺が水面から30 cm 下方にある時，平板に作用する全圧力とその作用点が幾らになるか求めよ．
7. 直径3 m の円板が水面と60°傾斜して水面下に置かれ，円板の中心が水面から3.5 m の深さにある場合，円板に作用する全圧力とその作用点が幾らになるか求めよ．
8. 内径60 cm，高さ150 cm の円筒容器に半分だけ水を入れて垂直軸の回りに回転させた時，回転数が幾らになったら水が溢れるかを求めよ．
9. 水平な管路を水が1.5 m/s の速度で流れている場合，その管内径を1/4に縮小する所では圧力がどれだけ低下するか求めよ．
10. 風速35 m/s をピトー管によって測定する場合，全圧と静圧の差を求めるU字管内にアルコール（比重0.87）液面の高さの差は幾らになるか求めよ．ただし，空気の密度は重量単位系で 0.125 kgf·s^2/m^4 とする．
11. ベンチュリ管において入口と出口内径が 150，50 mm，圧力差を測定する U字管内の水銀の液面の差が 200 mm である．管内を流れる水の流量を求めよ．た

だし，水銀の比重を 13.6，流量係数を 0.95 とする．

12． ベンチュリ管の絞り部を入口の直径との比が 2 で，出口が大気圧に開放されている．このベンチュリ管を水 (20℃) が流れる場合，絞り部での圧力が蒸気圧となり，キャビテーション係数 1 とした時，出口流速は幾らになるか求めよ．ただし，20℃ の水の蒸気圧を 0.233 mAq，大気圧を 10 mAq とする．

13． 消防ホースのノズル (直径 3 cm) から流速 30 m/s で水が噴出する場合，ノズルを持っている消防士が受ける力は幾らになるか求めよ．

14． 速度 40 m/s，直径 3 cm の水の噴流が曲板によって 180° 方向を変える場合，(a) 曲板が静止している時，(b) 曲板が噴流と同じ方向に 20 m/s の速度で動いている時，噴流が曲板に及ぼす力を求めよ．

15． 単位幅の翼が標準状態の空気中を時速 300 km で動く時，翼弦長さ $\iota = 2$ m，迎え角度 $a = 5°$，翼のそり角度 $\beta = 0°$ とすれば，その翼の揚力は幾らになるか求めよ．ただし，標準大気の密度を 0.1272 kgf·s^2/m^4 とする．

16． 管摩擦による圧力損失 $\Delta p (= \rho g h, \ h$：摩擦損失水頭) は，管路の長さ ι，流速 V_0，管内径 d，流体の粘性係数 μ，密度 ρ，管内壁の粗さ ε の関数と考えられる．実験によって，$\Delta p \propto \iota$ の関係が確かめられているから，$a = 1$ とし，また，管摩擦損失水頭の λ はレイノルズ数 R_e と相対粗さ ε / d の関数となることを考慮して，次元解析によって管摩擦よる圧力損失 Δp の式を求めよ．

17． 無限領域の水中で半径 $r_0 = 15$ cm の円板が回転角速度 $\omega = 100$ rad/s で回転する時の円板に作用するトルク M を求めよ．ただし，層流境界層 ($R_e < 10^5$) に対する抵抗係数を参照するものとする．

18． 滑り潤滑面において，圧力 P が 10 kgf，速度 U が 10 m/s，滑り面の長さ ι が 50 cm，油の粘度 μ を 0.005 kgf·s/m^2 とすれば，最小油膜厚さ h_2 は幾らになるか求めよ．ただし，$k (= h_1/h_2) = 2.2$ として単位幅当りの値とする．

19． 長方形タンク内に水が満たされ，振動によって水がタンクから溢れ出ないとし，タンクの幅 $a = 100$ m，長さ $b = 1000$ m，水深 $h = 10$ m の場合のタンク内の基本固有振動数 f を求めよ．

20． 500℃ の空気中を伝わる音の速度を求めよ．

21． 15℃ の空気中を飛ぶ物体のマッハ角が 15° であるとすれば，物体の速度は幾らか求めよ．

22． 気流の速度 1000 m/s をピトー管によって測定すると，全圧と静圧の差は幾らか求めよ．ただし，気温は 15℃ とし，圧縮性は無視する．

23. 15℃の空気流をピトー管によって測定したところ，全圧と静圧の差が 300 mmHg であった．空気流速を求めよ．ただし，圧縮性は無視し，水銀の比重は 13.6 とする．

24. 常温の空気中を $q=1\,000$ m/s で飛ぶ物体の澱み点の温度上昇は幾らになるか求めよ．

I 部参考文献

[1]　日本機械学会編：機械工学便覧　4, 1957.
[2]　土木学会編：水理公式集, 1971.
[3]　国際単位系(SI)付記の方法　ハンドブック, 1976.
[4]　今井功：等角写像とその応用, 岩波書店, 1979.
[5]　日野幹雄：流体力学, 理工学基礎講座16, 朝倉書店, 1977.
[6]　谷　一郎：第3版 流れ学, 岩波全書, 岩波書店, 1969.
[7]　市川常雄：改訂新版 水力学・流体力学, 機械工学基礎講座6, 朝倉書店, 1997.
[8]　佐藤昭二, 合田良美：新改版 海岸・港湾, わかり易い土木講座17, 彰国社, 1980.
[9]　藤本武助：応用流体力学, 丸善, 1943.
[10]　矢野雄幸, 佐藤弘三：拡散方程式入門, 公害研究対策センター, 1978.
[11]　P.NOVAK：Developments in Hydraulic Engineering-3, ELSEVIER APPLIED SCIENCE PUBLISHERS.
[12]　水門鉄管技術基準-付解説-(第3回改定版), 水門鉄管協会, 1981.

Ⅱ部

　Ⅱ部では，実物で経験し，土木学会，鋼構造協会，建設省土木研究所(現・独立行政法人土木研究所)，および水門鉄管協会(現・電力土木技術協会)等への論文を中心に，水路構造物の水理現象および振動現象について論述する．

9. 水路構造物の水理

高速流に曝される水理構造物，特にゲートでは，空気連行とキャビテーション現象は重要な課題である．まず空気連行の研究経緯と算定式，および研究事例について記述する．長径間ゲートの水理特性として，ゲート操作時に作用するダウンプルとアップリフトについての水理力の解析，ゲート底面の注排水孔位置と断面積との関係を明らかにする．次に，堰ゲート上流側に点検用の予備ゲートが設置される場合，ゲート上流側が有限水域となるためゲート操作に伴う水位低下が極端に大きくなり，ゲートの開操作によってはダウンプルが過大となることについて述べる．

最後に，選択取水設備の水理特性として，設備の基本となる水理設計，選択取水する際の上段ゲートおよび下段ゲートの開度設定，凍結防止のための気泡流の巻込み現象等について触れる．

9.1 空気連行とキャビテーション現象

9.1.1 空気連行現象の研究経緯と算定式[1]

ダム放流管における空気連行は，トンネル内に設置される高圧ゲートのように閉空間内で高速流が発生する場合で，流れと大気との相互作用によりトンネル内の空気が連行され，それに伴う圧力の低下が生じる．

トンネル内の圧力低下は，キャビテーションや振動に起因する損傷が生じる可能性があるため，極端な圧力の低下を防止し，流れを安定した状態に保つには，ゲート下流に空気を供給する空気管が必要となる．この空気管の設計は，ダム放流設備

を設計するうえで重要な位置を占めており,古くから実験,実測が行われ,多くの算定式が提案されている[1].

トンネル内の空気連行は空気混入現象に基づき,Kalinske & Robertson(カリンスケとロバートソン)(1943)の実験的研究に始まる.この研究の流れは,管路内跳水を対象としたもので,模型管路内の跳水面で混入される空気量を求め,流れを安定させるのに必要な空気量を算定するため,実験範囲としてフルード数 $F_r = 1.5 \sim 30$,直径 150 mm の円管を用いた模型実験から実験式を提案している.

$$\beta = 0.0066(F_r - 1)^{1.44} \tag{9.1}$$

ここで,β:空気係数($= Q_a / Q_w$),F_r:流れのフルード数($= V/\sqrt{gy_1}$),y_1:水深.

その後,実機計測が追加された大縮尺模型を用いた他の実験等から,Campbell & Guyton(キャンベルとガイトン)(1953)は新しく提案している.

$$\beta = 0.04(F_r - 1)^{0.85} \tag{9.2}$$

さらに,WES(米国陸軍工兵隊水路試験所)の設計式も Kalinske & Robertson の提案式を基本とした式を提案(1964)している.

$$\beta = 0.036(F_r - 1)^{1.06} \tag{9.3}$$

日本でも,建設省土木研究所(現・独立行政法人 土木研究所)を中心に Kalinske & Robertson の提案式をもとに修正式を新しく提案(1968)している.

$$\beta = 0.076(F_r - 1)^{0.85} \tag{9.4}$$

日本では,空気連行による空気量は,流れのメカニズムに立脚した合理的な基準ができるまで Campbell & Guyton の提案式(9.2)を許容風速 45 m/s として用いられていた.

これらは,管路内跳水を対象とした空気混入現象を流れのフルード数をもとに実験的に空気量が算定されたものである.

中島,巻幡(1964)[2]らは,トンネル内の流水面上に発達する境界層,あるいは噴流の拡散に基づく空気連行現象を考え,理論的な解析を試みている.

(1) 境界層の拡散現象

この考え方は,G.I.Taylor によって提唱された渦動粘性係数 K を導入することにより,2次元の Navier-Stokes の運動方程式,すなわち層流境界層内の運動方程式と同形となり,その解は形式的に層流境界層の解となる.トンネル内の流水面上の空気は,流水面の流速と同一になろうとする現象,すなわち拡散現象が起り,流水面上の空気が u' の速度で運び去られることになる.この現象と同時に流水面上の

9.1 空気連行とキャビテーション現象

空気には相当量の水の飛沫が拡散されている．この拡散が空気の拡散に支配されているものとすれば，水の飛沫も層流境界層の解を適用できる．ここで，空気による水の拡散と水による空気の拡散が同程度で，空気流に拡散された水の飛沫に相当する空気量が水流内に拡散され水流と共に運び去られるものとすると，空気量は，

$$Q_a = B[\int_0^\delta (1-\sigma)u' \, dy + \int_0^\delta \sigma u' \, dy] \tag{9.5a}$$

トンネル内の高さが δ より低い場合は，

$$Q_a = B[\int_0^\phi (1-\sigma)u' \, dy + \int_0^\phi \sigma u' \, dy] \tag{9.5b}$$

ここで，B：放水路の幅，$\delta: x=L$，すなわちトンネルの出口における境界層の厚さ，σ：単位体積中に含まれる水の飛沫の濃度，$1-\sigma$：単位体積中に含まれる空気，u'：境界層内の流速，$\phi: s_0-s$，s_0：トンネルの高さ，s：ゲート開度．
一方，放流量 Q_w は，

$$Q_w = BUs, \quad U = \sqrt{2gH} \tag{9.6}$$

式(9.5a)から空気比(空気係数) β は，

$$\beta = \frac{Q_a}{Q_w} = \frac{ALR_K^{-1/2}}{s} \tag{9.7a}$$

式(9.5b)から空気比 β は，

$$\beta = \frac{Q_a}{Q_w} = \frac{A'LR_K^{-1/2}}{s} \tag{9.7b}$$

ここで，L：トンネルの長さ，R_k：渦動粘性係数を用いたレイノルズ数 $(=UL/K)$，A，A'：層流境界層内の流速分布を積分することによって得られる係数 $[A=1.83$，$A'=Af(\phi/\delta)]$．

(2) 噴流の拡散現象

同種流体中(水対水あるいは空気対空気)に噴出される際に生ずる噴流の拡散を考え，境界層の拡散と同様に空気比 β を算定すると，

$$s > \frac{s_0}{2} \left(0 < \phi < \frac{s_0}{2}\right), \quad \beta = \frac{Q_a}{Q_w} = 0.25 \frac{\phi}{s} \tag{9.8a}$$

$$s < \frac{s_0}{2} \left(\frac{s_0}{2} < \phi < 1\right), \quad \beta = \frac{Q_a}{Q_w} = \int_{-s/\phi}^{1} F'(\zeta) \left[1 - \frac{s}{\phi} F'(\zeta)\right] d\zeta \tag{9.8b}$$

ここで，s_0：トンネルの高さ，s：ゲート開き，$\phi = s_0 - s$．
この理論は，空気連行を流水面上での空気と水の飛沫の拡散現象とした考え方であるが，課題としては，境界層内の速度分布と水の飛沫の濃度分布，および渦

動粘性係数の設定にある．この考え方は，1964年に論文として発表され話題となった．その後[13]，1988年，建設省土木研究所では，空気連行を流水面上に発達する境界層と捉え，積極的な研究がなされている．

9.1.2 空気連行の研究事例

(1) 主ゲートの空気吸込みに関する一考察[2]

放水路トンネルを有するゲートの空気吸込み現象については，従来，流れの跳水現象による空気吸込みが問題とされ，空気吸込みに関する実験式が示されている．しかしながら，該式は著者らが実施した模型実験および入手し得た実機実験等と十分な一致が認められなかったので，ここではトンネル内の流水面上に発達する境界層，あるいは噴流の拡散に基づく空気吸込みを考え，理論的な解析を行って実験結果と比較検討した．

放水路トンネルを有するダムでは，ゲートの開閉に伴いゲートからの流出水によってトンネル内の空気がダム外に運び去られ，トンネル内の気圧が著しく低下する．このような気圧の低下は，ゲートに対してキャビテーション現象や振動等の操作上好ましくない原因となって現れる．このような危険を防止し，安全なゲート操作を可能なように空気管が設置されている．

空気管の設計に必要な空気吸込み量に関する研究事例は2～3見受けられる[3~5]が，Kalinske & Robertson ならびに Campbell & Guyton らの論文中に示されている実験式は，空気吸込みの原因を流れの跳水現象によるものと考察し，空気比 β^* ($= Q_a^*/Q_w^*$. Q_a^*, Q_w^*：それぞれ実験で得られる空気量，流量)をフルード数をもとに整理されたもので，実機で得られた結果とある程度よく一致すると報告された例もあり[6]，この実験式が空気管の設計に採用されている．しかし，空気吸込み量について著者らが実験した2～3の模型実験および萱瀬ダム 1/15 模型[7]，あるいは建設省近畿地方建設局(現・国土交通省近畿地方整備局)の好意により入手した大野ダムの実機実験等の結果は上述の実験式とは相当の差が現れ，全くその一致が認められなかった．また，縮尺模型実験から実機の空気量を推定することも考えられるが，信頼できる換算方法も明確ではなく，空気吸込みの原因についても不明な点を多分に残しているようである．

そこで，ここでは空気吸込み現象を Kalinske & Robertson が考察しているように跳水現象と考えず，トンネル内の流水面上に発達する境界層，あるいは噴流の拡散

によるものと考え，検討を加える．

a. 理論的考察 著者らは**表-9.1**, **9.2**に示すような2種類の模型および条件のもとに実験して得られた結果，ならびに大野ダムの実機実験(計算に用いた当ダムの寸法は**表-9.3**)で得られた結果から，それぞれの空気比β^*を求め，Kalinskeらと同様な整理方法を試みて図示すると，**図-9.1**のようになる．なお，**表-9.1**は単純化された模型であり，**表-9.2**は関西電力(株)黒部第4発電所洪水吐ゲートおよび放水路の1/30模型である．

表-9.1 (単位:m)

放水路形状	ゲート前方の取水口形状	水頭	放水路長さ	放水路幅	放水路高さ
水平長方形	通常形状障害物なし	2.30	1.70	0.04	0.225

表-9.2 (単位:m)

放水路形状	ゲート前方の取水口形状	水頭	放水路長さ	放水路幅	放水路高さ
水平長方形	ベルマウス状の障害物あり	2.50	0.70	0.133	0.133

表-9.3 (単位:m)

放水路形状	ゲート前方の取水口形状	水頭	放水路長さ	放水路幅	放水路高さ
放物線	通常形状障害物なし	34.4	34.0	3.4	5.1

この図から空気比β^*は，模型で得られた結果も実機で得られた結果もKalinskeらの実験式との開きが大きく現れており，この実験式を実機の空気管の設計に採用することには問題があるように思われる．

ここで，ゲートの空気吸込みを運動量の拡散現象と考え，次のような単純化した手段を用いて考察してみる．その一つは大気の拡散係数に支配されて水平トンネル内の流水上に発達する境界層理論を応用する方法，もう一つがゲートから流出する水流を噴流と考え噴流理論を応用する方法である．

① 大気内の拡散現象：空気管の入口と空気管出口(ゲート室)とにおける圧力低下

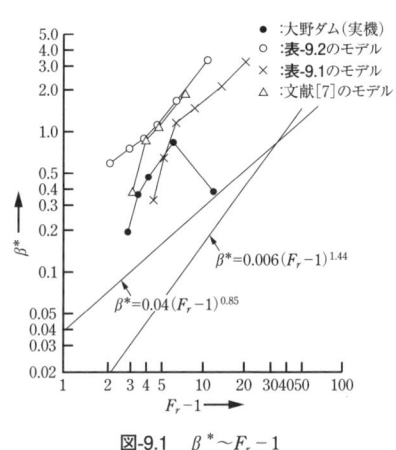

図-9.1 $\beta^* \sim F_r - 1$

凡例:
● :大野ダム(実機)
○ :表-9.2のモデル
× :表-9.1のモデル
△ :文献[7]のモデル

$\beta^* = 0.006(F_r-1)^{1.44}$
$\beta^* = 0.04(F_r-1)^{0.85}$

が僅かでゲート室の気圧がほぼ大気圧に等しいと考えられる場合には放水路トンネル内の空気は非圧縮性流体，すなわち大気と同様な取扱いができるので，大気の運動方程式が適用できる．

渦動粘性係数 K を導入した大気の運動方程式をダム放水路トンネルの空気流の現象に適用するために2次元を考える．流水面からあまり大きく離れていない距離の所では空気の乱れは，統計的に等方性になっていることがG.I.Taylorによって見出されている．この場合の運動方程式は，2次元のNavier-Stokesの運動方程式，すなわち以下に示すように層流境界層内における運動方程式と連続の式と同形となる．

$$\frac{\partial u}{\partial t}+u\left(\frac{\partial u}{\partial x}\right)+v\left(\frac{\partial u}{\partial y}\right)=-\left(\frac{1}{\rho_a}\right)\left(\frac{\partial p}{\partial x}\right)+K\left(\frac{\partial^2 u}{\partial x^2}+\frac{\partial^2 u}{\partial y^2}\right)$$

$$\frac{\partial v}{\partial t}+u\left(\frac{\partial v}{\partial x}\right)+v\left(\frac{\partial v}{\partial y}\right)=-\left(\frac{1}{\rho_a}\right)\left(\frac{\partial p}{\partial y}\right)+K\left(\frac{\partial^2 v}{\partial x^2}+\frac{\partial^2 v}{\partial y^2}\right) \quad (9.9)$$

$$\frac{\partial u}{\partial x}+\frac{\partial v}{\partial y}=0 \quad (9.10)$$

ここで，$K=K_x=K_y$，ρ_a：空気の密度．

流水面を x，それの鉛直方向を y とし，トンネル内の流水表面を $U(=\sqrt{2gH}$，H：ダム水頭）の理論流速で動いている平板と考えると，流水面上の空気は，粘性のために流水面の流速と同一になろうとする現象，すなわち拡散現象が起り，水面上の空気は u' の速度で運び去られることになる．また，この現象と同時に流水面は，実は固体の平板でなく，相当量の水の飛沫が流水面上の空気流に拡散されている．この拡散が空気の拡散に支配されているものとすれば，やはり空気の流速分布と同様に水の飛沫の濃度分布に境界層理論の解を適用することができる．この拡散においては，S.I.Pai[8]がガス拡散について取り扱っているのと同様の方法を用い，空気による水の拡散と水による空気の拡散とが同程度であると考え，空気流に拡散されている水の飛沫に相当する空気量が水流内に拡散され，水流と共に運び去られるとする理論空気量 Q_a は，次式によって与えられる．

$$Q_a=B\left[\int_0^\delta (1-\sigma)u'\,dy+\int_0^\delta \sigma u'\,dy\right] \quad (9.11)$$

ここで，B：放水路の幅，δ：$x=L$，すなわちトンネルの出口における境界層の厚さ，σ：単位体積中に含まれる水の飛沫の濃度で，単位体積中に含まれる空気は $1-\sigma$．右辺第1項は境界層内で運び去られる空気量であり，第2項は水の飛沫量であるが，前述のように等量の空気が水流内に拡散されて運び去られると考

えて加えたものである.ところが境界層理論から求められるδよりもトンネル高さが小さい場合は,

$$Q_a = B\left[\int_0^\phi (1-\sigma)u'\,dy + \int_0^\phi \sigma u'\,dy\right] \qquad (\delta > \phi) \tag{9.12}$$

で近似的に空気量が与えられるものとする.ここで,$\phi : s_0 - s$,s_0:トンネルの高さ.

Uの速度を持つ流れの中に置かれた平板上に発達する層流境界層内の流速分布uは,一般に$u = Uf(\eta) = U(2\eta - \eta^2)$なる値が採用されている.ただし,$\eta = y/\delta$である.この場合,逆に静止流体中を平板が運動する場合を考えているから,$u' = U - u$となり,

$$u' = U(1 - 2\eta + \eta^2) \tag{9.13}$$

で表される.また,空気の拡散も水の飛沫の拡散も同じ式で表されべきものであるから,

$$\sigma = U(1 - 2\eta + \eta^2) \tag{9.14}$$

となる.

次に理論流量は$Q_w = (\sqrt{2gH})sB = UsB$と示される関係から理論空気比$\beta$は,次式のようになる.

式(9.11)から,

$$\beta = \frac{Q_a}{Q_w} = \frac{1}{sB}\int_0^\delta u'\,dy \tag{9.15}$$

式(9.15)に式(9.13)を代入してηの関係で置き換えると,

$$\beta = \frac{\delta}{s}\left[\int_0^1 (1 - 2\eta + \eta^2)\,d\eta\right] = A\frac{L}{s}R_K^{-1/2} \tag{9.16}$$

式(9.12)から同様に,

$$\beta = \frac{\delta}{s}\left[\int_0^{\phi/\delta} (1 - 2\eta + \eta^2)\,d\eta\right] = A'\frac{L}{s}R_K^{-1/2} \tag{9.17}$$

ここで,L:放水路の長さ,R_K:渦動粘性係数を用いたレイノルズ数($= UL/K$),A,A':層流境界層内の流速分布を積分することによって得られる係数($A = 1.83$).

② 噴流の拡散現象:同種流体中(水対水あるいは空気対空気)に噴出された際に生ずる噴流の拡散を考え,この拡散に伴うゲートの空気吸込み現象を以下に検討する.

ゲートから流出する噴流は,空気中へ水が噴出される場合で,厳密には以下の考察が適当であるかどうか問題である.その理由として,水面を境界としての対

称拡散幅，飛沫の濃度分布等の定義は，この分野での最近の実験研究によれば適当でないようであるが，いまだに確立された理論がないように思われることから，ここでは従来の噴流理論がどの程度この現象に適用できるかを究明しようとしたものである．

まず，流出水の境界面をx軸，それの鉛直方向にy軸をとり，流出水と放水路トンネル内の静止流体(空気)とが接触し始める点(ゲート設置箇所)を原点とする．2つの流体が接触する所には流出水に一様流速$U(=\sqrt{2gH}，H：ダム水頭)より0に移り変わる層ができ，流速の速いものと遅いものとが入り混じる．いわゆる拡散現象を伴う層ができ，この拡散層の幅は下流に向い次第に増大する．その結果，流水境界面にある空気の一部は流水に誘引されるので，静止流体の部分にはUに比べて小さいが，y軸方向の流れが生ずる．この流れが給気吸込みの原因となる．一般に噴流の理論の運動方程式と連続の式は，次のように与えられる．

$$\frac{u\partial u}{\partial x}+\frac{v\partial u}{\partial y}=\frac{1}{\rho_w}\frac{\partial \tau}{\partial y} \tag{9.18}$$

$$\frac{\partial u}{\partial x}+\frac{\partial v}{\partial y}=0 \tag{9.19}$$

ここで，u, v：境界層内のx軸方向の流速およびy軸方向の流速，ρ_w：水の密度，τ：乱流剪断応力．

式(9.18)において，乱流剪断応力τは，Prandtlの混合距離を用いた式で示せば，次式で与えられる．

$$\tau = k\rho_w l^2 \left|\frac{\partial u}{\partial y}\right|\frac{\partial u}{\partial y} \tag{9.20}$$

ただし，k：定数で，Prandtlの運動量輸送理論によれば$k=1$，G.I.Taylorの渦度輸送理論によれば$k=1/2$．一般に噴流理論においては，後者が採用されている．$k\rho_w l^2|\partial u/\partial y|$は，式(9.10)で用いた拡散係数$K$と同じ性質のものであるから，これを常数$K'$として取り扱うことも考えられるが，ここでは従来の噴流理論をそのまま採用する．すなわち，噴流理論を適用すれば，式(9.20)での混合距離lは噴流の拡散幅bに比例し，しかもbは流れの境界面に沿う距離xに比例することになり，式(9.20)は次のようになる．

$$\tau = \frac{1}{2}\rho_w c^2 x^2 \left|\frac{\partial u}{\partial y}\right|\frac{\partial u}{\partial y} \tag{9.21}$$

ここで，c：拡散幅を定義する定数．

9.1 空気連行とキャビテーション現象

式(9.18)の運動方程式を解くためにy/xに比例するξなる変数を導入する．また，u, vを求めるために流れ関数ψを次のように定義する．

$$\psi = \int u \mathrm{d}y = Ux\int f(\xi)\mathrm{d}\xi = UxF(\xi) \tag{9.22}$$

ここで，U：流出水の一様流速．式(9.22)からu, vは，それぞれ

$$u = \frac{\partial \psi}{\partial y} = UF'(\xi) \tag{9.23}$$

$$v = -\frac{\partial \psi}{\partial x} = U[\xi F'(\xi) - F(\xi)] \tag{9.24}$$

として算出される．

式(1.21)のτをξの関数に置き換えると，

$$\tau = \frac{1}{2}\rho_w c^2 U^2 F''^2(\xi) \tag{9.25}$$

となり，式(9.24)から求められる$\partial u/\partial x$，$\partial u/\partial y$，式(9.25)から誘導される$\partial \tau/\partial y$を式(9.18)に代入して噴流の境界条件を与えることによって，$F(\xi)$，$F'(\xi)$が求まる．すなわち，

$$F(\xi) = c_1 e^{-a\xi} + c_2 e^{a\xi/2}\cos(\sqrt{3}/2)a\xi + c_3 e^{a\xi/2}\sin(\sqrt{3}/2)a\xi \tag{9.26}$$

$$F'(\xi) = -c_1 a e^{-a\xi} + c_2 a e^{a\xi/2}\cos[(\sqrt{3}/2)a\xi + \tan^{-1}\sqrt{3}] + \\ c_3 a e^{a\xi/2}\sin[(\sqrt{3}/2)a\xi + \tan^{-1}\sqrt{3}] \tag{9.27}$$

となる．噴流の境界条件として$u=U$, $v=0$となる$\xi = \xi_1$では，$F'(\xi_1)=1$, $F(\xi_1)=\xi_1$, $F''(\xi_1)=0$, $u=0$, $v=v$となる$\xi = \xi_2$では，$F'(\xi_2)=0$, $F''(\xi_2)=0$である．

式(9.26)，(9.27)，あるいは式(9.27)をさらに微分した$F'(\xi)$の式に上記の境界条件を代入して数値解析を試みて得られたc_1, c_2, c_3, a値[9]を示せば，それぞれ$c_1=-0.0062$, $c_2=0.987$, $c_3=0.577$, $a=11.8$となっている．また，式(9.25)に示した拡散幅を定義する定数cは，実験の結果によれば$c=0.255$となっている．

次に噴流に伴う水の飛沫の濃度分布である．ここで，水の飛沫の濃度分布は噴流の拡散に支配されているものとすれば，噴流の速度分布を求めたのと同様に噴流理論の解を適用することができる．すなわち式(9.27)の関係を拡散幅bに用いたζの関数($\zeta = 2y/b = 2y/cx$, $\xi = c\zeta/2$)に置き換えると，濃度分布σは，次のように与えられる．

$$\sigma = F'(\xi) = -\frac{c_1 ac}{2}e^{-ac/2\xi} + \frac{c_2 ac}{2}e^{ac/4\xi}\cos\left(\frac{\sqrt{3}}{4}ac\xi + \tan^{-1}\sqrt{3}\right) +$$

$$\frac{c_3 ac}{2} e^{ac/4\xi} \sin\left(\frac{\sqrt{3}}{4} ac\xi + \tan^{-1}\sqrt{3}\right) \qquad (9.28)$$

単位体積に含まれる空気は $1-\sigma$ となるから，噴流の拡散によって運び去られる理論空気量 Q_a は，次式で与えられる．

$$Q_a = B\int_{-b/2}^{b/2} [u(1-\sigma)]dy \qquad (9.29)$$

式(9.29)での積分の上限，下限は，従来の噴流理論による水面を境界としての対称拡散幅であり，空気吸込み量を求める場合は，ちょうど放水路トンネル頂部の壁に噴流が接触する際の拡散幅を採用すべきであるが，ゲートの開きによっては積分の上限，下限のうち，特に下限境界がトンネル底面に達する場合は $-b/2$ の採用ができなくなり，ゲート開き s となる．このようなゲート開きは対称拡散と考えれば，$s<s_0/2(\phi_0>s_0/2,\ \phi_0=s_0-s,\ s_0:$ トンネルの高さ, $s:$ ゲートの開き)となる．また，このようなゲート開きでは下限境界が底面に達しているため，噴流の一様流速 U は境界層内の流速となり，下流向に従って次第に減少する．そこで簡単化のためにトンネル底面に発達する境界層を省略し，噴流の中心をトンネル底面と考えて，R.G.Folsom[10]が同種流体中への軸対称噴流に対して求めた噴流中心部の流速 U_c の関係式 [$x/s\geq 8$ または $b=0.255x,\ b=2\phi$ から $7.85(\phi/s)\geq 8$ に対して $U_c=5.13(s/x),\ U_c=0.654(s/\phi)U$] を引用してトンネル底面での流速の境界条件，すなわち $s\geq s_0/2$ の場合のゲート開きで流速 U_c は U，また $s=0$ で $U_c=0$ を満足する関係式として簡単に $U_c=(s/\phi)U$ と置く．すると，式(9.29)の積分の上限，上限，噴流の流速分布および濃度分布は，ゲート開きが $s<s_0/2$ か $s>s_0/2$ かによって，それぞれ次のように表される．

$s<s_0/2(s_0/2<\phi<1)$ の場合

$$Q_a = B\int_{-s}^{b/2}[u^*(1-\sigma^*)]dy \qquad (9.30)$$

ここで，$u^*=U_c F'(\xi),\ \sigma^*=(U_c/U)\sigma$．

$s>s_0/2(0<\phi<s_0/2)$ の場合

式(9.29)がそのまま適用できる．式(9.29), (9.30)を ζ の関係で置き換えると，次のようになる．式(9.30)からは，

$$Q_a = \frac{b}{2} BU_c \int_{-2s/b}^{1}\left\{F'(\zeta)\left[1-\frac{U_c}{U}F'(\zeta)\right]\right\}d\zeta$$

$$= sBU\int_{-s/\phi}^{1}\left\{F'(\zeta)\left[1-\frac{s}{\phi}F'(\zeta)\right]\right\}d\zeta \qquad (9.31)$$

式(9.29)からは，

$$Q_a = \frac{b}{2} BU \int_{-1}^{1} \{F'(\zeta)[1 - F'(\zeta)]\} \mathrm{d}\zeta = 0.25 \phi BU \tag{9.32}$$

ここで，B：放水路トンネルの幅，$b = 2\phi\,(\phi = s_0 - s)$．

次に理論流量は $Q_w = sBU$ として表されるので，理論空気比 β はそれぞれ次のようになる．式(9.31)からは，

$$\beta = \frac{Q_a}{Q_w} = \int_{-s/\phi}^{1} [F'(\zeta)\{1 - \frac{s}{\phi} F'(\zeta)\}]\mathrm{d}\zeta \qquad (s < s_0/2) \tag{9.33}$$

式(9.32)からは，

$$\beta = \frac{Q_a}{Q_w} = 0.25 \frac{\phi}{s} \tag{9.34}$$

がそれぞれ得られる．

b. 実験値との比較 **a.** で境界層の理論(噴流理論を含む)，すなわち運動量の拡散現象から出発して理論空気量，空気比を定義してきたが，この考え方が妥当であるかどうかを実機実験および模型実験で得られた結果等に基づき考察する．

① 空気量について：**a.** ①の大気内の拡散現象で採用した大気の渦動粘性係数は，気流に含まれる渦の性質に支配されるものと考えられる．したがって，測定された結果も気象条件はもちろん，物体の大きさや位置によっても大きく左右されるようである．その一例として文献[11,12]の小規模拡散実験で得られた数値を示すと，$K_x = 2.9 \times 10^{-1} \sim 1.5 \times 10\,\mathrm{m^2/s}$，$K_y = 5.3 \times 10^{-3} \sim 6.7 \times 10^{-2}\,\mathrm{m^2/s}$ となっており，その数値のばらつきがわかる．しかしながら，放水路トンネル内においては，気象条件によってほとんど左右されないと考えられ，K の値はそれほど大きくばらつかないであろう．

式(9.16)を用いて実験値を整理し，それぞれの実験結果について K を求める．模型では $K = 6.44 \sim 9.07 \times 10^{-3}\,\mathrm{m^2/s}$，実機では $K = 9.45 \times 10^{-2}\,\mathrm{m^2/s}$ が得られる．Richardson は多くの測定値を整理した結果，大気の渦動粘性係数 K と現象の大きさ D との間に $K = 0.2 \sim 0.6\,D^{4/3}\,\mathrm{cm^2/s}\,[D$：物体の大きさ(cm)で，拡散の大小を示す．放水路トンネルではトンネル高さと考えられる]の関係を見出している．また，Sutton は $K \propto t^{3/4}$ の関係を求めている．ただし，t は拡散現象の行われる時間で，t と物体の大きさとは比例すると考えられ，Richardson の式も Sutton の式も似通った関係を示すものといえよう．Richardson, Sutton らが導き出している関係と実験結果から得られた K とを比較すると，**図-9.2** のようになる．

実機および模型における K は，Sutton が導き出している関係にあるようである．

Suttonの式を $K = aD^{3/4}$ と置き換えて実験結果から a を求めてみると，**図-9.2**にも示すように $a \fallingdotseq 8$ が得られる．故に，放水路トンネル内における大気の渦動粘性係数 K は，一応，模型・実機に対して $K = 8D^{3/4}$ の式で推定できる．しかしながら，少ない実験結果からの推論であり，これらの関係についてはなお検討の余地があるものと考えられる．

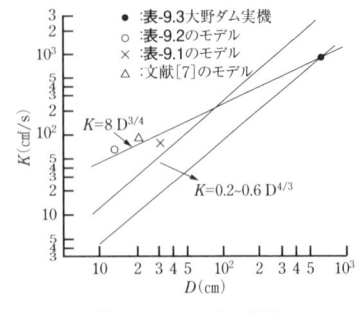

式(9.16)を用いて実験値を整理して得られた K に基づいて著者らが行った模型実験および実機(大野ダム)の理論空気量を計算し，実験値と比較したのが**図-9.3～9.5** の実線である．

図-9.2 $K \sim D$ との関係

次に五十里ダム[5]の現地で計測された空気量を示したのが**図-9.6**で，五十里ダムにおいてはゲート室の気圧が大幅に低下したことが報告されている．**図-9.6**からわかるように $s/s_0 = 0.1 \sim 0.8$ の間は空気量がほぼ一定となっており，文献[5]

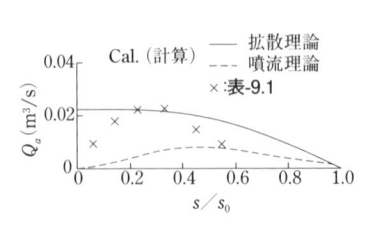

図-9.3 $Q_a \sim s/s_0$ との関係

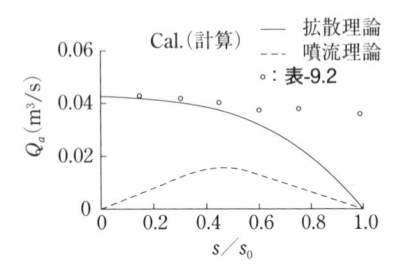

図-9.4 $Q_a \sim s/s_0$ との関係

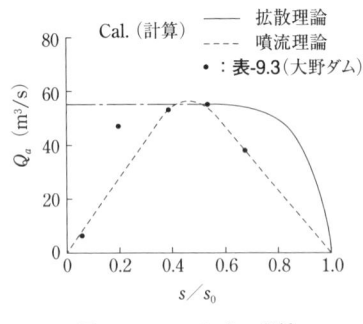

図-9.5 $Q_a \sim s/s_0$ との関係

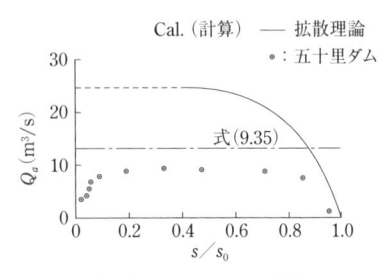

図-9.6 $Q_a \sim s/s_0$ との関係

9.1 空気連行とキャビテーション現象

で指摘されているように圧縮性流体としての影響が多分に現れていることが認められる.

そこで,圧縮性流体としての取扱いから空気量を求めてみる.圧縮性流体の基礎方程式,すなわち断熱変化および Bernoulli の方程式と連続の条件式から,空気量 Q_a^0 は周知のように次式で与えられる.

$$Q_a^0 = f\left(\frac{2}{\kappa-1}\right)^{1/2} a_0 \left[\left(\frac{p}{p_0}\right)^{2/\kappa} - \left(\frac{p}{p_0}\right)^{\kappa+1/\kappa}\right]^{1/2} \quad (9.35)$$

式(9.35)において最大空気量となる条件は $p/p_0 = 0.527$ である.ここで,f:空気管の断面積,a_0:音速($=\sqrt{\kappa p_0/\rho_a}$),$p_0$:大気圧,$\rho_a$:大気圧下における空気の密度,$\kappa$:$C_p/C_v$(空気では $\kappa=1.40$),C_p:等圧比熱,C_v:等積比熱,p:任意の点の気圧,ここではゲート室内の気圧である.

図-9.6 に鎖線で示した値は,式(9.35)に $p/p_0 = 0.527$ を代入して求められる最大空気量である.放水路トンネル内の大気の渦動粘性係数は,**図-9.2** にも示してあるように $K=8D^{3/4}$ で求められるので,五十里ダムの K を算出してみると,$K=4.3\times10^{-3}$ m^2/s が得られ,この値に基づいて理論空気量を計算して示したのが実線である.

以上は境界層理論を用いて空気の拡散と水の拡散とを考慮して導いたものであるが,ゲート開度の小さな時は,水流のほとんど全部が飛沫状となって拡散されているため,理論式を導く際に採用した種々の仮定を満足しなくなり,計算値と実験値は一致しないのは当然である.故に,この理論式は境界層の厚みがちょうどトンネル頂部に接触するような状態およびそれ以上のゲート開度の場合に適用されるべきである

次にゲートから流出する水流を噴流と考察し,噴流の拡散とこれに伴う水の飛沫の濃度分布とを考慮して誘導した式(9.33),(9.34)を用いて著者らが行った模型実験および実機(大野ダム)についての理論空気量を算出し,実験値との比較を試みたのが**図-9.3〜9.5** の点線である.計算値と実験値との数値的な一致の悪い原因として考えられる一つに,噴流理論は空気中を空気を噴出させた時の実験値から定数を定めているので,ここで考えているような空気中に水が噴出される場合にはそのまま適用できないため,また寸法効果についてもなんら考慮されていないためと考えられる.しかし,ゲート開度の小さい場合には,定性的には境界層理論を適用するよりも優れてように考えられる.ゲート開度の大きい場合には,境界層理論を適用して考察する方が実験値と良い一致が認められる.なお,図

-9.4 の実験値にゲート開度が増大するに従って差が現れているのは，表-9.2 にも示してあるようにゲート前方にベルマウスがあり，このためゲート流出水は遠心流のような流れとなり，ゲート下流での流れの縮流が大きく $s/s_0=1.0$ においてもトンネル頂部と流水面とのかなりの隙間を生じ，空気吸込み現象を伴っていたことによる．

② 空気比について：大気内の拡散現象から求められる理論空気比，噴流の拡散現象から求められる理論空気比をそれぞれ式(9.16)，(9.17)，(9.33)，(9.34)から算出し，実験値の空気比と比較したのが図-9.7 である．実線と鎖線は式(9.16)，(9.17)によったもので，それぞれ実機，模型についてのものである．点線は式(9.33)，(9.34)によったものである．

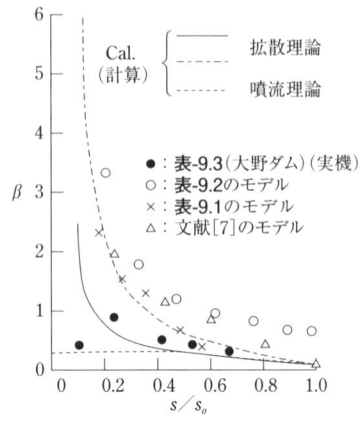

β と β^* (跳水現象から算定される空気比)との関係は，式(9.16)，(9.17)，(9.33)，(9.34)等から明らかなように $\beta^*=\beta/C_c$ と表される．流量係数 $C_q=C_cC_v$ となるので，$C_v \doteqdot 1.0$ と置くと，$C_c \doteqdot C_q$ となる．図中での計算値と実験値との相違は $1/C_q$ の差に等しくなる．故に，流量係数の小さくなるような流れを生ずるゲートにおいては，その差が大きく現れる．

図からわかるように，計算値と実験値との間にはなおもその差が認められるが，傾向的としてはよく一致しており，理論式の近似度を考察すれば，ここで試みた考察は妥当であるといえる．

c. まとめ　ゲートの空気吸込みを運動量の拡散現象と考え，大気内の拡散現象あるいは噴流の拡散現象として解析し，その妥当性について考察を加えた．その結果，ゲート開度の小さい場合の空気吸込みについては，噴流理論の方が定性的によく一致するが，ゲート開度の大きい時は大気の渦動粘性係数を導入して誘導した境界層理論を適用した方が妥当である．

大気の渦動粘性係数を適確に推定することができれば，**b.** ①で考察した理論によって空気吸込みを実用的には十分の精度で計算できるものと考えられる．したがって，まず大気の渦動粘性係数の値をさらに明確にするための実験が数多く行われることが望まれる．しかしながら，この現象を根本的に解明していくためには，

流速分布や飛沫量の分布も実験的に明らかにする必要があり，その実験結果に基づいてさらに総合的な理論の展開がなされるべきであると考える．

(2) 空気混入流の特性と計測[13]

土木工学は自然界に対して行動する学問であり，流体の運動に関しても，通常，常温・大気圧下での現象を取り扱っている．土木工学で対象とされる固液二相流に属するものと，ダム工学を中心として水と空気の運動を取り扱う，いわゆる気液二相流に属するものとがある．

土木工学において気液二相流を対象とする分野は，ダム工学の他にも，海岸工学，衛生工学等多岐にわたっている．その現象は，水の運動により空気の運動が生じるものと，空気の運動により水の運動が誘起されるものに大別される．

水の運動により空気の運動が誘起されるものとしては，①急勾配水路の空気混入流，②トンネル水路の空気混入流，③大気中への噴流の空気混入現象，④水溜池における空気混入現象，⑤砕波に伴う空気混入現象，⑥流出渦に伴う空気の吸込み現象が代表的なものである．空気の運動が誘起されるものとしては，ⅰ空気防波堤における気泡流，ⅱ曝気槽における気泡流，ⅲダム貯水池における曝気，ⅳ風波の発達現象が挙げられる．

ここでは，空気混入を中心として土木工学の分野で実施されている空気と水の混合体の運動の研究および計測手法について取りまとめた．

a. 急勾配水路の空気混入流

① 発達した空気混入流の特性：ダム洪水吐きに見られるような急勾配水路では，流下水の表面がある表面がある地点で急に白濁し始める．これは self-aerated（自己給気）flow として知られているもので，Lane[14]および Hickox[15]，実測資料に基づく Hall[16]の研究以来，多数の研究者によって理論的そして実験的に研究されてきている．

これらの結果，水路底面より発達する乱流境界層が水表面に到達し，その境界層内の乱れが十分な強さを有している場合，初めて空気混入現象が生じるという解釈が一般的である．さらに，Hall は空気混入により平均流速が増大することを指摘している．

空気混入流の特性は非常に複雑であり，特にその水面の位置を明確にすることは困難である．このため，次に述べる3種類の水位が定義されている．

1) 水だけが流れているとした仮想水面の高さ(d_W)，

2) 混入空気の濃度が95%の位置(d_U),
3) 混入空気の濃度が下層部分の濃度から上層部分の濃度に移る位置(d_T).

　空気混入流における流入空気の濃度Cは，空気混入流に含まれる空気の体積を空気混入流の全体積との比で表したものである．

　この急勾配水路の水表面の空気混入現象は水路側面の設計および流水のエネルギー損失の見積りに関わる重要な問題であるが，混入過程の力学的機構は十分に解明されておらず，現在でも研究が継続されている．

　発達した空気混入流の実験的研究はミネソタ大学のSAF水理試験所で系統的に実施されている．その成果はStraub & Lamb[17]により数多く発表されているが，その後もStraub & Lambの研究[18]に集約されている．

　この発達した空気混入流は，その特性から上下2層に分離して考えることができる．上層は不規則な水面の凸起や水塊，水滴からなっている．下層は乱れによる拡散により水中に気泡が分散している．また，両者の間にはある厚さの遷移部分があり，その位置は上下不規則に変動している．

　その濃度分布は図-9.8に示すように底面における値$y=0$から急激に上昇し，中頃で緩やかになり，水面付近hで再び急激に上昇し1.0に漸近している．

　Straubらは，上層において図-9.9に示すように流れに垂直な方向の乱れ速度の時間的変化がガウス分布で規定されるものと仮定した．この乱れ速度のため，水面近くの水滴は乱れ速度の2乗に比例した距離だけ水面から飛び上がることになる．各水滴の飛び上がり得る最大の高さもランダムに分布する．このような仮定

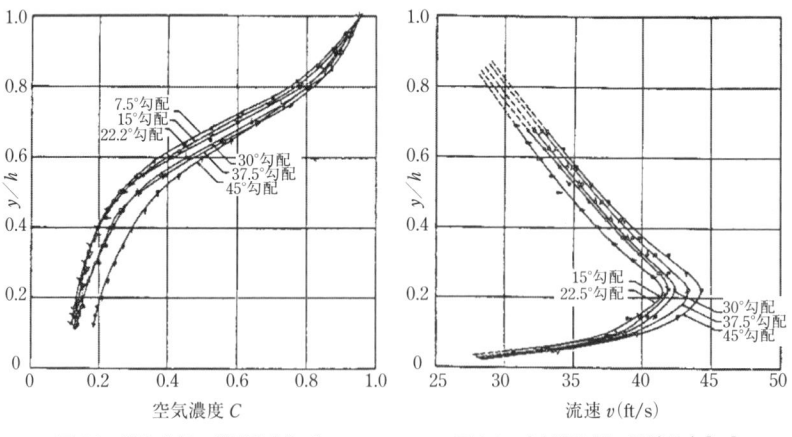

図-9.8　混入空気の濃度分布[17]　　　　図-9.9　空気混入流の流速分布[17]

のもとで境界層の空気濃度および境界層より水粒子が飛び上がる平均距離が与えられれば，濃度分布が規定できる．

一方，下層では乱れによって気泡が分離し，気泡に作用する浮力と濃度勾配とが平衡を保っていると考えられる．この時，気泡の拡散現象を運動量の拡散現象と疑似して考え，空気混入流においては境界面での剪断力がある値を持つことを加味して補正係数を導入すると，任意の点での空気濃度を与えることにより濃度分布が規定できる．

以上のように解析によって規定される濃度分布は，上記のパラメータに適当な値を与えれば一連の実験の結果ときわめてよく一致する．これらのパラメータは乱れの強さと密接に関係しており，水路勾配や流量等の水理条件によって変化する．

② 空気混入流の計測法：今までの実測，実験を主体として数多くの研究で示されているように空気混入流の特性を明確にするには，場所的な混入空気量および流速を測定する必要がある．空気混入流の測定は，空気の含有量により流水電気抵抗あるいは電気容量が変化することを利用した電気式の計測器によるものと，サンプリングした流水を機械的に空気と水に分離する手法に大別される．一方，流速の測定は従来から用いられているピトー管等を用いて動圧を測定する手法と，塩水流速計に代表される2点の物理量の相互相関による方法に大別される．

b. トンネル内の空気混入流

① 必要空気量の算定：トンネル内の開水路流では空気混入現象に加え，いわゆる空気連行現象が重要となる．この現象が問題となるのは，高圧ゲート下流のように上流が閉じているトンネル内部を開水路が高速で流下する場合，流れと大気との相互作用により，トンネル内の圧力が低下するためキャビテーションや振動に起因する損傷が生じる可能性が出てくる．

このため，**図-9.10** に示すように極端な圧力の低下を防止し，流況を安定した開水路流の状態に保つため，ゲート下流に空気を供給する空気管が必要となる．この空気管の設計は，ダムの

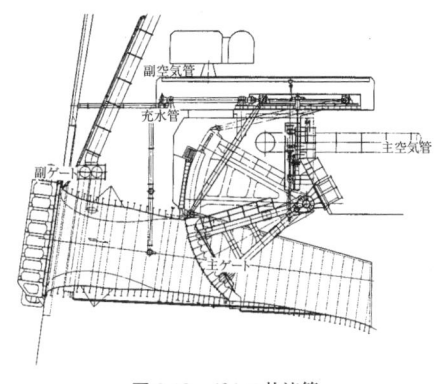

図-9.10 ダムの放流管

放流設備の設計手順の中で重要な位置を占めており，古くから実験，実測が実施され，数多くの算定式が提案されている．

トンネル内の空気混入現象の研究は Kalinke & Robertson の実験的研究[19]に始まる．この研究は模型管路内の跳水面で混入される空気量を求め，必要空気量を算定する実験式を提案したものである．

一方，Campbell & Guyton[20]は米国の5ダムにおけるダム放流管での実測資料をもとにして必要空気量を求める式を提案している．

ゲート下流のトンネルが満管とならず全長にわたって開水路状態で流れている場合，いわゆるジェットポンプ作用で連行される空気の流れが存在することになる．この空気量はトンネル断面が大きければ多くなるが，一般には空気管の損失に依存する．

② トンネル内の流れの特性：Sharma[23]は放水路管ゲートの下流の流れの状態を図-9.11に示すような7種の形態に分類している．
  ⅰ 空気だけの流れ(ゲート全閉であるが，温度差のより気流が生じる)．
  ⅱ 噴霧流(10%以下の開度で生じ，混入空気量は比較的大きい)．
  ⅲ 自由流(ゲート開度により，スラグ流，波状流あるいは成層流が生じる)．
  ⅳ 気泡流(トンネル下流部が一様な空気混入流により閉塞されているが，背圧はない)．
  ⅴ 跳水-1(跳水後の流れは開水路流)．
  ⅵ 跳水-2(跳水後の流れは管路流)．
  ⅶ 水だけの流れ(潜り跳水)．

図-9.12は米国における空気量の測定資料であるが，これらの放流管は一

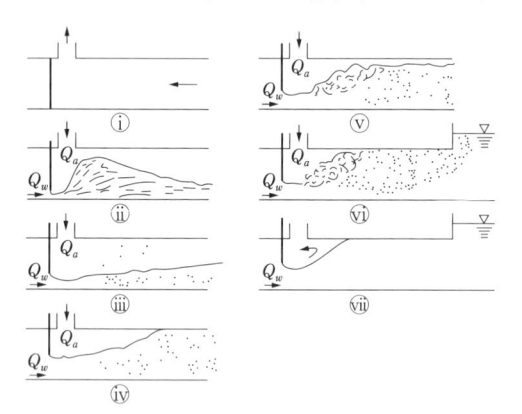

図-9.11 放流管ゲート下流の流れの分類[23]

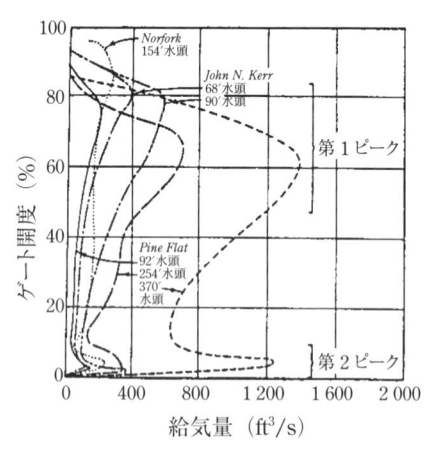

図-9.12 ゲート開度と給気量の関係[21]

9.1 空気連行とキャビテーション現象

様断面の管途中にゲートが設置されているものである．図よりゲート開度が5％付近および60～80％付近の2箇所に空気量のピークが現れている．ゲート開度が大きい位置でのピークは⑬の自由流の状態におけるもので，さらにゲート開度が大きくなると⑭→⑮→⑰と流況が変化し，空気量が減少する．

一方，ゲート開度が小さい位置でのピークは，ゲート戸溝の影響により生じる⑪の噴霧流の状態におけるものである．

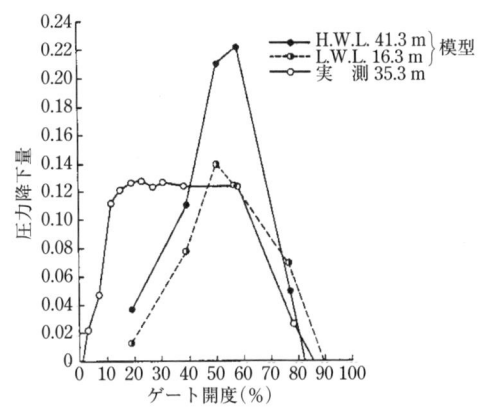

図-9.13 放流管ゲート下流部の圧力降下[22]

図-9.13は田瀬ダム放流管のゲート下流部の圧力の変化を示したものであり，実測資料と縮尺1/20の模型を用いて実施した模型実験の資料を図示してある．模型実験における流況は，ゲート開度がおよそ20％で放流管吐き口は流水で満たされ，大気と遮断されるが空気管からの空気量が十分であるため，20％以上の開度でも管内の流況は安定した開水路流となっている．この時，空気連行は曲管部の閉塞部分で顕著であり，支配的である．管内の圧力はゲート開度の増加と共に降下し，50％程度で最も降下するが，ゲート開度〜圧力降下量の変化は比較的緩やかである．

一方，実測資料では，圧力低下量はゲート開度が20〜60％ではほぼ一定値を示しており，模型実験の傾向と異なっている．

トンネル内の空気の運動は，これらの混入現象により水中に取り込まれた気泡と，流水からの運動量の拡散に起因する上部の流れとが共存しているものと考えられる．

この上部の流れは，トンネル内の圧力低下による影響を強く受けるため，空気管の形状か大きさによってトンネル内の流況が変化することになる．例えば，安定した自由流に対して空気管を小さくし空気量を減らすと，気泡流の状態に移行し，トンネル内の圧力の低下量が大きくなると，呼吸し非常に不安定な状態となる．

中島と巻幡[24]は，安定した自由流に対する研究の中で，流水面を固定の平板

(平板は固体でなく相当量の水の飛沫が流水面上の空気流に拡散されるとする仮想面)と考え，上部の空気の流速分布を境界層方程式から求めた．さらに水中の空気濃度も境界層内の流速分布と同一であると仮定し，全体の空気量を算定する方法と水の運動に噴流理論を適用し流速分布を求めた．そして，空中の水滴濃度分布も流速分布と同一であると仮定し，空気量を算定する方法により解析を行って実測および実験資料と比較している．その結果，ゲート開度の小さい場合は噴流理論の解析法が定性的によく一致するが，ゲート開度の大きい場合は大気の渦動粘性係数を導入して誘導した境界層理論を適用した方が妥当であるとしている．

　建設省土木研究所では種々のゲート・バルブ類における空気混入流の研究と共に2次元模型によるトンネル内の空気混入流の基礎実験を実施している．これらの研究が必ずしも系統的に行われていないこと，流れの局所的な特性の測定技術が十分でなく現象の解明が不十分であることから，個々のケースにおける必要空気量の算定式を提案するにとどまっている．

　一方，現象が狭い領域で生じている場合は現象の理解が比較的容易であり，必要空気量についても広範囲に適用可能な算定式を求めることができる．(vi)の流況の跳水に対応する Kalinske & Robertson の式もその一例である．また，中沢[25]らは，バックステップにおける空気混入流の実験的研究において次元解析により混入空気量の算定式を提案している．

③　混入空気量の計測法：トンネル内の空気混入現象では，ゲート・バルブ等の下流に供給される空気量が流れの支配的な重要な因子となっている．このため現地および実験室において空気量の測定が必ず実施されている．実機での空気量は，通常，空気管の中心に設置されたピトー管により測定された風速に管の断面積を乗じて求められている．

　実験室においては，空気量をピトー管により測定されるのが一般的であるが，熱線風速計あるいはサーミスタにより計測される例も比較的多い．

　一方，トンネル内の圧力も流れの形態を理解するうえで重要な因子であり，数多くの研究で計測され資料として使われている．圧力の測定方法は，実機では圧力変換器を用いた電気式測定法によるものが，実験室では，水柱マノメータによるものが多い．ただし，実験室でも圧力低下量が比較的大きい場合には圧力変換器が用いられている．

　トンネル内の空気混入流でもその特性を明確にするためには，急勾配水路における研究と同様に局所的な混入空気量および流速を測定する必要がある．しかし，

現象の再現性の問題から実験室内でも比較的高速の流れを計測することになり，センサの振動やその耐久性が十分でないこと等から非常に難しく，精度の良い実験資料が十分に得られていないのが現状である．ただし，建設省土木研究所でのアイソトープを用いた跳水内部の混入空気量の測定例や，Sharma による高速度カメラを用いた水滴の速度の測定例がある．

アイソトープを用いて行う測定は，γ 線が物質を透過する力を持ち，さらにその放射線の強度が指数関数的に減衰することによる．すなわち，$I_c/I_0 = e^{\mu cD}$ より，

$$c = \frac{\log(I_c/I_0)}{\mu D} \tag{9.36}$$

ここで，D：液体の厚さ，c：空気含有率(空気量／全体量)，I_0：純液体の時の放射能，I_c：空気だけの時の放射能，μ：液体中の γ 線の吸収率．

実際の測定の当っては，上記の要素の他に水路の両側壁，放射線源と検出装置間の距離，検出装置の受光面の面積その他の要素があるが，これらの影響は測定時にすべての測定値に導入されるもので，$c=0$(液体のみの場合)および $c=1$(空気だけの場合)の2つの境界条件から右辺の $\log(I_c/I_0)$ の係数を決定すれば，その影響は自然に消去される．

9.1.3 不離とキャビテーションの発生

(1) 高水頭ダムの余水吐のキャビテーション制御[26]

余水吐きのコンクリート表面を高速流れが通過する時，損傷が起きるようなキャビテーションが発生することが経験から示されている．コンクリートの局部的な膨

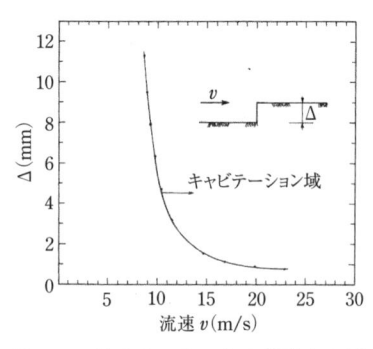

図-9.14 流入オフセットの初生キャビテーション

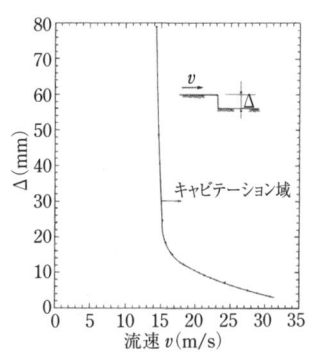

図-9.15 流出オフセットの初生キャビテーション

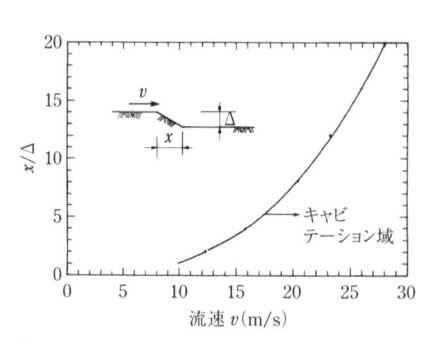

図-9.16 流出傾斜オフセットの初生キャビテーション

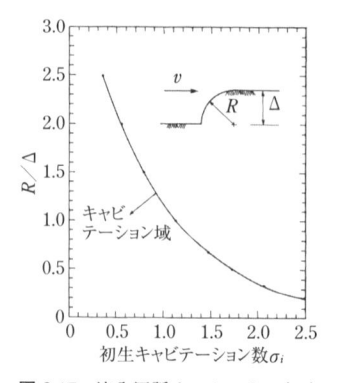

図-9.17 流入円弧オフセットの初生キャビテーション

れ，あるいは仕上げ不良の形状は局部的な表面変動となり，局部的な低圧の発生となる．ここで，基準となる箇所でのキャビテーション数 σ が**図-9.14～9.18**に示す初生キャビテーション σ_i より低い場合 ($\sigma < \sigma_i$) は，キャビテーションの発生につながる．この状況は，鋼製の放流管においても同様なことがいえる．

キャビテーション数は，物体に対するキャビテーション発生条件を示す無次元数で，以下のように示される．

$$\sigma = \frac{(p/\gamma + 10) - P_v}{V^2/2g} \quad (9.37)$$

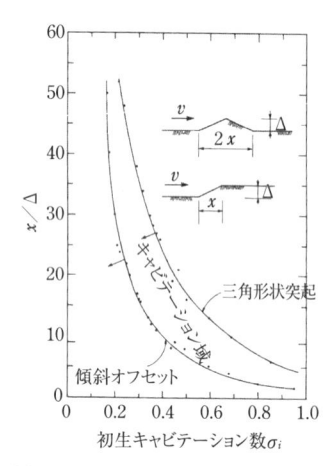

図-9.18 流入突起・傾斜形状の初生キャビテーション

ここで，p/γ：基準とする箇所の圧力[ゲージ圧(m)]，10：大気圧(m)，$p/\gamma + 10$：絶対圧(m)，γ：水の比重量，P_v：**表-9.4**に示すように水の温度で変化する蒸気圧(m)，V：基準とする箇所の速度(m/s)．

表面変動を通過する流れに対するキャビテーションの可能性は，Ball(1976)とJohnson(1967)によって研究されている．

表-9.4 水の温度と蒸気圧との関係

温度(℃)	0	10	20	30	40	50	60	80	100
蒸気圧(mAq)	0.062	0.125	0.233	0.433	0.752	1.258	2.032	4.830	10.332

凸起物および傾斜オフセットに流れ込むか通過する場合の Ball と Johnson が与えた初生キャビテーションを図-9.14～9.16 に示した．

キャビテーションの発生する瞬間を初生と言い，ある物体につき初生時のキャビテーションは固有の数値であり，図-9.14～9.16 がこれに対応する．図-9.14，9.15 に示すように 30 m/s の流速であれば，通過する流れ面のオフセット（凹凸）が僅か 3 mm であっても下流側にキャビテーションが発生する．

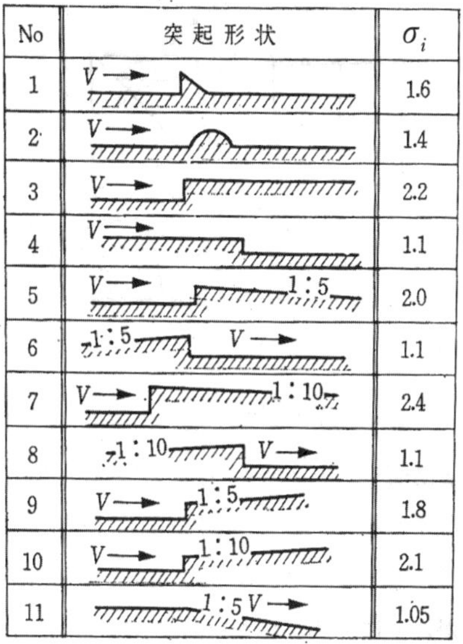

(2) ダム放流管のキャビテーション[27]

初生キャビテーションについて，Ball と Johnson が与えた結果以外の実験例として，Rozanov(1965) のものがある．図-9.19 に示す．

No	突起形状	σ_i
1		1.6
2		1.4
3		2.2
4		1.1
5		2.0
6		1.1
7		2.4
8		1.1
9		1.8
10		2.1
11		1.05

図-9.19 突起形状の初生キャビテーション数

初生キャビテーション σ_i が大きいほどキャビテーションは発生しやすく，小さいほど発生し難い．また，流れの条件から定まるキャビテーション数 σ と比較して $\sigma > \sigma_i$ であればキャビテーションは発生しない．$\sigma \leq \sigma_i$ ではキャビテーションが発生し，差 $(\sigma - \sigma_i)$ の値がキャビテーション発達の程度を示す．キャビテーションの発生に伴う衝撃的圧力の振動数は，1 000 Hz 内外から数十万 Hz に達し，超音波の領域に入ることもある．

9.2 長径間シェル構造ゲート

9.2.1 長径間シェル構造ゲートの流体力[28]

文献[29]では，ゲート操作時の動的な流体力（操作荷重）を求める際に必要とされ

るゲート底面の水圧力とゲート形状について，ゲート底面での流れのパターンを表す補正係数κ_1を算出して種々の検討を加えている．

長径間シェル構造ゲートの操作時に発生する荷重については1～2の実験研究[30]があるのみで，設計資料として十分でなく，また注排水孔の大きさとその設置位置との関連性も明確でない．

本項では，操作荷重の解析法を検討し，模型および実物実験の結果との比較を試み，操作荷重に及ぼす注排水孔の大きさとその設置位置および上下流水位差の影響等について考察を加え，とりまとめた．

(1) 操作荷重の解析

a. 基礎式　操作荷重を解析するために用いた座標系およびゲート操作に伴う流れのパターンを図-9.20に示した．

上流水位と流速をH_1, V_1, 下流水位と上下流水位差をH_2, $\Delta H = H_1 - H_2$, 任意点$i(x_i, y_i)$でのゲート

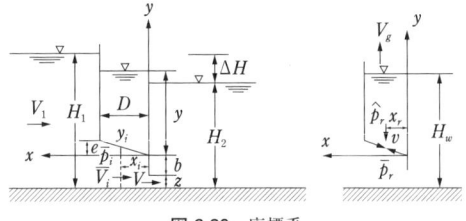

図-9.20　座標系

底面に作用する水圧と流速を$\bar{p}_i$, $\bar{V}_i$, ゲート底面の流速に対する補正係数をκ_i, ゲートの巻上げ，巻下げ速度をV_g, 注排水孔の総断面積をa, 注排水孔(x_r)での水圧と流速を$\hat{p}_r$, v, ゲートの開きをz, リップ高さb, ゲート底面の傾斜高さをe, ゲート厚さをD, ゲートスパンをl, ゲート下流下端の流速をVとすると，Bernoulliの式と連続の条件式はそれぞれ，

$$\left.\begin{array}{l} H_1 + \dfrac{V_1^2}{2g} = H_1 - \Delta H + \dfrac{V^2}{2g} = \dfrac{\bar{p}_i}{\gamma} + \kappa_i \dfrac{\overline{V_i}^2}{2g} + \left(z + b + \dfrac{e}{D}x_i\right) \\ Vz = \left(b + z + \dfrac{e}{D}x_i\right)\overline{V}_i \end{array}\right\} (i = 1, 2, \cdots\cdots, n) \quad (9.37)$$

式 (9.37) で$V_1 = 0$とすれば，ゲート底面の水頭$\bar{p}_i/\gamma$は次のようになる[29]．

$$\dfrac{\bar{p}_i}{\gamma} = H_1\left[1 - \left\{\dfrac{\kappa_i\left(\dfrac{z}{H_1}\right)^2}{\left(\dfrac{z}{H_1} + \dfrac{b}{H_1} + \dfrac{e}{D}\dfrac{x_i}{H_1}\right)^2}\dfrac{\Delta H}{H_1} + \left(\dfrac{z}{H_1} + \dfrac{b}{H_1} + \dfrac{e}{D}\dfrac{x_i}{H_1}\right)\right\}\right] (i = 1, 2, \cdots\cdots, n)$$

$$(9.38)$$

一方,ゲート底面の $i=r$ 点に注排水孔があるとすれば,水頭 $\hat{p}_r/\gamma$ は次のように表される.

$$\frac{\hat{p}_r}{\gamma} = y - \left(\frac{v^2}{2g} + \frac{e}{D}x_r\right) \tag{9.39}$$

ここで,注排水孔の部分でのゲート底面とゲート水室内の水圧の平衡条件 $(\hat{p}_r = \bar{p}_r)$ を適用すれば,注排水孔での流速 v が次のように与えられる.

$$v = \sqrt{2gH_1 \left| \frac{y}{H_1} - 1 + \left\{ \frac{\kappa_r\left(\frac{z}{H_1}\right)^2}{\left(\frac{z}{H_1} + \frac{b}{H_1} + \frac{e}{D}\frac{\kappa_r}{H_1}\right)^2} \frac{\Delta H}{H_1} + \frac{z}{H_1} + \frac{b}{H_1} \right\} \right|} \tag{9.40}$$

ゲート操作に伴うゲート水室内の流量と注排水孔を通過する流量の平衡条件を適用すると,ゲートの開き z とゲート水室内水位 y の変化の関係式が次のようになる.

$$\frac{dy}{dt} = C_q \frac{a}{A_w} v, \quad \frac{dz}{dt} = \pm V_g \tag{9.41}$$

式 (9.40), (9.41) から,

$$\frac{dy}{dz} = \pm C_q \frac{a}{A_w} \frac{\sqrt{2gH_1}}{V_g} \sqrt{\left| \frac{y}{H_1} + \frac{z}{H_1} + \frac{\kappa_r\left(\frac{z}{H_1}\right)^2}{\left(\frac{z}{H_1} + \frac{b}{H_1} + \frac{e}{D}\frac{x_r}{H_1}\right)^2} \frac{\Delta H}{H_1} + \frac{b}{H_1} - 1 \right|} \tag{9.42}$$

ここで,符号 $+$ は巻上げ操作,$-$ は巻下げ操作の場合に対応する.

式 (9.42) の微分方程式を解くことにより,任意時間(ゲート開き)のゲート水室内の水位 y_j が求まり,ゲート水室内の水重 $\hat{W}_j (j=0, 1, 2, \cdots, N)$ は,

$$\left. \begin{array}{l} W_j = \dfrac{\gamma}{2} \dfrac{A_w}{e} y_j^2, \quad y_j < e \\[2mm] W_j = \gamma A_w \left(y_j - \dfrac{e}{2}\right), \quad y_j \geqq e \\[2mm] A_w = Dl \end{array} \right\} \quad (j=0, 1, 2, \cdots, N) \tag{9.43}$$

となり,ゲート底面に働く力(アップリフト)$\bar{U}_j (j=0, 1, 2, \cdots, N)$ は式 (9.38) の関係から次のように与えられる.

$$\bar{U}_j = \sum_{i=1}^{n} \bar{p}_{ij} l \Delta x_i \quad (j=0, 1, 2, \cdots, N) \tag{9.44}$$

したがって,ゲートの操作荷重を $F_j (j=0, 1, 2, \cdots N)$ とすれば,式 (9.43), (9.44)

から次のように示される.

$$F_j = -\overline{U}_j + \hat{W}_j \qquad (j = 0, 1, 2, \cdots\cdots, N) \qquad (9.45)$$

b. 解法について　式(9.42)の微分方程式を解く前に，注排水孔が設置される点 r での流速の補正係数 $\kappa_r(i=r)$ を決定する必要がある．κ_r は対象とするゲート底面形状で，各ゲート開きに実験的(あるいは理論的)に得られた $\kappa_{ij}(i=1, 2, \cdots\cdots n, j=0, 1, 2, \cdots\cdots N)$ から補間公式を用いて計算される．

式(9.42)の微分方程式は $dy/dz = f(z, y)$ なる形式で，一般解を求めるのは非常に複雑で，実用に適さないので，Runge-Kutta 法によって遂次計算する解法を用いる．

$$\left.\begin{array}{ll} z = z_0 & y = y_0 = H_1 - b \\ z_1 = z_0 + \Delta z & y_1 = y_0 + \Delta y \\ z_j = z_{j-1} + \Delta z & y_j = y_{j-1} + \Delta y \end{array}\right\} \quad (j = 0, 1, 2, \cdots\cdots N) \qquad (9.46)$$

ここで，$\Delta y = (1/6)(k_1 + 2k_2 + 2k_3 + k_4)$，$k_1 = f(z_0, y_0)\Delta z$，$k_2 = f(z_0 + \Delta z/2, y_0 + k_1/2)\Delta z$，$k_3 = f(z_0 + \Delta z/2, y_0 + k_2/2)\Delta z$，$k_4 = f(z_0 + \Delta z, y_0 + k_3)\Delta z$ であって，本項での数値計算では，$V_g = 0.005$ m/s，$C_q = 0.6$，また時間刻みは $z_j = \sum_{j=1}^{N} V_g j(\Delta t)$，$\Delta t = \Delta z / V_g = 4 s$ を採用している．式(9.42)の絶対値の中が負の場合には，$dy/dz = \pm C_q(a/A_w)(v/V_g)$ としている．

(2) 数値計算とその考察

a. 実験結果との比較　文献[29]の淀川大堰主ゲート G·3(模型)で，$a/A_w = 0.020$，$x_r/D = 0.30$，$\Delta H/H_1 = 0.543$ の条件に基づいて得られた速度の補正係数 κ_i と式(9.45)を用いて解析された操作荷重と模型水理実験(＝定常状態)から得られた操作荷重(模型から実物へ換算)とを比較したのが図-9.21．今切川河口堰制水門扉(実物)で，$a/A_w = 0.015$，$x_r/D = 0.49$，$\Delta H/H_1 = 0.136$，0.266 の条件に基づいて得られた速度の補正係数 κ_i と式(9.45)とを用いて解析された操作荷重と実物実験から得られた操作荷重とを図-9.22 に比較した．それぞれの図から，模型および実物ともかなりの精度で傾向も値も一致し，ここで試みた解析法が妥当であることが認められる．

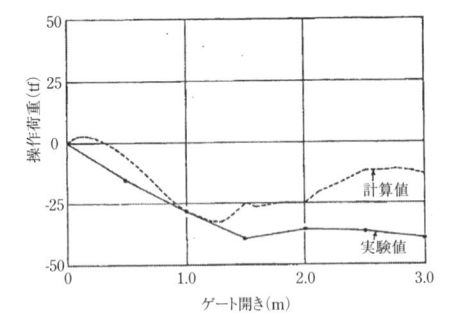

図-9.21　$a/A_w = 0.02$，$x_r/D = 0.30$，$\Delta H/H_1 = 0.543$ 時の操作荷重

b. 注排水孔の大きさとその設置位置の影響

ゲート巻上げ時の操作荷重に及ぼす注排水孔の大きさの影響を求めるために,文献[29]のG·3ゲートを対象とし,注排水孔の設置位置を固定($x_r/D=0.30$)して,注排水孔の面積比a/A_wを0.004,0.008,0.012,0.016,0.020,0.024,0.028と変化させた場合の操作荷重の解析値を図-9.23~9.25に示した。

図-9.23,9.24 はそれぞれ$\Delta H/H_1=$

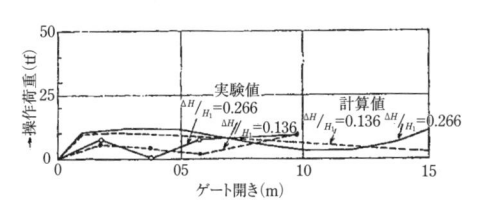

図-9.22 $a/A_w=0.015$, $x_r/D=0.49$ 時の操作荷重

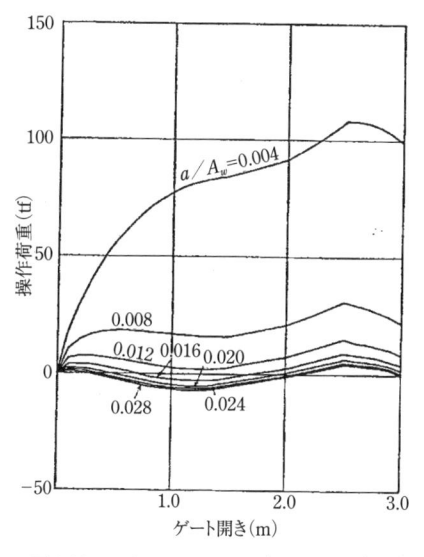

図-9.23 $x_r/D=0.30$, $\Delta H/H_1=0.235$ 時の操作荷重

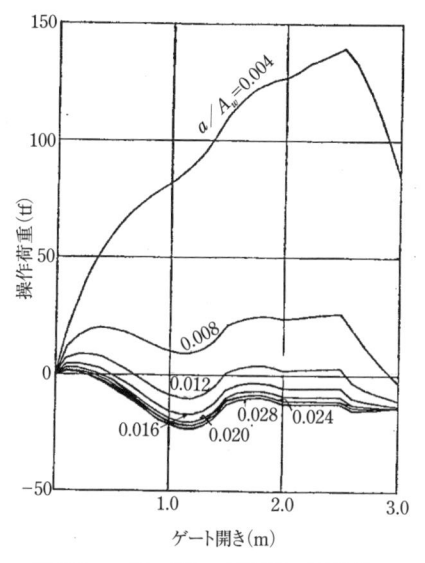

図-9.24 $x_r/D=0.30$, $\Delta H/H_1=0.383$ 時の操作荷重

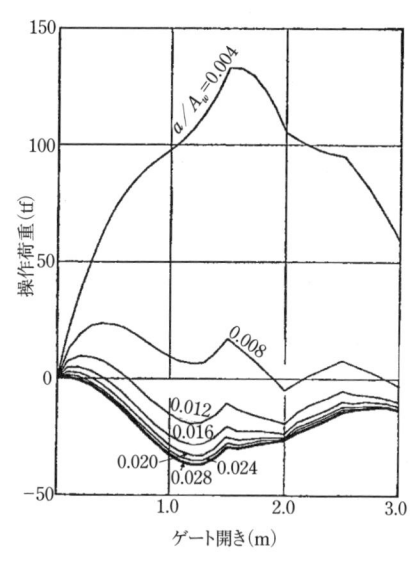

図-9.25 $x_r/D=0.30$, $\Delta H/H_1=0.383$ 時の操作荷重

0.235,0.383,0.543 の水位差比を有する場合で，どの水位差比においても，操作荷重は $a/A_w=0.02$ を境として，$a/A_w<0.02$ の場合は変化の度合が大きく，$a/A_w>0.02$ の場合は変化の度合が小さいことが認められる．また，a/A_w の値の選び方によっては，操作荷重を最小にすることも，ダウンプル(図では正の値)をアップリフト(図では負の値)に変更することも可能のようである．

次に，操作荷重に及ぼす注排水孔の設置位置の影響を求めるため，文献[29] の G·3 ゲートを対象とし，水位差比 $\Delta H/H_1=0.543$ の条件に基づいて a/A_w を固定 (0.004, 0.008, 0.012, 0.016, 0.020, 0.024, 0.028) して，設置位置 x_r/D を 0.14, 0.30, 0.38, 0.50, 0.62 と変化させた場合の操作荷重の解析値を示したが，**図-9.26~9.32**

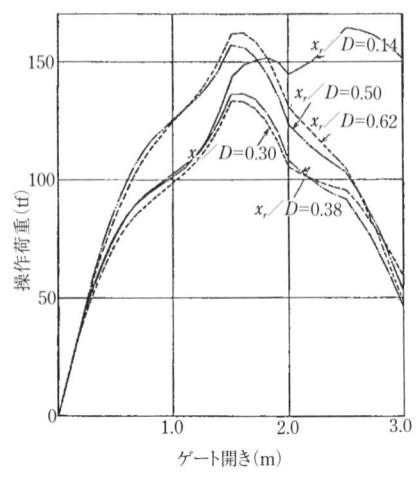

図-9.26 $a/A_w=0.004$, $\Delta H/H_1=0.543$ 時の操作荷重

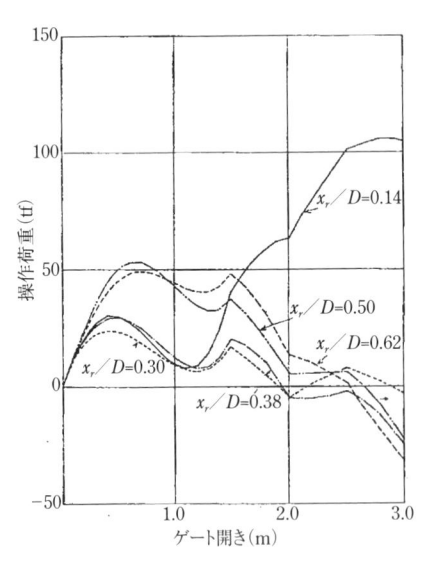

図-9.27 $a/A_w=0.008$, $\Delta H/H_1=0.543$ 時の操作荷重

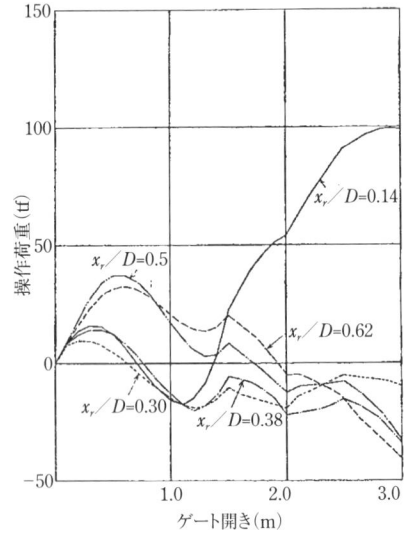

図-9.28 $a/A_w=0.012$, $\Delta H/H_1=0.543$ 時の操作荷重

9.2 長径間シェル構造ゲート

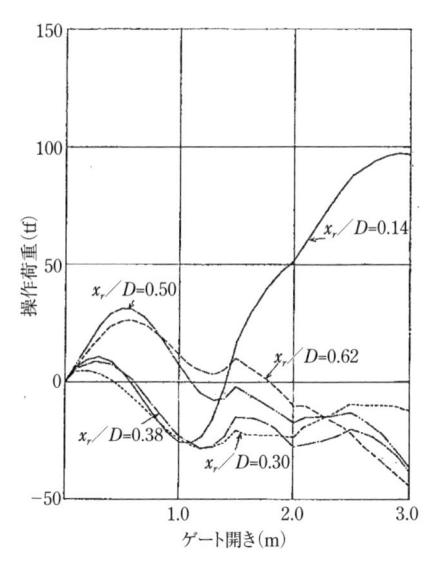

図-9.29 $a/A_w = 0.016$, $\Delta H/H_1 = 0.543$ 時の操作荷重

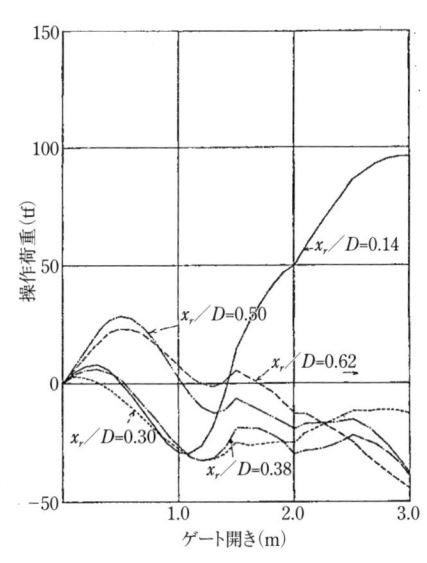

図-9.30 $a/A_w = 0.020$, $\Delta H/H_1 = 0.543$ 時の操作荷重

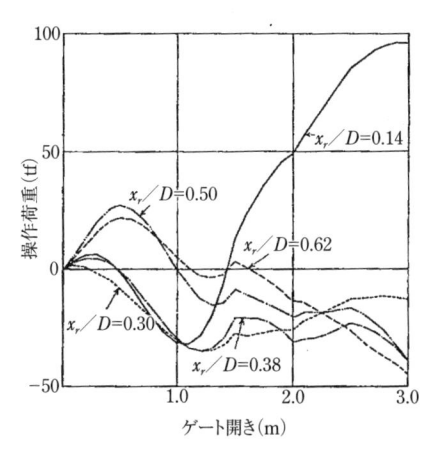

図-9.31 $a/A_w = 0.024$, $\Delta H/H_1 = 0.543$ 時の操作荷重

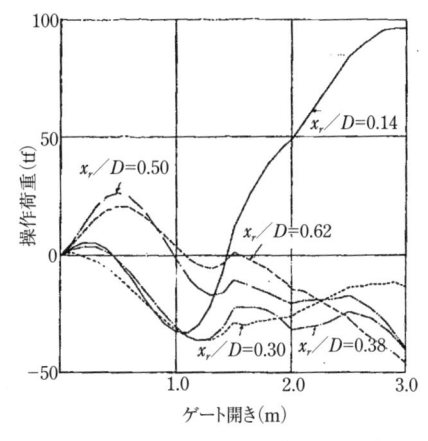

図-9.32 $a/A_w = 0.028$, $\Delta H/H_1 = 0.543$ 時の操作荷重

である.

x_r/D を変化させることにより操作荷重は大きく変化し, a/A_w の場合と同様, x_r/D を適当な値(0.30)に選ぶことによって操作荷重を最小にすることも可能である.

C. 巻上げ，巻下げ操作の影響 ゲートの巻上げ，巻下げ操作に伴う操作荷重の挙動を求めるため，文献[29]のG·3ゲートを対象とし，$\Delta H/H_1 =$ 0.235, 0.383, 0.543, $a/A_w = 0.020$, $x_r/D = 0.30$ の条件下で解析された操作荷重を示すと，ヒステリシスを有する挙動となる．このヒステリシスは，水位差比$\Delta H/H_1$が大きくなるにつれて大きくなる傾向にある(**図-9.33**).

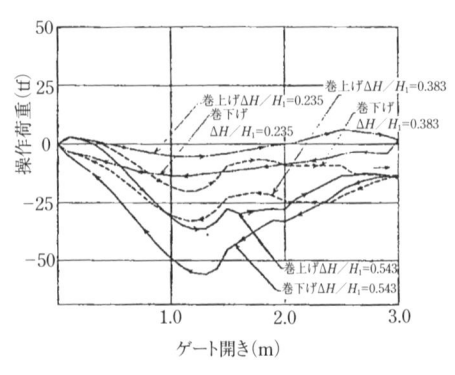

図-9.33 $a/A_w = 0.02$, $x_r/D = 0.30$ 巻上げ，巻下げ時の操作荷重

(3) まとめ

長径間シェル構造ゲートの流体力として，振動性状に関連する付加質量力，減衰力および起振力[31]，ゲート操作時の荷重に関連する下部形状，注排水孔の大きさおよびその設置位置等について，解析的，実験的に種々の考察を加え，それぞれの特性を明らかにした．

9.2.2 予備ゲート設置に伴うシェル構造制水ゲートの水理特性[32]

堰設備の点検に伴う水理現象を検討した結果，以下のような項目が明らかにされた．

① ダウンプル力：制水ゲートの開操作条件によって**表-9.5**に示すようにダウンプル力に大きな影響を及ぼしている．

② 土砂の移動：開操作経過時間 $t<60$ s まではゲート下端近傍の上流河床での土

表-9.5 制水ゲートの開操作条件によるダウンプル力

Case	開操作条件	巻上げ荷重に対する余裕(ダウンプル力)
1	$a = 0 \to 0.1$ m	$108.7 - 77 = 31.7$ tf の不足
2	$a = 0 \to 0.075$ m	$79.6 - 77 = 2.6$ tf の不足
3	$a = 0 \to 0.05$ m	$49.1 - 77 = 27.9$ tf の余裕
4-1	$a = 0 \to 0.05$ m $(t = 60$ s$) \to 0.1$ m	$49.1 - 77 = 27.9$ tf の余裕
4-2	$a = 0 \to 0.05$ m $(t = 120$ s$) \to 0.1$ m	$49.1 - 77 = 27.9$ tf の余裕

* 巻上げ荷重(設計値 = 570 tf) - 扉体空中重量(493 tf) = 77 tf (対ダウンプル力)

砂の移動は顕著であるが，それ以降の時間帯では土砂の移動は緩慢である．
③ ゲートの振動：今回の制水ゲートの開操作では，過渡的な流場となるため，ゲートは振動しない．

K堰設備管理検討業務(2006)として，予備ゲートを設置し，制水ゲートを開操作してゲートの総合点検する計画が立案された．

ここでは，予備ゲート設置後の制水ゲート開操作時の水理現象について，水面低下およびダウンプル力，ゲート振動，土砂の掃流について記述する．

(1) 水理現象の検討
a. 解析のための座標系　図-9.34 を参照．
b. 水理計算法
① 水面低下およびダウンプル力：予備ゲートからの漏水がないとすると，制水ゲート前面領域に対する流量の連続は以下のようになる．ただし，ゲート内から排水される流量は考慮していない．

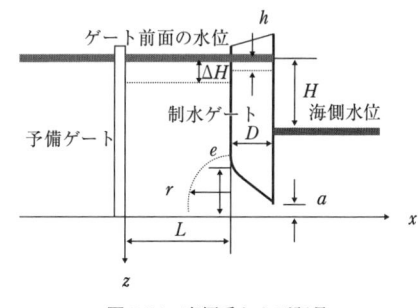

図-9.34 座標系および記号

$$\frac{\Delta H L}{t} = C_q a \sqrt{2g(H-\Delta H)} \tag{9.48}$$

$$\Delta H^2 + B_1 \Delta H + C_1 = 0 \tag{9.49}$$

$$B_1 = \frac{2g(C_q at)^2}{L^2} \tag{9.50 a}$$

$$C_1 = -\frac{2gH(C_q at)^2}{L^2} \tag{9.50 b}$$

式(9.49)から制水ゲート前面領域の水面低下 ΔH は以下のように与えられる．

$$\Delta H = \frac{-B_1 + \sqrt{B_1^2 - 4C_1}}{2} \tag{9.51}$$

また，制水ゲート前面領域の水位は，以下のようになる．

$$\text{水位} = H - \Delta H \tag{9.52}$$

ここで，C_q：流量係数，a：制水ゲート開度，t：ゲート開操作経過時間，H：河側と海側の水位差，L：予備ゲートと制水ゲート前面との距離．

次に，制水ゲート開操作に伴うゲート内の水挙動について解析する．流れは

ゲート内に限定されるので，流量の連続は以下のようになる．

$$\frac{hA}{t} = C_q \alpha A \sqrt{2g(\Delta H - h)} \tag{9.53}$$

式(9.53)から h に対する 2 次方程式を誘導すると，以下のようになる．

$$h^2 + B_2 h + C_2 = 0 \tag{9.54}$$
$$B_2 = 2g(C_q \alpha t)^2 \tag{9.55 a}$$
$$C_2 = -2g\Delta H(C_q \alpha t)^2 \tag{9.55 b}$$

式(9.54)から制水ゲート内の水面低下 h は，以下のように与えられる．

$$h = \frac{-B_2 + \sqrt{B_2^2 - 4C_2}}{2} \tag{9.56}$$

制水ゲートのダウンプル力は，以下のように与えられる．

$$F = \gamma(\Delta H - h)A \tag{9.57}$$

ここで，C_q：注排水口の流量係数，γ：水の比重量($=1 \mathrm{tf/m^3}$)，α：注排水口のゲート断面積に対する比率(3%)，A：ゲートの断面積($=DB$．D：ゲート厚さ，4.7 m，B：ゲート幅，51.198 m)，t：制水ゲート開操作経過時間，ΔH：制水ゲート前面領域の水面低下．

② 土砂の限界掃流力：水理公式集(昭和46年版)(p.201)岩垣の式を引用して，粒径 d(cm)～限界掃流力 U_{*c}(cm/s)の関係を求める．結果を**表-9.6**に示す．

表-9.6 粒径 d(cm)～限界掃流力

d(cm)	0.35	0.4	0.45	0.5	0.7	0.9	1.1	1.3	1.5	2	2.5	3
U_{*c}(cm/s)	5.3	5.7	6.0	6.4	7.5	8.5	9.4	10.3	11.0	12.7	14.2	15.6
d(cm)	6	8	10	12	14	16	20	24	28	32	36	
U_{*c}(cm/s)	22	24.5	28.4	31.2	33.7	38.2	40.2	44.1	47.6	50.9	54	

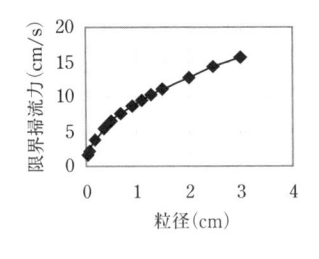

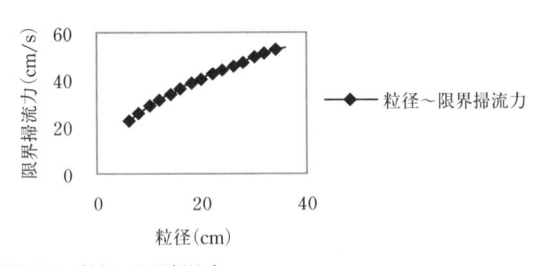

図-9.35 粒径～限界掃流力

c. 水理計算

① 水面低下，水位およびダウンプル力：制水ゲート前面領域の水面低下，水位およびダウンプル力は，**表-9.7** の条件で求める．

　(i) 条件；

表-9.7 ゲート前面領域の水面低下，水位およびダウンプル力の計算条件

Case	開操作条件	水位差 H(m)	L(m)	e(m)	C_q	a
1	$a = 0 \to 0.1$ m	3.8 − 0.84 = 2.78	5.2	2.3	0.6	0.02241
2	$a = 0 \to 0.075$ m	3.8 − 0.84 = 2.78	5.2	2.3	0.6	0.02241
3	$a = 0 \to 0.05$ m	3.8 − 0.84 = 2.78	5.2	2.3	0.6	0.02241
4-1	$a = 0 \to 0.05$ m ($t = 60$ s) $\to 0.1$ m	3.8 − 0.84 = 2.78	5.2	2.3	0.6	0.02241
4-2	$a = 0 \to 0.05$ m ($t = 120$ s) $\to 0.1$ m	3.8 − 0.84 = 2.78	5.2	2.3	0.6	0.02241

　(ii) 計算結果；

　　1) Case-1　制水ゲート開操作経過時間に対する水面低下を**表-9.8** に示す．

表-9.8 経過時間〜ゲート前面領域の水面低下

経過時間(s)	20	60	120	240	400	500	600	800
水面低下(m)	1.25	2.23	2.58	2.71	2.74	2.75	2.75	2.76
水位 $H - \Delta H$(m)	1.51	0.53	0.18	0.05	0.02	0.01	0.01	0.005

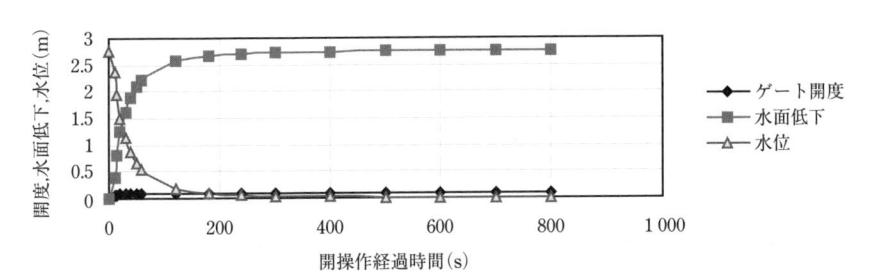

図-9.36 制水ゲート開操作経過時間〜水面低下，水位(Case-1, $a = 0 \sim 0.1$ m)

制水ゲート開操作経過時間に対するダウンプル力を**表-9.9** に示す．

表-9.9 経過時間に対するダウンプル力

経過時間(s)	20	30	40	50	60	120	240
ダウンプル力(tf)	108.7	106.1	95.3	82.5	70.5	28.5	8.4

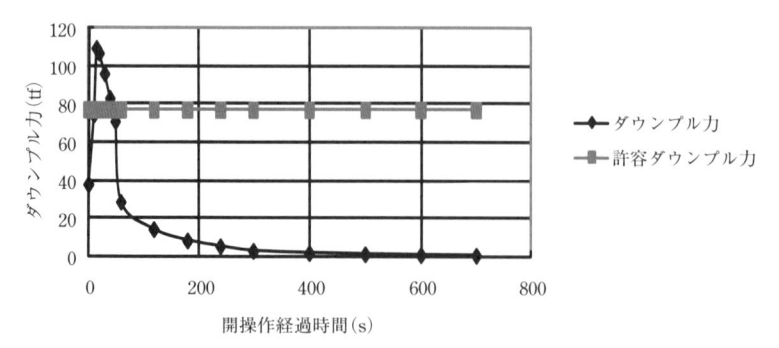

図-9.37 制水ゲート開操作経過時間に対するダウンプル力（Case-1，$a = 0 \sim 0.1$ m）

2) Case-2　制水ゲート開操作経過時間に対するゲート前面域の水面低下を表-9.10に示す．

表-9.10　経過時間～ゲート前面域の水面低下

経過時間(s)	20	60	120	240	400	500	600	800
水面低下(m)	1.01	2.00	2.47	2.68	2.73	2.74	2.75	2.75
水位 $H - \Delta H$(m)	1.75	0.76	0.29	0.08	0.03	0.02	0.01	0.01

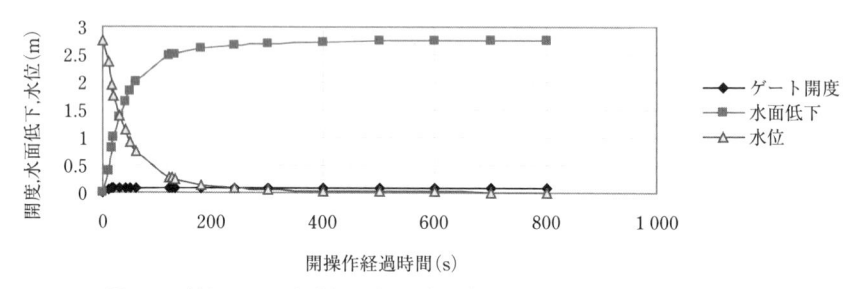

図-9.38　制水ゲート開操作経過時間～水面低下，水位（Case-2，$a = 0 \sim 0.075$ m）

制水ゲート開操作経過時間に対するダウンプル力を表-9.11に示す．

表-9.11　経過時間に対するダウンプル力

経過時間(s)	20	30	40	50	60	120	240
ダウンプル力(tf)	79.1	79.6	73.9	66.1	58.2	26.2	8.2

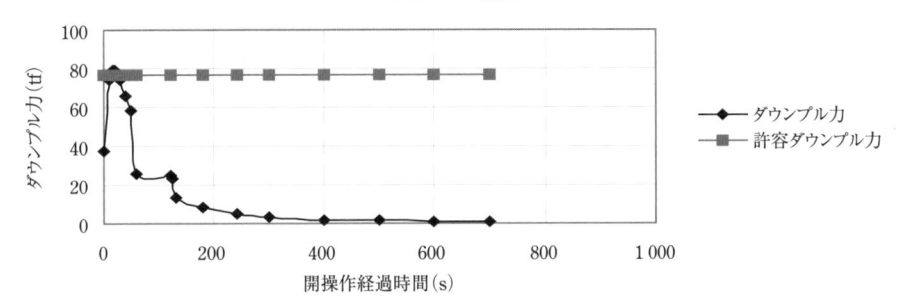

図-9.39 制水ゲート開操作経過時間に対するダウンプル力(Case-2, $a = 0 \sim 0.075$ m)

3) Case-3 　　制水ゲート開操作経過時間に対する水面低下を**表-9.12**に示す.

表-9.12 経過時間〜ゲート前面域の水面低下

経過時間(s)	20	60	120	240	400	500	600	800
水面低下(m)	0.73	1.63	2.23	2.58	2.69	2.71	2.73	2.74
水位 $H - \Delta H$(m)	2.03	1.13	0.53	0.18	0.07	0.05	0.03	0.02

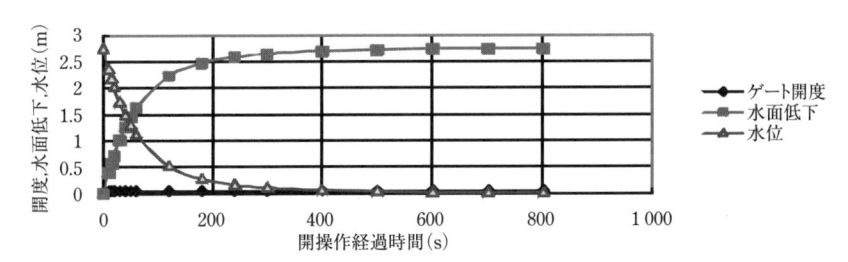

図-9.40 制水ゲート開操作経過時間〜開度, 水面低下, 水位(Case-3, $a = 0 \sim 0.05$ m)

制水ゲート開操作経過時間に対するダウンプル力を**表-9.13**に示す.

表-9.13 経過時間に対するダウンプル力

経過時間(s)	20	30	40	50	60	120	240
ダウンプル力(tf)	47.6	49.1	47.2	43.9	40.2	21.5	7.6

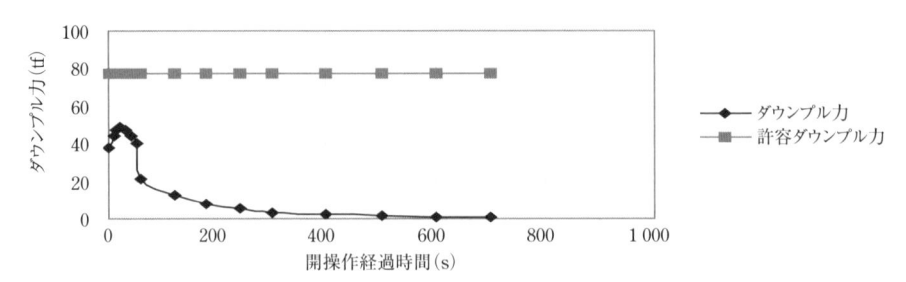

図-9.41 制水ゲート開操作経過時間に対するダウンプル力（Case-3, $a = 0 \sim 0.05$ m）

4) Case-4 -1 　制水ゲート開操作経過時間に対する水面低下を**表-9.14**に示す．

表-9.14　経過時間～ゲート前面域の水面低下

経過時間(s)	20	60	120	240	400	500	600	800
水面低下(m)	0.73	1.63	2.58	2.71	2.74	2.75	2.75	2.76
水位 $H - \Delta H$ (m)	2.03	1.13	0.18	0.05	0.02	0.01	0.01	0.005

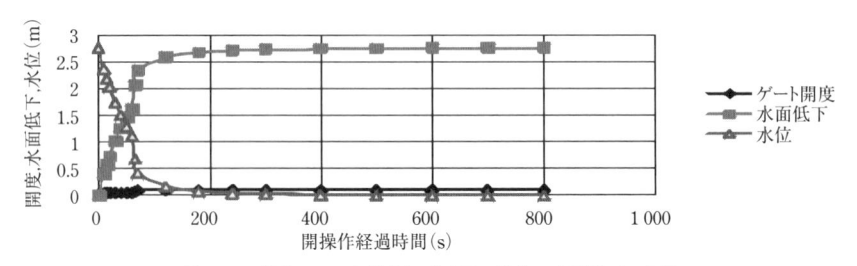

図-9.42　制水ゲート開操作経過時間～開度，水面低下，水位

制水ゲート開操作経過時間に対するダウンプル力を**表-9.15**に示す．

表-9.15　経過時間に対するダウンプル力

経過時間(s)	20	30	40	50	60	120	240
ダウンプル力(tf)	47.6	49.1	47.2	43.9	40.2	28.5	8.4

9.2 長径間シェル構造ゲート

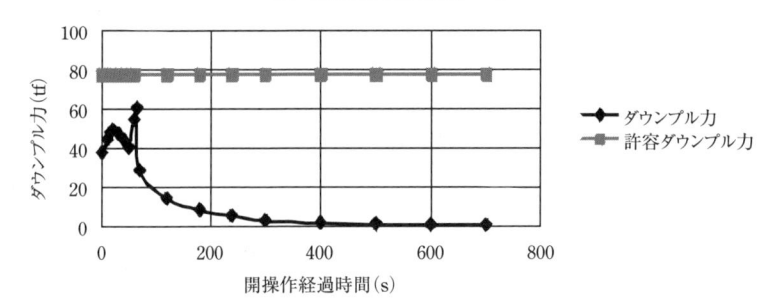

図-9.43 制水ゲート開操作経過時間に対するダウンプル力[Case 4-1, $a = 0.005$ m ($t = 60$s) ～ 0.1 m]

5) Case-4-2　制水ゲート開操作経過時間に対する水面低下を**表-9.16**に示す.

表-9.16 経過時間～ゲート前面域の水面低下

経過時間(s)	20	60	120	240	400	500	600	800
水面低下(m)	0.73	1.63	2.23	2.71	2.74	2.75	2.75	2.76
水位 $H - \Delta H$(m)	2.03	1.13	0.53	0.05	0.02	0.01	0.01	0.005

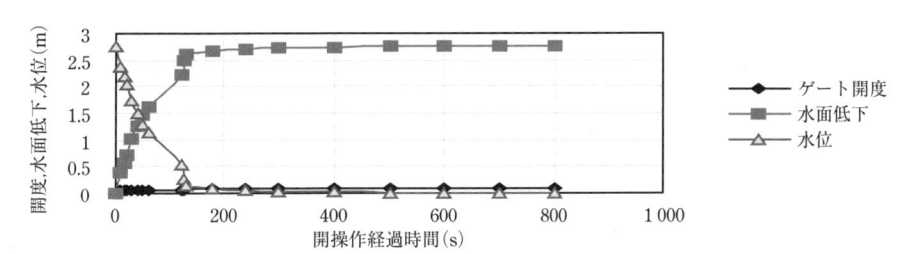

図-9.44 制水ゲート開操作経過時間～開度,水面低下,水位[Case-4-2, $a = 0$ m～0.05 m ($t = 120$ s) ～ 0.1 m]

制水ゲート開操作経過時間に対するダウンプル力を**表-9.17**に示す.

表-9.17 経過時間～ゲート前面域の水面低下

経過時間(s)	20	30	40	50	60	120	240
ダウンプル力(tf)	47.6	49.1	47.2	43.9	40.2	21.5	8.4

164   9. 水路構造物の水理

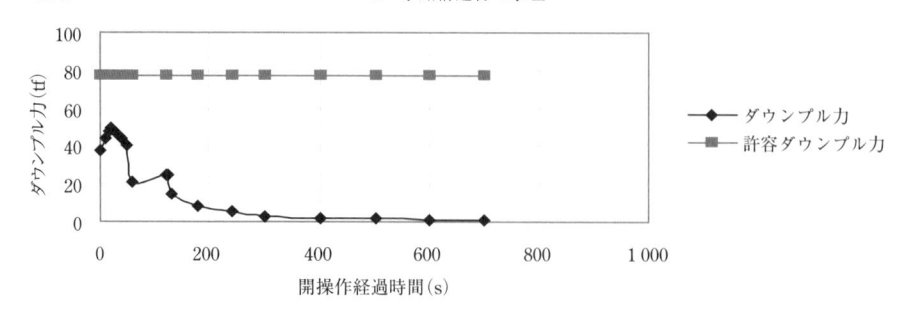

図-9.45 制水ゲート開操作経過時間に対するダウンプル力（Case-4-2, $a=0$ m〜0.05 m ($t=12$ s)〜0.1 m）

(iii) まとめ；
水面低下

表-9.18 水位 $(H-\Delta H)$ 0.05 m 以下となる経過時間

Case	開操作条件	水位 $(H-\Delta H)=0.05$ m 以下となる経過時間(s)
1	$a=0 \to 0.1$ m	240
2	$a=0 \to 0.075$ m	400
3	$a=0 \to 0.05$ m	500
4-1	$a=0 \to 0.05$ m ($t=60$ s) $\to 0.1$ m	240
4-2	$a=0 \to 0.05$ m ($t=120$ s) $\to 0.1$ m	240

ダウンプル力

表-9.19 最大ダウンプル力とその経過時間

Case	最大ダウンプル力となる経過時間(s)	最大ダウンプル力(tf)	対設計荷重
1	20	108.7	31.7 tf の不足
2	30	79.6	2.6 tf の不足
3	30	49.1	27.9 tf の余裕
4-1	30	49.1	27.9 tf の余裕
4-2	30	49.1	27.9 tf の余裕

9.2 長径間シェル構造ゲート

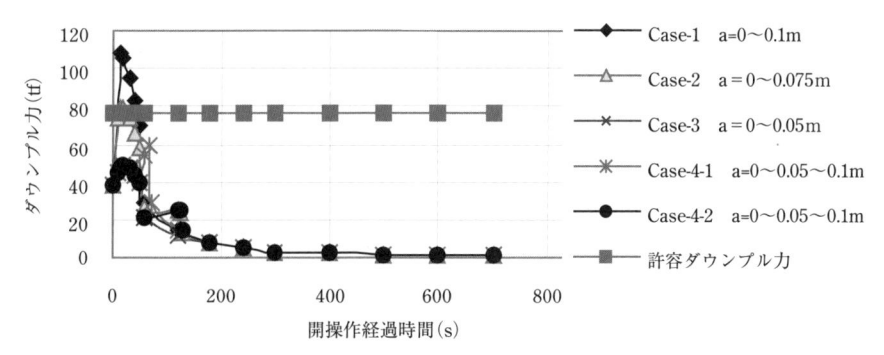

図-9.46 制水ゲート開操作経過時間に対するダウンプル力

② 制水ゲートの振動について：今回の制水ゲート開操作は，予備ゲート設置後の限られた放流量のもとでの過渡的な流場であるが，潜り流出する放流条件ではゲート下端からの渦振動の発生が考えられる．しかし，過渡的な流場であるため，渦振動にゲートが応答することはないといえる．参考のため，Case-1 の操作条件で計算された渦振動数を示す．なお，渦振動数は $f = 0.055\, U_0 / 2a$ から算出した．ここで，$U_0 : \sqrt{2g(H-\Delta H)}$，$a$：ゲート開度．

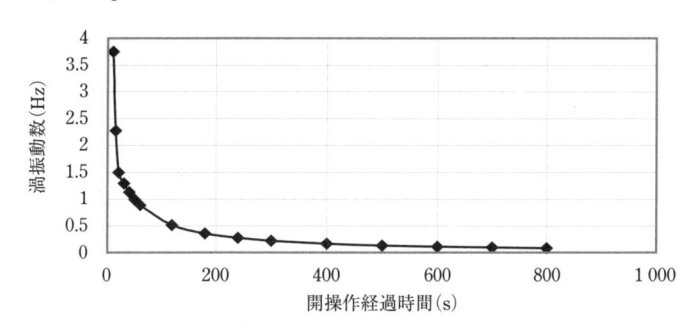

図-9.47 制水ゲート開操作経過時間〜渦強制振動数

③ 土砂の掃流：制水ゲート開操作条件で Case-1 についてゲート上流面から上流河床での土砂の移動状況を示すと，下のようになる．$t < 60$ s では数 cm 以上の土砂が移動すると想定される．

次図から想定される結果は，開操作経過時間 $t < 60$ s まではゲート下端近傍の河床での土砂の移動は顕著であるが，それ以降の時間帯では土砂の移動は緩慢となるようである．河床での土砂の移動に関連する流速は，$u = 4\,eU_0 / \pi r$，$U_0 = \sqrt{2g(H-\Delta H)}$（$r$：ゲート上流面から上流への距離）から求めた．

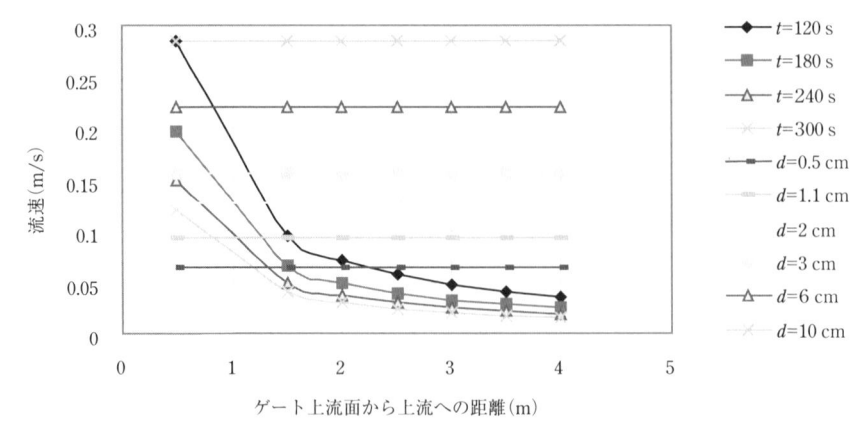

図-9.48 制水ゲート上流底面の流速～土砂の限界掃流(Case-1，経過時間 $t=120\sim300$ s)

(2) まとめ

a. ダウンプル力 制水ゲートの開操作条件によって表-9.20 に示すようにダウンプル力に大きな影響を及ぼしている．

表-9.20 開操作条件～ダウンプル力

Case	開操作条件	巻上げ荷重に対する余裕(ダウンプル力)
1	$a=0\to0.1$ m	$108.7-77=31.7$ tf の不足
2	$a=0\to0.075$ m	$79.6-77=2.6$ tf の不足
3	$a=0\to0.05$ m	$49.1-77=27.9$ tf の余裕
4-1	$a=0\to0.05$ m $(t=60$ s$)\to0.1$ m	$49.1-77=27.9$ tf の余裕
4-2	$a=0\to0.05$ m $(t=120$ s$)\to0.1$ m	$49.1-77=27.9$ tf の余裕

* 巻上げ荷重(設計値=570 tf) − 扉体空中重量(493 tf) = 77 tf(対ダウンプル力)

b. 土砂の移動 開操作経過時間 $t<60$ s まではゲート下端近傍の上流河床での土砂の移動は顕著であるが，それ以降の時間帯では土砂の移動は緩慢となるようである．

c. ゲートの振動 今回の制水ゲートの開操作では，過渡的な流場となるため，ゲートは振動しないといえる．

9.3 選択取水設備

9.3.1 選択取水設備の水理設計[33]

ダムを築造し流水を貯留することにより，貯水池の水質はダム築造前とは異なる．この差異による貯水池の水質問題は，
① 河川の水温は気温の季節変化に追従して変化するが，貯水池では，中低層からの放流水の水温は気温の季節変化よりも遅れ，春から夏にかけ水稲や魚に悪影響を及ぼす冷水現象を起こす，
② 洪水時に流入した濁水が貯水池に滞留し，洪水後，長期間にわたり濁水を放流することにより農業，漁業，浄水処理，観光等に影響を及ぼす濁水長期化現象を起こす，
③ 窒素，リン等の栄養塩類が貯留し，動・植物プランクトンが大量発生して低層では酸欠水となり，鉄，マンガン等が還元溶出することにより水質環境を悪化させる富栄養化現象を起こす，
ことがある．

貯水池の水質問題への取水設備としての対応策として，多くのダムで選択取水設備(selective withdrawal works)を設置し，所要の水質の層から選択的に取水することとしている．

選択取水設備の設計では，取水設備の設計取水量，形状寸法，水深方向および平面的な位置と貯水池の水温，濁度による密度分布より取水できる水質を知ることが必要になる．

貯水池水の流動形態と水質の関係についてはかなりの調査資料が整いつつあるが，きわめて複雑であり，かつ，貯水池の規模，立地条件，運用方法に支配されるため，いまだ十分解明されていないのが実状である．

本項では，選択取水に関する理論的・実験的研究および実施例に基づいて選択取水設備の水理設計に関してこれまでに得られた知見をまとめる．

(1) 貯水池の流動形態

淡水と塩水，温水と冷水，清水と濁水のように密度差を持つ流体が相接して存在し，それらが異なった流速で運動している場合，密度差による浮力の効果により同一密度の流体の運動とはかなり異なり，これを密度流と呼ぶ．

密度流の現象は，気象における寒冷前線や温暖前線の動き，海洋における寒流・暖流の運動等が研究されてきており，土木の分野でも，河口や海岸近くの井戸における塩水侵入，発電用冷却水の取放水，および本項の貯水池からの選択取水が近年研究されてきている．

取水に伴う貯水池の流動層は，貯水池が成層化している場合には密度分布の規制を受け，ある有限の厚みに限定される．これは後述するように，密度分布の強さを示す密度勾配と取水量の関係でまとめられ，この関係がある限度以下に保たれれば選択取水が可能となる．したがって，貯水池が成層化するか否かの判定は重要である．

成層の形成過程は水象，気象，貯水池の運用，放流設備の配置等の要因が複雑に関連する現象で，これらを包含する統一的指標を見出すことは困難であるが，**表-9.21** のようにまとめられている．ここで，表層が昇温する方向に作用する春から夏の受熱期に，平常状態の流入，取水の条件が成層の形成維持の条件を満たす貯水池は成層型，この条件が満たされない貯水池は混合型，その年の流況等により成層型や混合型になる貯水池は中間型と呼ばれる．**表-9.21** の指標は，

表-9.21 成層判定指標

指標 成層分類	a	a_7	F_D
成層型	10 以下	1 以下	0.01 以下
中間型	10 〜 30	1 〜 5	0.01 〜 0.05
混合型	30 以上	5 以上	0.05 以上

$$a = \frac{Q_t}{V_t}, \quad a_7 = \frac{Q_7}{V_t}, \quad F_D = \frac{LQ}{HV_t}\sqrt{\frac{\rho_0}{g(-d\rho/dz)}} \tag{9.57}$$

ここで，Q_t：年間総流入量，Q_7：7月の月間流入量，Q：年間平均流入量，V_t：総貯水容量，L：貯水池延長，H：貯水池平均水深，ρ_0：基準密度，$-d\rho/dz$：平均密度勾配．a および a_7 は年間および7月の貯留水の入替り回数を表しており，F_D は貯水池内の平均的な内部フルード数を表している．

式(9.57)で $L/H = 400$，$\rho_0 = 1\,\text{t/m}^3$，$-d\rho/dz = 0.00006\,\text{t/m}^4$，$Q = Q_t/(365.86,400)$ を代入すると，

$$F_D = 5.23 \times 10^{-4} \frac{Q_t}{V_t} = 5.23 \times 10^{-4} a \tag{9.58}$$

となり，成層限界の F_D を 0.01 とすると，a は 19 となる．

混合型の貯水池では，深さ方向に密度成層が形成されないので水深方向に取水する層が選択できないが，貯留水の入替りが速いので，通常は水質問題を生じない．

図-9.49 に，成層型貯水池の中間標高から取水した場合の月別の水温分布を示す．3月頃から太陽熱によって貯水池表面が温められ，水深10m付近に水温が急変する層が生じる．これを1次躍層と呼び，これより上を表層，下を低層と呼ぶ．流入水は，流入水と等しい密度の層に流入するため，1次躍層付近に流入する．取水による流れは，密度分布の規制によって表層に達せず低層に限られ，流入水より低温の放流水となる．低層からの取水を継続すると，低層水が流入水と入れ替り，8月の水温分布のように取水口標高の若干下の標高まで入れ替ると，この標高付近で安定した水温が急変する層が生じる．これを2次躍層と呼ぶ．1次躍層と2次躍層の間の層を中層と呼び，3層構造となる．2次躍層が形成されると，取水による流れは，密度分布により中層に限定される．

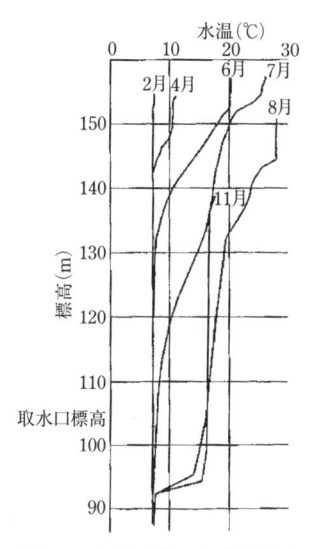

図-9.49 中間標高取水の貯水池水温分布

水温成層は8月に最も安定した状態に発達する．9月頃から日射量の減少に伴い，貯留水は表層より冷却される放熱期に入り，対流混合により水温成層は消滅していく．11月の水温分布は，対流混合が2次躍層に達した状態を示している．対流が全水深に及ぶと，水温分布は2月のように一様となり，取水による流れは全水深に及ぶ．

成層型貯水池の中間標高から取水した場合の水温分布は，通常このようなサイクルを辿るが，大洪水によって多量の貯留水の交換が行われると，水温成層は一時的に破壊される．安芸ら[34]は，1洪水の総流入量が総貯水容量を超えるような場合，全層均一な密度分布になるとしている．このような場合，受熱期であれば1次躍層は再生されるが，放熱期では一様な水温分布が来春まで継続することが多い．

図-9.50 に成層型貯水池の表層から取水する場合の貯水池の水温分布を示す．
① (a)は貯水位があまり変化しない場合（流入量≒放流量）で，洪水流入のない年の水温分布である．4月から8月までほぼ等しい水温勾配の表層が順次発達し，

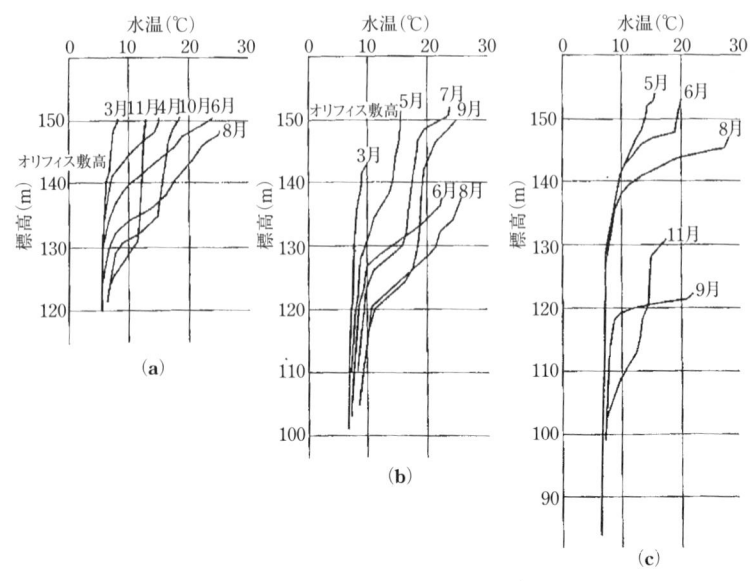

図-9.50 表層取水の貯水池水温分布

9月から放熱期となり，表層が対流混合により均一水温になる．なお，7月に小出水がありオリフィスから放流しているが，成層状態は大きく変化せず，オリフィスが表層取水の役割を果していることがわかる．

② (b)は貯水位変化が大きい年の水温分布で，5月から6月に大量の用水補給を行い，表層が薄くなる．7月に洪水流入があり，貯水位は回復する．この時，洪水は表層に流入し，低層との間に2次躍層に似た水温の急変する層をつくる．同様な変化が7月から8月，8月から9月に生じている．

③ (c)は貯水位変化がさらに大きい年の水温分布で，6月から8月の用水補給で表層が薄くなり，さらに渇水のため9月には表層厚が2〜3mに減少しており，貯水池の選択取水設備の取水深が2mであることを考えると，低層からも取水していることが予測される．

このように，表層取水を行う貯水池では，その年の流況によって貯水池の水温分布が大きく変化するのが特徴である．

なお，本項では貯水池の成層状態を水温で代表して記述したのは，濁度による成層状態への影響は，水温1℃に対し250 mg/L程度であり，かなりの大洪水の流入がない限り，成層状態は水温が主体となるためである．

(2) 限界最大取水量

　成層化した水域から全水深を流動させることなく，任意の層だけを取水できる限界の最大取水量は，選択取水設備設計の基本量となるため，多くの研究成果がある．成層状態は，表層と低層の密度が明確に変化し不連続な密度分布となる2成層，密度が直線的に変化する連続成層および任意成層がある．取水口の形状は，ダムの放流管のように鉛直壁に孔を有するオリフィスからの取水，2次元水路の下流端に水路幅に等しい開口高が無視できるスリットから2次元の線吸込みによる取水，有限の開口高のカーテンウォールからの取水，および広い水域に点吸込みがある軸対称流となる取水がある．また，取水層として，表層取水，中層取水，低層取水があり，取水方向として，上方，下方，横方向がある．既往の研究は，これらの条件を組み合わせて行われている．なお，取水層は，表層取水と低層取水の違いは境界を水表面とするか水域の底面とするかで，低層取水の底面を水面に置き換えれば表層取水となる．また，中層取水は，密度分布が取水口の中心に対し対称であれば，表層取水や低層取水の境界面を取水口中心面として重ね合わせることにより，表層取水や低層取水の理論を適用できる．

a. オリフィスからの横方向取水　Craya[35]は，図-9.51に示すように鉛直壁体に設けたオリフィスから横方向に取水する場合，表層水深が無限大な2成層の水域から表層水のみを取水する限界最大流速V_cを理論的に示した．

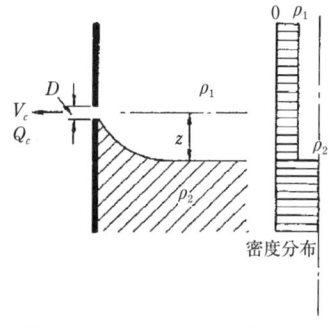

図-9.51　オリフィスによる表層取水

$$\frac{V_c}{\sqrt{\varepsilon g z}} = 3.25 \left(\frac{z}{D}\right)^2 \tag{9.59}$$

ここで，ε：相対密度差$[(\rho_2-\rho_1)/\rho_1]$，ρ_1，ρ_2：表層および低層の密度，g：重力加速度，z：オリフィス中心から成層境界面までの深さ，D：オリフィスの直径でzより十分に小さい．

　Gariel[35]は，実験により式(9.59)と同様の結果を得ている．玉井ら[36]は線吸込みの場合の表層水深の影響について実験し，表層水深がzの2倍以上なら無限大の場合と同一であるが，2倍以下ならV_cは半減することを示している．式(9.59)で，$\varepsilon=(\rho_2-\rho_1)/\rho_2$とすれば，低層取水にも適用できる．式(9.59)を最大取水量Q_cで整理すれば，

$$\frac{Q_c}{\sqrt{\varepsilon g z^5}} = 2.54 \tag{9.60}$$

となり，取水口の寸法は Q_c に無関係となり，選択取水できる限界条件は，Q_c，ε，z で決まり，V_c の影響がない式(9.60)の右辺は無次元で，重力の影響が ε 倍だけ減少する内部フルード数である．

式(9.60)は，放流管，オリフィスからの放流および多孔式の選択取水設備による取水に適用できる．また，吉川ら[37]や岩佐ら[38]は，式(9.59)を V_c で取水を続け平衡状態に達した時の境界面の位置を与える関係と考えて，取放水による躍層の低下量を検討し，ほぼ実際の貯水池の状況を説明できるとしている．

千秋[35]は図-9.52に示すよな2成層の水域から低層水だけを取水する限界条件を実験的に求めた．

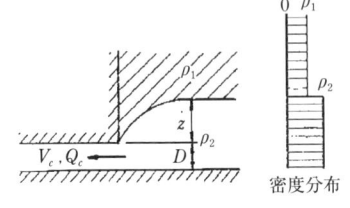

図-9.52 水平取水管による底層取水

$$\frac{V_c}{\sqrt{\varepsilon g D}} = 1.17 \left(\frac{z}{D}\right)^{1.5} \tag{9.61}$$

ここで，D, b：オリフィスの高さと幅，z：オリフィス上端から成層境界面までの高さ．

なお，$b/D = 2 \sim 4$ の範囲では，オリフィス形状が取水特性に及ぼす影響は支配的でないとしているが，Q_c で整理すると，

$$\frac{Q_c}{\sqrt{\varepsilon g D^5}} = 1.17 \frac{b}{D}\left(\frac{z}{D}\right)^{1.5} \tag{9.62}$$

となり，Q_c には取水口の形状の影響が現れる．

千秋は，さらにオリフィスの上端に水平庇を付けることにより，Q_c が増大することを示した．式(9.61)は，底面を水表面に置き換えることにより表層取水に適用でき，この場合，庇は取水盆に相当する．

Bohanら[39]は，図-9.53に示すような任意の密度分布から中間層を選択取水できる条件を実験的に求めた．

$$\frac{V_c A}{\sqrt{\varepsilon_1 g d_1^5}} = \frac{V_c A}{\sqrt{\varepsilon_2 g d_2^5}} = 1 \tag{9.63}$$

ここで，A：オリフィス断面積，ε_1：$(\rho_0$

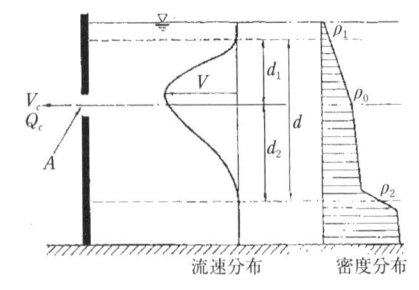

図-9.53 オリフィスによる任意密度分布からの中層取水

$-\rho_1)/\rho_0$, $\varepsilon_2 : (\rho_2-\rho_0)/\rho_0$, ρ_1, ρ_2, ρ_0：流動層上端，下端，およびオリフィス中心の密度，d_1，d_2：オリフィス中心から流動層上端，下端までの水深．なお，オリフィス形状を正方形，長方形，円について実験したが，その影響はないとしている．

式(9.63)において連続成層とし，$\varepsilon = (\rho_2-\rho_1)/\rho_0 = 2\varepsilon_1 = 2\varepsilon_2$, $d = 2d_1 = 2d_2$(流動層厚)とすると，

$$\frac{Q_c}{\sqrt{\varepsilon g d^5}} = \frac{1}{8} \tag{9.64}$$

となる．式(9.64)で取水量，流動層厚が求められる．

b. カーテンウォールからの低層取水　Harleman ら[35]は図-9.54に示すように，2成層の水域においてカーテンウォールから低層水のみを取水する限界条件として，

直線　　$\dfrac{Q_c}{\sqrt{\varepsilon g d^5}} = 0.544 \dfrac{B}{d}$　　$(d/D > 2.5)$ （9.65）

円弧　　$\dfrac{Q_c}{\sqrt{\varepsilon g d^5}} = 0.544 \dfrac{\theta B}{d}$　　$(d/D > 1.5)$ （9.66）

を得ている．ここで，θ，R：円弧カーテンウォールの中心角および半径，d：低層水深．式(9.65), (9.66)から限界最大取水量は取水延長を表すB, θRが影響し，成立条件では，円弧形状の方が取水流況が良好となるため，開口高Dを大きくしうることがわかる．

c. 鉛直取水管からの鉛直下方取水　Harleman ら[35]は，図-9.55に示すように，2成層水域の底に開口する取水管で取水する時$(b=0)$，低層水のみを取水できる限界最大流速を実験的に求めた．

$$\frac{V_c}{\sqrt{\varepsilon g d}} = 2.05 \left(\frac{d}{D}\right)^2, \quad \frac{Q_c}{2\pi\sqrt{\varepsilon g d^5}} = 0.256 \tag{9.67}$$

ここで，D：取水管径，実験範囲は$0.3 < D/d < 1.3$で図-9.56からわかるように，整流蓋なしの取水設備で選択取水が可能であることを示している．

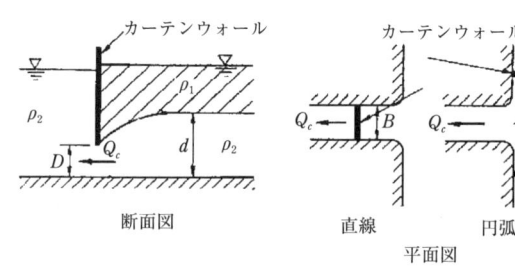

図-9.54　カーテンウォールによる底層取水

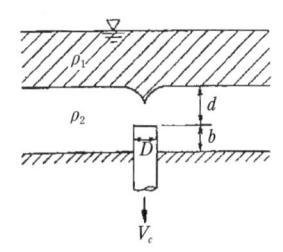

図-9.55　鉛直取水管による底層取水

また，岸ら[35]は取水管を底からbだけ突出させた場合を検討し，$b/d=0.5$，1.0において，

$$\frac{V_c}{\sqrt{\varepsilon gd}}=3.08\left(\frac{d}{D}\right)^2, \quad \frac{Q_c}{2\pi\sqrt{\varepsilon gd^5}}=0.474 \quad (9.68)$$

を得ており，突出によりQ_cは増大することを示している．

さらに，M.I.T[35]では，**図-9.57**に示すように2成層水域の取水管の上方に円形キャップを設けた場合の実験を行い，

$$\frac{V_c}{\sqrt{\varepsilon gd}}=5.3\left(\frac{d}{D}\right)^2,$$

$$\frac{Q_c}{2\pi\sqrt{\varepsilon gd^5}}=0.662 \quad (9.69)$$

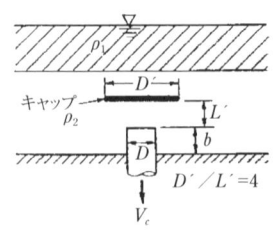

図-9.56 キャップ付き鉛直取水管

を得ており，キャップによりQ_cが増大することを示している．このキャップは，選択取水設備の整流蓋に相当する．

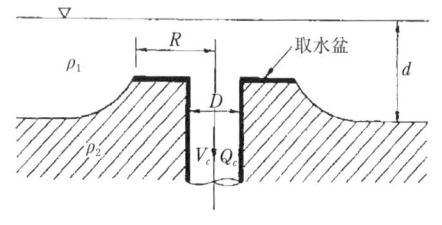

図-9.57 取水盆付き鉛直取水管

川合ら[40]は，**図-9.56**に示すように取水域の表層水のみを取水する場合の取水盆の半径Rの影響を実験的に求め，次式を得ている．

$$\frac{Q_c}{2\pi\sqrt{\varepsilon gd^5}}\begin{cases}=0.65 & (0<R/d<1/2)\\=0.93(R/d-0.1)^{0.5} & (1/2<R/d<3/2)\\=0.44(R/d+0.1) & (3/2<R/d)\end{cases} \quad (9.70)$$

吉川ら[41]も軸対称流の場合，選択取水条件にRが影響することを解析的に示している．

日野ら[35]は，連続成層水域の点吸込みへの流れを軸対称流で解析し，取水口標高に対する選択取水の限界条件を示し，実験にて確認した．

$$\frac{Q_c}{2\pi\sqrt{\beta gd^3}}\begin{cases}=0.18 & (b/H=0, 1.0)\\=0.04 & (b/H=0.5)\end{cases} \quad (9.71)$$

ここで，β：密度勾配$[(\rho_b-\rho_s)/(\rho_s H)]$，$\rho_b$，$\rho_s$：底・水面の密度，$H$：全水深，$d$：流動層厚，$b$：取水口の底からの高さ．

白砂[42]は，取水口幅，取水口高hの影響について，連続成層からの選択取水を実験的に検討し，平均値として，

$$\frac{Q_c}{\theta\sqrt{\beta gd^3}}\begin{cases}=0.324(表，底層取水)\\=0.134(中層取水)\end{cases} \quad (h/d<1/2\sim1/3) \quad (9.72)$$

を提案し，取水口幅の影響は小さく，取水口高が流動層厚 d の $1/2\sim1/3$ 以下ならば，取水口高の影響も小さいとしている．ここで，θ：取水口の開口角で，シリンダゲートで 2π，半円ゲートで π，直線ゲートで $\pi/2$ 程度，β：流動層厚程度の平均的な密度勾配．式(9.72)は，流動層厚を求めるでもある．

以上の他に，2次元の線吸込みの解析および実験が2成層の場合の Huber，連続成層の場合の Yih, Debler, Kao, Koh らによってなされている．

貯水池からの選択取水をモデル化すれば，2次元水路に点吸込みがある状態となり，取水口から比較的短い距離で流動層厚がほぼ一定になる($1.5d$ の距離で95％に達する[43])ことから，選択取水設備の近傍の流れの解析に線吸込みを適用することには難があると考えられる．

以上の諸式から
① 相対密度差 ε または密度勾配 β 大きいほど Q_c は大となる．
② 2成層の方が連続成層より Q_c が大きい．式(9.72)で $\theta=2\pi$，$\beta \fallingdotseq \varepsilon/d$ とし，式(9.70)と比較すると，$0.65/0.324 \fallingdotseq 2$ となり，流動層厚が同じなら2成層の方が2倍の Q_c となる．

密度分布を2成層と仮定するか連続成層と仮定するかは重要な問題であるが，平常の流況で受熱期に表層取水を継続すると，表層は連続成層に近い密度分布となる．洪水流入があった場合や，放熱期では2成層に近い状態である．
③ 式(9.62), (9.65), (9.66), (9.70)以外は，取水口の形状寸法は Q_c に影響しない．これは，取水口の形状・寸法が流動層厚に対して小さいためと考えられる．

(3) 平均取水量

貯水池の成層は前述のように，日射量と流入・取放流によって形成される．したがって，表層取水によって貯水池への流入熱量より大きい熱量放出を継続すると，表層は薄くなり，ついには混合取水の状態になる．

いま，流入熱量と放出熱量が平衡な状態を考える．

$$\left.\begin{array}{l}(\phi_s-\phi_l)A+(EI-EO)=0\\ EI=\rho_i c T_i Q_i \Delta t\\ EO=\rho_0 c T_0 Q_0 \Delta t\end{array}\right\} \quad (9.73)$$

ここで，ϕ_s：日射量(kcal/m^2·d)，ϕ_l：蒸発・伝導・輻射による水面と大気の熱交換(kcal/m^2·d)，A：湛水面積(m^2)，EI：流入水による熱量(kcal/d)，EO：取水による放出熱量(kcal/d)，ρ_i, T_i, Q_i：流入水の密度(kg/m^3)，水温(℃)，流量(m^3/s)，

ρ_0, T_0, Q_0：取放流水の密度，水温，流量，c：比熱(kcal/kg·℃)，Δt：単位時間(86 400 s).

流入水量と等しい取放流水温として式(9.73)を整理すると，

$$\frac{Q_0 - Q_i}{A} = \frac{\phi_s - \phi_l}{\rho_0 c T_0 \Delta t} \tag{9.74}$$

となり，左辺は湛水面積1 m² 当り，流入水温と等しい放流水温を流入量以上に取水しうる流量を示す．

式(9.74)の右辺の計算を示す．$\phi_s = 3\,200$，$\rho_0 = 1\,000$，$c = 1$，$T_0 = 20$，$A = 10^6$ とする．ϕ_l は電力中央研究所[42]の検討で，以下の式の適用性が良いとされている．

$$\left.\begin{array}{l}\phi_l = \phi_{l_1} + \phi_{l_2} \\[4pt] \phi_{l_1} = (3.08 + 1.85\,W) + 10^{-4} \rho_w (e_w - \psi e_a)\left\{L + cT_w + \dfrac{269.1(T_w - T_a)}{e_w - \psi e_a}\right\} \\[10pt] \phi_{l_2} = 0.97 K[(T_w + 273)^4 - 9.37 \times 10^{-6}(T_a + 273)^6 (1.0 + 0.17\,C_L^2)]\end{array}\right\} \tag{9.75}$$

ここで，ϕ_{l_1}：蒸発・伝導による熱交換(kcal/m²·d)，W：風速(m/s)，e_w，e_a：表面水温，気温に相当する飽和蒸気圧(mmHg)，ψ：相対温度，L：蒸発の潜熱(539 kcal/kg)，T_w：表面水温(℃)，T_a：気温(℃)，ϕ_{l_2}：輻射による熱交換(kcal/m²·d)，K：ステファンボルツマン定数(1.171×10^{-6} kcal/m²·d·K^4)，C_L：曇量．

$W = 0.5$，$T_w = 20$，$T_a = 25$，$e_w = 17.53$，$e_a = 23.76$，$\psi = 0.7$，$C_L = 0.7$ とすると，

$$\phi_{l_1} = (3.08 + 1.85 \times 0.5) \times 10^{-4} \times 10^3 (17.53 - 0.7 \times 23.76)\left(539 + 1 \times 20 + \frac{269.1(20-25)}{17.53 - 0.7 \times 23.76}\right)$$

$$= -338 \text{ kcal/m}^2\cdot\text{d}$$

$$\phi_{l_2} = 0.97 \times 1.171 \times 10^{-6}[(20+273)^4 - 9.36 \times 10^{-5}(25+273)^6 (1.0 + 0.17 \times 0.7^2)]$$

$$= 307 \text{ kcal/m}^2\cdot\text{d}$$

$$Q_0 - Q_i = \frac{3\,200 + 31}{1\,000 \times 1 \times 20 \times 86\,400} 10^6 = 1.88 \text{ m}^3/\text{s}$$

したがって，流入水が表層に流入してくる状態で，湛水面積1 km² 当り流入量＋2 m³/s 程度以上の取水を継続すると，日射による熱量はすべて放出されてしまい，流入水による薄い表層だけになってしまい，底層からも取水し流入水温より低温の放流水となる．

いま2成層を考え，表層厚が10 m とし，湛水面積1 km² 当り流入量＋5 m³/s の取水を継続すると，$10 \times 10^6 / (5-2) \times 86\,400 = 38.6$ d となり，1ヶ月程度で表層は流入水だけの薄い表層となる．

この時の表層厚 d は，次式[54]で算定できる.

$$d = \sqrt{\frac{Q_i'}{BF\sqrt{g\beta_i}}} \tag{9.76}$$

ここで，$Q_i':(1+r)Q_i$，r：連行係数$(0.5\sim 1.0)$，Q_i：流入量，B：流入標高の貯水池幅，F：内部フルード数(0.25)，$\beta_i:(\rho_{in}-\rho_s)/(\rho_{in}y)$，$\rho_{in}$，$\rho_s$：流入水，表面水の密度，$y$：水面と流入標高の差.

また，早春で流入水温が低く，流入水が1次躍層下に流入してくる時に式(9.74)における Q_i は0となり，表層安定の条件はより厳しくなる.

(4) 限界最小取水量（漏水の影響）

選択取水設備の設計最大取水量は，一般に利水最大放流量，発電最大取水量等から決定される場合が多い．平常時の取水量は設計値よりかなり小さいのが通常であるため，多段式ゲート等で扉体間や戸当部の水密が不十分であると，その間隙からの漏水によって所要の水質が取水できない場合がある．

図-9.58 に示すモデルを考えると，漏水量 Q_2 は，

$$Q_2 = Ca\sqrt{2gh_2\left(1-\frac{\rho_1}{\rho_2}\right) + \frac{1}{a}\frac{Q_1^2}{A^2}\frac{\rho_1}{\rho_2}} \tag{9.77}$$

で示される．ここで，C：流量係数(0.6)，a：間隙の断面積，h_2：密度境界面から間隙までの深さ，ρ_1，ρ_2：表層・底層の密度，α：損失係数(0.8)，Q_1：表層取水量，A：取水塔断面積.

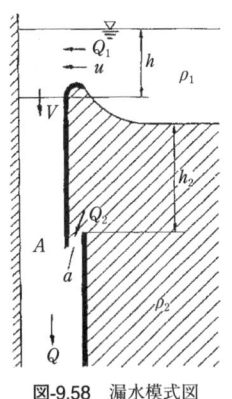

図-9.58 漏水模式図

いま，表層水温 T_s を25℃，底層水温 T_b を10℃，表層濁度 S_s を 10 mg/L，S_b を200 mg/L とし，$h_2=30$ m，$A=5$ m^2 とした計算結果を表-9.22 に示す．ここで，取

表-9.22 漏水による放流水質の影響

Q(m³/s)	a(m²)	Q_2(m³/s)	T_0(℃)	S_0(mg/L)	a/A	Q_2/Q	T_0/T_3	S_0/S_3
10	0.1	0.152	24.8	12.9	1/50	1/66	0.99	1.29
	0.2	0.301	24.6	15.7	1/25	1/33	0.98	1.57
	0.3	0.447	24.3	18.5	1/17	1/22	0.97	1.85
1	0.1	0.077	23.8	24.6	1/50	1/13	0.95	2.46
	0.2	0.154	22.7	39.2	1/25	1/6.5	0.91	3.92
	0.3	0.230	21.6	53.7	1/17	1/4.4	0.86	5.37

水温度 T_0, 取水濁度 S_0, 密度 ρ [44]は, 次式から求められる.

$$\left.\begin{array}{l} T_0 = \dfrac{T_s Q_1 + T_b Q_2}{Q} \\[2mm] S_0 = \dfrac{S_s Q_1 + S_b Q_2}{Q} \\[2mm] \rho = 1 - \left(6\,T^2 - 36\,T + 47 + \dfrac{S}{\sigma} - S \right) \times 10^{-6} \end{array}\right\} \quad (9.78)$$

ここで, Q:取水量$(Q_1 + Q_2)$, σ:濁質の比重(2.65).

表-9.22 から, 取水量が大きい場合は, 漏水による取水水質への影響は小さいが, 取水量が小さい場合には, 特に濁度に大きく影響する. したがって, 取水量が大きく変動する場合, 濁水対策として選択取水設備を使用する場合には, 水密に留意することが必要になる.

(5) 取水流速(スクリーン通過流速)

取水流速は(2)で述べたように, 流動層厚に対し, 取水深, 取水口径が小さければ選択取水に影響しない. 通常, 取水流速はスクリーン通過流速や吸込み渦の発生条件から 1 m/s 程度にしている. ここでは, 取水によってスクリーンが振動を発生しない条件について述べる.

スクリーン通過流速が増大すると, スクリーンバーの下流にカルマン渦が発生し, ある振動数の強制力がスクリーンバーに作用する. この振動数 f がスクリーンバーの固有振動数 f_n に近いと, 共振を起し破壊されることがある. 一般に, $f_n/f \geqq 2.5$ とする設計が推奨されている.

$$f = S_t \dfrac{u}{t} \quad (9.79)$$

$$f_n = \dfrac{a}{2\pi} \sqrt{\dfrac{EIg}{Wl^3}} \quad (9.80)$$

ここで, S_t:ストローハル数(0.2), u:スクリーン通過流速, t:スクリーンバーの厚さ, a:バーの支持状態による係数で, 両端溶接で 17 程度, E:弾性係数, I:断面 2 次モーメント, l:バーの支持間隔, W:バーの重量と水の付加重量で, 次の近似式[45].

$$W = V\left(\gamma + \dfrac{b\gamma_f}{t} \right) \quad (9.81)$$

ここで，V：バーの支持間隔の体積，γ，γ_f：バー，水の単位体積重量，b：バーの有効間隔．

したがって，スクリーン通過流速は，

$$u \leq \frac{a}{2\pi}\sqrt{\frac{EIg}{V(\gamma + b\gamma_f/t)l^3}}\frac{t}{2.5\,S_t} \tag{9.82}$$

となる．例として，$t=0.9$ cm，バーの幅 $=9$ cm，$l=50$ cm，$E=2.1\times 10^5$ kgf/cm^2，$I=0.547$ cm^4，$g=980$ cm/s^2，$V=810$ cm^3，$\gamma=7.85\times 10^{-3}$ kgf/cm^3，$b=15$ cm，$\gamma_f=10^{-3}$ kgf/cm^3 とすると，

$$u \leq \frac{17}{2\times 3.14}\sqrt{\frac{2.1\times 10^6 \times 0.547\times 980}{810(7.85\times 10^{-3}+15\times 10^{-3}/0.9)\times 50^3}}\frac{0.9}{2.5\times 0.2}=147 \text{ cm/s}$$

となり，一般に使用されるスクリーンで取水流速が 1 m/s 程度ならば，振動発生の危険はない．

(6) 取水塔内流速

取水塔断面積は最大取水量と取水塔内流速 V から定められるが，V が過大であると，取水塔内に負圧が発生し振動の原因となったり，空気吸込み渦が発生しエアハンマを起こしたり，また，発電に使用する場合は損失水頭が増大し，水車効率を悪くするため，一般に 2～5 m/s 程度で設計されている．

取水塔内に負圧を発生させない条件は，**図-9.58** から，

$$V < \sqrt{\frac{u^2+2gh}{1+f}} \tag{9.83}$$

で求められる．ここで，u：取水流速，h：水面から圧力を検討する標高までの水深，f：損失係数．

例として，$u=1$ m/s，$h=5$ m，$f=0.2$ とすると，

$$V < \sqrt{\frac{1^2+2\times 9.8\times 5}{1+0.2}}=9.08 \text{ m/s}$$

となり，通常の設計では呑み口をベルマウスにし，流線を剥離させなければ負圧発生の危険はない．

空気吸込み渦の発生条件は，通常，取水深と取水塔径の比が 2～3 以下程度とされているが，萩原[46]の研究によれば，

$$V > \sqrt{54\,gk}\times \frac{h^{2.5}}{R^2} \tag{9.84}$$

で求められる．ここで，k：渦発生初期の水面低下量と取水深hの比$(1/300\,000)$，R：取水塔半径．

いま，$h=3$ m，$R=2$ m とすると，

$$V > \sqrt{\frac{54 \times 9.8}{300\,000}} \times \frac{3^{2.5}}{2^2} = 0.16 \text{ m/s}$$

となり，かなり厳しい条件となる．

空気吸込み渦は，①渦の発生，②渦が大きく深く発達，③空気が吸い込まれる，という発達過程を辿るため，空気を吸込む条件として仮に式(9.84)のkを$1/10\,000$とすると，上記と同じ計算で$V>0.9$ m/s となる．

渦の抑制には整流蓋が有効である．また，整流蓋は表層取水で，流動層内の流速分布の最大流速発生水深を水面に近づける働きをし，表層取水に有効である．なお，空気吸込み渦の現象は粘性や表面張力が大きく影響するため，フルード相似の模型実験での検討には注意が必要である．

(7) 堤体，地山の影響

取水設備を堤体や地山からどの程度離せば，実用上，堤体，地山の影響が無視できるかは重要な問題である．

川合ら[40]は，シリンダゲートによる表層取水の実験および解析からこの問題を検討しており，有効流入角θで表現すると，

$$\theta = \frac{1+2.35\,L/D}{2+2.35\,L/D}\,2\pi \tag{9.85}$$

である．ここで，L：取水塔中心と堤体の距離．式(9.85)を図化すると図-9.59 となり，有効角85％で$L/D=2$，有効角90％で$L/D=3.5$程度が必要となる．

また，流動層厚が一定となる距離を堤体から離すこととすれば，前述したように取水口から$1.5\,d$の距離で$0.95\,d$に達することから，流動層厚dの1.5倍程度の距離をとれば，堤体の影響は無視できることとなる．

半円型であれば式(9.85)の2πをπに置き換えて地山の影響を検討できる．

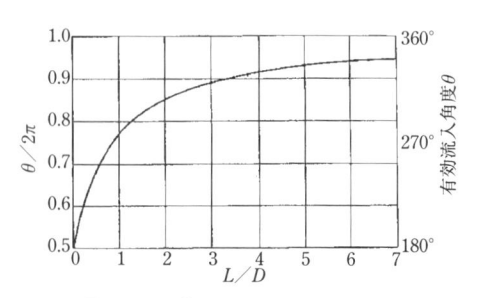

図-9.59 堤体との距離と有効流入角度

(8) 実施例

　既設の選択取水設備を分類すれば，操作機構からフロートの浮力によるフロート式と，ワイヤロープ等による機械式があり，堤体との設置位置の関係から堤体付属型，独立塔型および地山に設置される斜樋があり，ゲート型式から多孔式，複式，ヒンジパイプ式および多段式がある．また，多段式には，直線，半円，シリンダおよび最上段扉の呑み口だけ半円とし，他は直線とする複合型がある．

　多孔式，複式，ヒンジパイプ式は，取水量が数 m^3/s 以下に使用例が多く，フロート式シリンダゲートは，寒冷地の温水取水に採用されている．数 $10\,m^3/s$ 程度の量では直線多段式が数門設置される．

　フィルダムでは堤体付属型は採用できないので，独立塔型か斜樋が採用され，薄肉アーチダムで堤体付属型を採用する場合は，堤体の変形を拘束する形式は採用できない．

　多段式ゲートの選定は，目標流動層厚，水密性等の取水機能，施工性，経済性，および塗装等の維持管理を比較検討して決定される．

　流動層厚は，式(9.72)から取水密度勾配を同一とし，堤体や地山の影響がないとすれば，シリンダ型を1とすれば，半円型は1.26，直線型は1.59となる．水密性は，一般にシリンダ型が良く，直線型，半円型と続く．

　施工性は，通常，鋼構造部分が多いほど良くなるが，将来の再塗装を考慮すると逆になる．

　表-9.23に最近の多段式ゲートの水理設計諸元を示す．

(9) まとめ

　以上，選択取水設備の水理設計について既往の研究・実施例をもとにまとめた．

　選択取水設備の水理については，流速分布の実測等は困難で，2，3の例があるにすぎない．また，模型実験でも密度分布の形成維持，3次元特性の把握等の問題があり，今後の検討に期待することが多い．

　建設者土木研究所(現・独立行政法人土木研究所)では，選択取水設備用の大型実験設備(長さ $12\,m$ ×幅 $2\,m$ ×高さ $2\,m$)を完成し，これらの解明に努めている．

表-9.23　ゲート

ダム名	ダム型式*	湛水面積(km²)	常時満水位 – 最低水位(m)	設置年	ゲート型式	段数
大石	GC	1.1	30.0	52	直線	4
御所	RF＋GC	6.4	7.8	54	直線3門	2
寺内	RF	0.9	28.5	52	直線	5
真名川	AC	2.9	34.0	52	複合	6
鹿ノ子	GC	2.1	21.3	57	複合	3
下久保	GC	3.3	73.1	52	半円	4
草木	GC	1.8	50.3	51	半円	5
川治	AC	2.2	72.0	56	半円	4
大町	GC	1.1	38.1	59	半円	4
野村	GC	1.0	21.4	56	シリンダ	5
大渡	GC	2.0	30.0	56	シリンダ	4
松原	GC	1.9	37.0	58	シリンダ	6

＊　GC：重力式コンクリート　　RF：ロックフィル　　AC：アーチ式コンクリート

9.3.2　選択取水ゲートの放流時の水理特性[47]

選択取水ゲートの放流時の水理特性として，1)総放流量に対する上段ゲートからの放流量と下段ゲートの開度，2)上段および下段ゲートの同時放流による両者の取水量が等しくなる下段ゲートの開度を検討する．

(1)　放流時の水理特性
a. 座標系　図-9.60 を参照．
b. 関係式　上段ゲートから取水量 Q_1 を放流する場合のエネルギー式は，以下のようになる．なお，流場に沿っての流体損失は無視する．

$$z_D = z_{F_u} + \frac{p_{F_u}}{\gamma} =$$

$$z_{F_d} + \frac{(Q_1/A)^2}{2g} + \frac{p_{F_d}}{\gamma} =$$

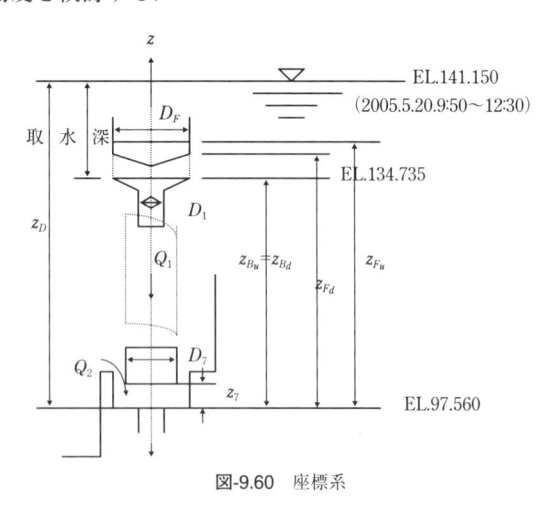

図-9.60　座標系

9.3 選択取水設備

の実施例

呑口寸法 (m)	最大取水量(m³/s)	取水深(m)	取水流速(m/s)	塔内流速(m/s)	塔型式
$B=3.5$	15	3.0	1.4	0.5	堤体付属
$B=6.5\times3$ 門	60	3.0	1.0	−	堤体付属
$B=3.0$	8	1.5	1.8		斜面34°
$r=2.1$	17	2.7	1.2	0.7	斜面44°
$r=2.95$	12	1.5	1.0	2.0	堤体付属
$r=3.0$	12	2.0	0.64	2.0	堤体付属
$r=4.0$	65	4.0	1.3	2.0	堤体付属
$r=1.95$	30	3.0	1.63	2.0	堤体付属
$r=2.9$	25	3.0	1.0	2.0	堤体付属
$\phi=4.0$	12	2.0	0.5	5.0	堤体付属
$\phi=6.0$	20	2.0	0.6	5.7	堤体付属
$\phi=7.0$	85	4.0	1.0	5.0	堤体付属

B:幅　　r:半径　　ϕ:直径

$$z_{B_u} + \frac{(Q_1/A)^2}{2g} + \frac{p_{B_u}}{\gamma} = z_{B_d} + \frac{p_{B_d}}{\gamma} \tag{9.87 a}$$

$$z_D = z_7 + \frac{(Q_1/A_7)^2}{2g} + \frac{p_{7_i}}{\gamma} = z_7 + \frac{(Q_2/A_0)^2}{2g} + \frac{p_{7_0}}{\gamma} \tag{9.87 b}$$

ここで，$A:\pi D_F(z_{F_d}-z_{B_u})$, $z_{B_u}:z_{B_d}$, $D_F:D_B$(フロート径＝ベルマウス径), Q_1:上段ゲートからの取水量, Q_2:下段ゲートからの取水量, $A_0:\pi D_7 z_7$, $A_7:\pi D_7^2/4$, $Q_3:Q_1+Q_2$.

式(9.87)からフロートおよびベルマウスに作用する水理力は，以下のようになる．

$$F_f = \frac{\pi(p_{F_d}-p_{F_u})D_F^2}{4} \tag{9.88 a}$$

$$p_{F_d}-p_{F_u} = \gamma\left[z_{F_u}-z_{F_d}-\frac{(Q_1/A)^2}{2g}\right] \tag{9.88 b}$$

$$F_b = \frac{\pi(p_{B_d}-p_{B_u})(D_B^2-D_1^2)}{4} \tag{9.88 c}$$

$$p_{B_d}-p_{F_u} = \gamma\frac{(Q_1/A)^2}{2g} \tag{9.88 d}$$

式(9.88 a)と(9.88 c)から，フロートの吊りワイヤーロープに作用する水理力は，

$$F = F_f + F_b \tag{9.89}$$

c. フロートに作用する水理力

① 諸数値：計算に使用した数値は，**表-9.24**のとおりである．

② 計算結果：式(9.89)で与えられるフロートの吊りワイヤーロープに作用する水理力を示すと，**表-9.25**のようになる．

表-9.24 計算に用いた諸数値

記号	数値	記号	数値
z_D	EL.141.150	A	16.328 m^2
z_{F_u}	EL.136.385	$D_F=D_B$	4.0 m
z_{F_d}	EL.136.035	D_1	1.8 m
$z_{B_u}=z_{B_d}$	EL.134.735	A_1	2.5434 m^2
γ	1 tf/m^3	D_7	3.0 m
Q_1	6.5〜14 m^3/s	z_7	0.5〜2.5 m

表-9.25 フロートの吊りワイヤーロープに作用する水理力

Q_1(m^3/s)	7	8	9	10	11	12	13	14
F(tf)	4.4	4.4	4.4	4.3	4.3	4.3	4.3	4.3

＊ Fが正の数値になっているのは，上向き(浮力)の水理力が作用することを意味している．フロートの吊りワイヤーロープに作用する荷重＝自重(負値)＋F(正値)となる．

d. 上段ゲート内の流速

上段ゲートからの取水放流時の筒内流速を参考のために**表-9.26**に示す．

表-9.26 取水放流時の筒内流速

Q_1(m^3/s)	7	8	9	10	11	12	13	14
V_1(m/s)	2.57	3.15	3.54	3.93	4.32	4.72	5.11	5.50

フロートが没水する場合，振動原因がフロート下端の渦形成であり，筒内流速が4 m/s以上から振動現象が発現している．なお，筒内流速の限界値5 m/sは，補剛材なしの薄肉円筒殻の最小板厚に対する限界圧力p_k＝0.2 kgf/cm^{2}から設定されたものと考えられる．

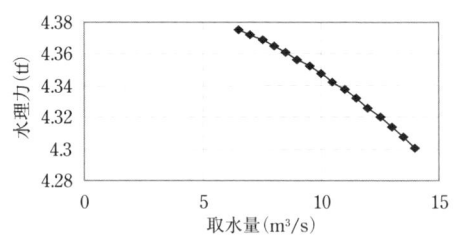

図-9.61 フロートの吊りワイヤロープに作用する水理力

フロート上面が空中にある場合の筒内流速については5 m/sという数値ではなく，取水面での空気渦の発生および筒体の振動等から設定されるべきである．

e. 上段ゲートおよび下段ゲートからの同時放流の水理検討

① 総流量Q_3に対する上段ゲート取水量および下段ゲート取水量：式(9.87 b)から以下の関係式が得られる．

9.3 選択取水設備

式(9.87 b)から下段ゲート下端の内外の圧力の式は，以下のようになる．

$$\frac{p_{7_i}}{\gamma} = z_D - z_7 - \frac{(Q_1/A_7)^2}{2g}, \quad \frac{p_{7_o}}{\gamma} = z_D - z_7 - \frac{(Q_2/A_0)^2}{2g} \tag{9.90}$$

式(9.90)で，下段ゲート下端の内外の圧力は $p_{7_i}/\gamma = p_{7_o}/\gamma$ と置き，A_0, A_7 を用いると，

$$A_0 Q_1 = A_7 Q_2 \rightarrow Q_2 = \frac{4 z_7 Q_1}{D_7} \tag{9.91 a}$$

また，Q_1 と Q_2 は，

$$Q_3 = Q_1 (1 + \frac{4 z_7}{D_7}) \rightarrow Q_1 = \frac{Q_3}{1 + (4 z_7 / D_7)} \rightarrow Q_2 = Q_3 - Q_1 \tag{9.91 b}$$

式(9.91 b)から Q_3 を与えれば理論的に Q_1 が求められ，Q_2 も容易に算定できる．総流量 $Q_3 (14 \sim 17 \, \mathrm{m^3/s})$ をパラメータとして上段ゲート取水量および下段ゲート取水量を計算した結果を図-9.62，9.63，表-9.27 に示す．図-9.62 は総流量に対する上段ゲートからの取水量と下段ゲート開度の関係，図-9.63 は総流量に対する下段ゲートからの取水量と下段ゲート開度の関係を示す．

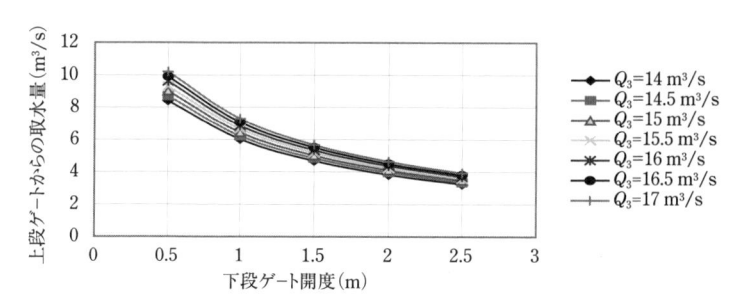

図-9.62 総流量 Q_3 に対する上段ゲート取水量と下段ゲート開度

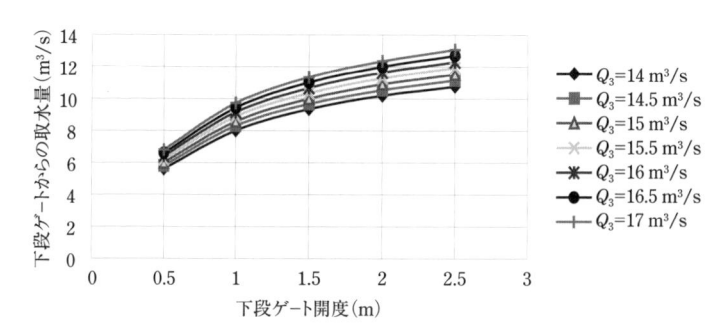

図-9.63 総流量 Q_3 に対する下段ゲート取水量と下段ゲート開度

表-9.27 総流量 Q_3 に対する上段ゲート取水量および下段ゲート取水量

	z_7(m)	0.5	1.0	1.5	2.0	2.5
Q_3 = 14 m³/s	Q_1(m³/s)	8.4	6	4.67	3.82	3.23
	Q_2(m³/s)	5.6	8	9.33	10.18	10.77
	z_7(m)	0.5	1.0	1.5	2.0	2.5
Q_3 = 15 m³/s	Q_1(m³/s)	9	6.43	5	4.09	3.46
	Q_2(m³/s)	6	8.57	10	10.91	11.54
	z_7(m)	0.5	1.0	1.5	2.0	2.5
Q_3 = 16 m³/s	Q_1(m³/s)	9.6	6.86	5.33	4.36	3.69
	Q_2(m³/s)	6.4	9.14	10.67	11.64	12.31
	z_7(m)	0.5	1.0	1.5	2.0	2.5
Q_3 = 17 m³/s	Q_1(m³/s)	10.2	7.29	5.67	4.64	3.92
	Q_2(m³/s)	6.8	9.71	11.33	12.36	13.08

上下段ゲート同時取水において,式(9.91 b)から,上段ゲートからの取水量 Q_1 と下段ゲートからの取水量 Q_2 とが等しくなる下段ゲート開度(z_7)を算出してみる.

$$Q_1 = \frac{Q_3}{1+(4z_7/D_7)} \tag{9.92 a}$$

$$Q_2 = Q_3\left(1 - \frac{1}{1+(4z_7/D_7)}\right) \tag{9.92 b}$$

$$Q_1 = Q_2 \rightarrow \frac{1}{1+(4z_7/D_7)} = 1 - \frac{1}{1+(4z_7/D_7)} \tag{9.92 c}$$

式(9.92 c)から z_7 を算出すると,

$$z_7 = \frac{D_7}{4} \tag{9.93}$$

式(9.93)に D_7 = 3 m を代入すると,z_7 = 0.75 m が得られる.この結果から,総流量 Q_3 に無関係に $Q_1 = Q_2$ となる下段ゲート開度は 0.75 m となる.**図-9.64** は総流量 Q_3 = 14 m³/s の場合だが,異なる総流量の場合も同様な結果となる.

(2) まとめ

選択取水ゲート放流時の水理力および振動特性について検討した結果,次のことが明らかにされた.

① 放流時の取水ゲートに作用する水理力は上向き(浮力)となるが,そのオーダは

9.3 選択取水設備

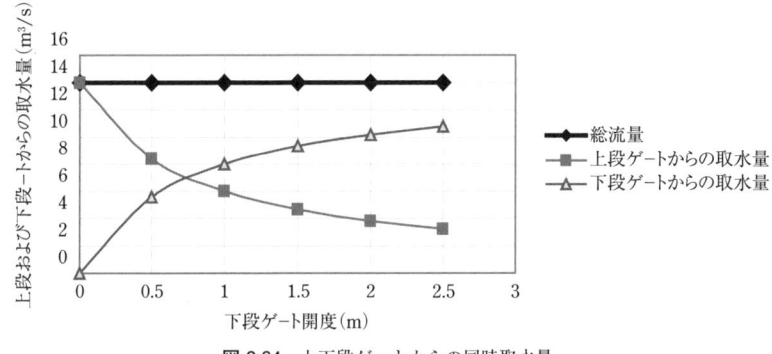

図-9.64 上下段ゲートからの同時取水量

約 4 tf 程度である．

② 上段および下段ゲートの同時放流で，両者の取水量が等しくなる下段ゲート開度は，総流量には影響されず 0.75 m である．

9.3.3 選択取水ゲートの冬季運用時の凍結防止装置の水理特性[48]

選択取水設備の冬季運用時は，ダム湖面氷結に伴う取水ゲート扉体への影響を防止するため，凍結防止装置を稼動させる必要がある．冬季は，取水ゲートを全縮させた状態で発電取水する運用が採用される．この際，凍結防止装置の気泡吸込みが発電への影響が問題となる．以下，発電取水時の凍結防止装置の気泡吸込みの可能性について検討する．

(1) 気泡吸込みについての解析
a. 取水ゲートの流場解析
① 座標系および関係式：**図-9.65** に示すように1段ゲートから取水量 Q_1 および1段～3段ゲート下端からの取水量 Q_2 の場合のエネルギー式および連続式は，以下のようになる．なお，流場に沿っての流体損失は無視する．

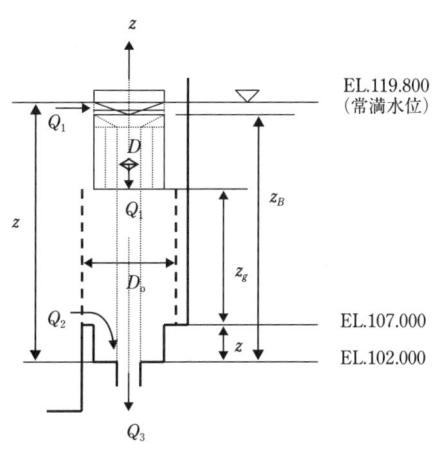

図-9.65 座標系および記号

$$z_D = z_g + \frac{p_1}{\gamma} + \frac{(Q_1/A_1)^2}{2g} = z_g + \frac{(Q_2/A_2)^2}{2g} + \frac{p_2}{\gamma} \tag{9.94}$$

ここで，$Q_3：Q_1 + Q_2$, $A_1：\pi D_1^2/4$, $A_2：\pi D_1 z_g$.

式(9.94)で $p_1/\gamma = p_2/\gamma$ とすると，Q_1 および Q_2 は以下のようになる．

$$Q_1 = \left(\frac{D_1/z_g}{1 + D_1/z_g} \right) Q_3 \tag{9.95 a}$$

$$Q_2 = \left(1 - \frac{D_1/z_g}{1 + D_1/z_g} \right) Q_3 \tag{9.95 b}$$

$$V_1 = \frac{Q_1}{A_1} \tag{9.95 c}$$

$$V_2 = \frac{Q_2}{A_2} \tag{9.95 d}$$

式(9.95 a), (9.95 b) から D_1, z_g, Q_3 が与えられると，Q_1 と Q_2 が求まる．

② 中間取水域の流場：常満が EL.119.800 に対する諸数値を**表-9.28** 示す．

表-9.28 常満 EL.119.800 に対する諸数値

記 号	数値（単位）	内　容
D_1	3 m	1段ゲートの内径
D_0	10 m	気泡発生域の相当径
z_g	4 m	中間取水域の深さ（全縮時のレベル EL.111.000～EL.107.000)
A_1	7.065 m^2	1段ゲートの断面積；$\pi D_1^2/4$
A_2	37.68 m^2	中間取水域の断面積；$\pi D_1 z_g$
Q_3	10～50 m^3/s	発電放流量

式(9.95 d) と (9.96) から発電取水量に対する気泡上昇面の中間取水域の流速を計算し，結果を図-9.66 に示す．

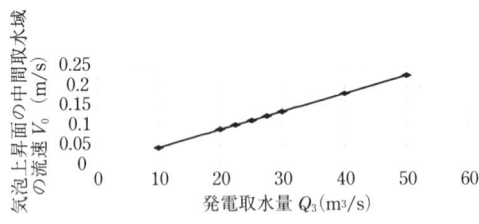

図-9.66 常満．発電取水量に対する気泡上昇面の中間取水域の流速

③ 中間取水域の流場：常満 − 2.00 が EL.117.800 に対する諸数値を**表-9.29** に示す．

式(9.95 d) と (9.96) 式から発電取水量に対する気泡上昇面の中間取水域の流速を計算し，結果を**図-9.67** に示す．

表-9.29 常満-2.00 が EL.117.800 の諸数値

記号	数値(単位)	内容
D_1	3 m	1段ゲートの内径
D_0	10 m	気泡発生域の相当径
z_g	2 m	中間取水域の深さ(全縮時のレベル EL.109.000～EL.107.000)
A_1	7.065 m²	1段ゲートの断面積 ; $\pi D_1^2/4$
A_2	18.84 m²	中間取水域の断面積 ; $\pi D_1 z_g$
Q_3	10～50 m³/s	発電放流量

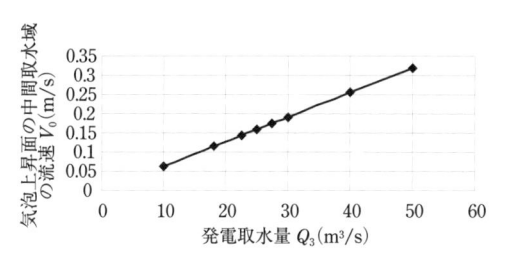

図-9.67 常満-2.00, EL.117.800, 発電取水量に対する気泡上昇面の中間取水域の流速

b. 気泡吸込み解析

① 関係式:図-9.65 の座標系に示すように,気泡発出域の相当径を D_0 とする境界面での流速 V_0 は,以下の関係から算定できる.

$$\pi D_0 z_g V_0 = \pi D_1 z_g V_2 \rightarrow V_0 = \frac{D_1}{D_0} V_2 \tag{9.96}$$

一方,発生気泡の上昇速度 V は,気泡の浮力と気泡の抵抗との釣合いから求められ,浮力 F_B と抵抗は,以下のように与えられる.

浮力

$$F_B = \frac{(\gamma_w - \gamma_a) 4\pi r^3}{3} \tag{9.97}$$

抵抗

$$R = 6\pi \mu r V (ストークスの式) \tag{9.98 a}$$

$$R = 6\pi \mu r V \left(1 + \frac{3 R_e}{16}\right) (オーゼンの式), \quad R_e = \frac{2 r V}{\nu} \tag{9.98 b}$$

$$R = \frac{C_d \rho_w V^2 (\pi r^2)}{2} \quad [C_d = f(R_e)] \tag{9.98 c}$$

$C_d = f(R_e)$ は，例えば，『機械工学便覧』(昭和 26 年版)(第 8 編 p.8〜47，第 92 図)参照．

式(9.97)，(9.98)式から，気泡の上昇速度は，

$$V = \frac{2(\gamma_w - \gamma_a)r^2}{9\mu} \quad (\text{ストークスの式}) \tag{9.99 a}$$

$$V = \frac{-(8\nu/3r) + \sqrt{(8\nu/3r)^2 + 4(16\nu r/27\mu)(\gamma_w - \gamma_a)}}{2}$$

$$(\text{オーゼンの式}) \tag{9.99 b}$$

$$V = \sqrt{\frac{2(\gamma_w - \gamma_a)r}{3 C_d \rho_w}} \quad [C_d = f(R_e)] \tag{9.99 c}$$

ここで，γ_w：水の比重量，ρ_w：水の密度，γ_a：空気の比重量，μ：水の粘性係数，ν：水の動粘性係数，r：気泡半径，C_d：気泡(球)の抵抗係数[$= f(R_e)$ で与えられる]．

次に発生気泡は，上昇速度に伴い周囲の圧力が低下する．周囲圧力の低下により気泡内の空気が断熱変化すると，圧力〜体積との関係は，以下のようになる．

$$p_1 \left(\frac{4\pi r^3}{3} \right)^\kappa = p_2 \left(\frac{4\pi r_2^3}{3} \right)^\kappa \rightarrow r_2 = \left(\frac{h_1}{h_2} \right)^{1/3\kappa} r \tag{9.100}$$

ここで，r_2：気泡上昇する中間取水域の気泡半径，h_1：発生気泡の水深，h_2：気泡上昇する中間取水域の水深，r：発生気泡の半径，$\kappa : C_p / C_v (= 1.4)$．

② 諸数値：表-9.30 に示す諸数値のもとにして気泡の上昇速度の計算，また気泡上昇に伴う気泡径の変化に対する水深 h_1，h_2 を常満で EL.118.900 の水位で計算する．

③ 計算結果：

表-9.30 常満で EL.118.900 の諸数値

記 号	数値(単位)	内 容
R	1〜4.5 mm	発生気泡径 $d (= 2r) 3$ mm とする
γ_w	1 000 kgf/m³	水の比重量
ρ_w	102.041 kgf·s²/m⁻⁴	水の密度
γ_a	1.225 kgf/m³	空気の比重量
C_d	$C_d = 1$ at $r = 1$ mm, $C_d = 0.5$ at $r \geq 2.5$ mm	機械工学便覧(昭和26年版)第8編p.8〜47，第92図
h_1	12.35 m	EL.19.800〜EL.107.450
h_2	8.800 m	1段ゲート下端の水深(EL.19.800〜111.000)
h_2	10.575 m	取水域の中間点の水深(EL.19.800〜109.225)

9.3 選択取水設備

表-9.31 発生気泡の上昇速度

気泡径(mm)	2	3	4	5	6	7	8	9
上昇速度(m/s)	0.081	0.114	0.147	0.181	0.198	0.214	0.228	0.242
気泡の抵抗係数	1	0.75	0.6	0.5	0.5	0.5	0.5	0.5

ⅰ) 発生気泡の上昇速度；発生気泡の上昇速度は，$C_d = f(R_e)$ とする近似度の高い式(9.99 c)［ストークスの式は1次近似，オーゼンの式は2次近似で，式(9.99 c)に比べ近似度は良くない］を用いて計算している．結果を**表-9.31**に示す．

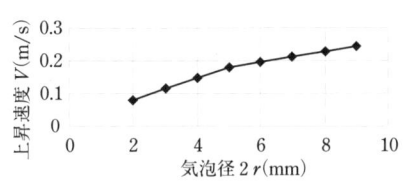

図-9.68 発生気泡径〜上昇速度

発生気泡径($2r$)が3 mmであるので，上昇速度は 0.114 m/s と推定され，あまり大きな速度ではない．発生気泡径〜上昇速度の関係を**図-9.68**に示したが，気泡の上昇速度は大きな値ではないようである．

ⅱ) 発生気泡の上昇に伴う気泡径の変化；発生気泡の上昇に伴う気泡径の変化として，ダム水位の高い常満(EL.119.800)に対する取水域の中間点の水深($h_1/h_2 = 1.168$)および1段ゲート下端の水深($h_1/h_2 = 1.403$)について求めると，**表-9.32**のようになる．

発生気泡の上昇に伴う気泡径の変化として，$h_1/h_2 = 1.168 \sim 2$について示すと，**図-9.69**のようになるが，気泡径の変化は大きくない．

表-9.32 発生気泡の上昇に伴う気泡径の変化

$2r$(mm)	$2r_2$(mm) at $h_1/h_2 = 1.168$	$2r_2$(mm) at $h_1/h_2 = 1.403$	備考
3	3.1	3.3	圧力低下による発生気泡径の変化は大きくない

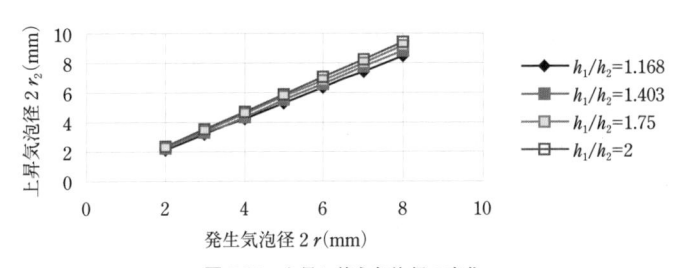

図-9.69 上昇に伴う気泡径の変化

(iii) 気泡の吸込み現象；
- 常満；EL.119.800　式(9.96),(9.99 c)から気泡上昇面の中間取水域の流速 V_0 と気泡上昇速度 V との比較から気泡の吸込み現象を検討する．結果を図-9.70に示す．図-9.70の結果から気泡の吸込み現象は，発電取水量が $Q_3 \geq 25 \text{ m}^3/\text{s}$ の条件下で発生する可能性があるといえる．したがって，発電取水量が $Q_3 \leq 25 \text{ m}^3/\text{s}$ であれば，気泡の吸込み現象は発生しない．

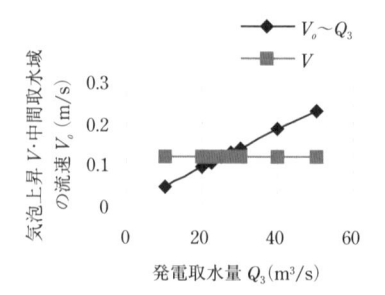

図-9.70　常満．気泡上昇面の中間取水域の流速〜発電取水量

- 常満 − 2.00；EL.117.800　式(9.96),(9.99 c)から気泡上昇面の中間取水域の流速 V_0 と気泡上昇速度 V との比較から気泡の吸込み現象を検討する．結果を図-9.71に示す．図-9.71の結果から気泡の吸込み現象は，発電取水量が $Q_3 \geq 18 \text{ m}^3/\text{s}$ の条件下で発生する可能性があるといえる．したがって，発電取水量が $Q_3 \leq 18 \text{ m}^3/\text{s}$ であれば，気泡の吸込み現象は発生しない．

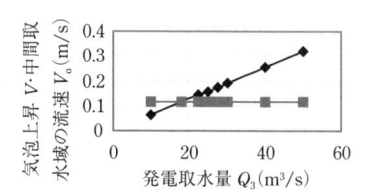

図-9.71　常満 − 2.00．EL.117.800．気泡上昇面の中間取水域の流速〜発電取水量

(2) まとめ

冬季のダム水位の条件として，1)常満；EL.119.800および全縮時の取水ゲート下端レベル；EL.111.000，および 2)常満 − 2.00；EL.117.800および全縮時の取水ゲート下端レベル；EL.109.000の条件下での気泡の吸込み現象は，以下のとおりである．

① 常満；EL.119.800
　(i) 発電取水量が $Q_3 \leq 25 \text{ m}^3/\text{s}$ であれば，気泡の吸込み現象は発生しない．
　(ii) 気泡(3 mm 径)の上昇速度は，0.114 m/s と推定される．
　(iii) ダム水位の高い場合でも，発生気泡の気泡上昇に伴う気泡径の変化(圧力低下による膨張)は大きくない．

② 常満 − 2.00；EL.117.800
　(i) 発電取水量が $Q_3 \leq 18 \text{ m}^3/\text{s}$ であれば，気泡の吸込み現象は発生しない．
　(ii) 気泡(3 mm 径)の上昇速度は，0.114 m/s と推定される．

10. 水路構造物の振動

　水路構造物の振動評価として従来から適用されているPetrikat図表において，各カテゴリーの設定内容と疲労強度との関連性を記述し，最初に管路式ゲートの振動事例として，主・副ゲートの同時操作による流れの干渉に伴う不安定現象，実機で経験した事象と不安定現象を解明するための水理模型実験と水理解析の結果を記述している．次に，揚水発電所の取水口ゲートの流水遮断に伴う放流水の振動現象，実機で経験した事象とその現象を解明するための水理解析の結果を記述している．

　実機で経験した事象として，放流設備点検後の充水操作によって副ゲート空気弁が振動した内容，主バルブの開操作時にバルブが滑り停止する非定常な動き(slip-stick)の伴う放流管系の水撃作用の発生，ホロージェットバルブの振動に関する流体解析と振動との関連性および振動防止についての指標，フラップゲート放流時の試験報告等を記述している．

　最後に，長径間シェル構造ゲートの上下端同時放流の振動に関する水理模型実験および振動防止対策等を記述している．

10.1　構造物の振動評価

10.1.1　水路構造物の疲労安全性に関する評価の試み[49]

　水路構造物の振動評価には，従来からPetrikat図表が適用されてきた．しかし，この図表は水車等の回転機械用として設定されたようであるが，明らかではなく，また，今までどのような基準をもとに策定されたかの検討もなされていない．

194   10. 水路構造物の振動

　本項では，Petrikat 図表の策定法や水路構造物の疲労安全性の適用等について論及する．

　ゲート等の水路構造物の安全性は，振動振幅をベースに Petrikat 図表をもとに評価されてきているが，振動に対する感覚的なイメージが強く，疲労強度的な検討に乏しい傾向にある．一方，水圧鉄管では，簡易的な振動評価として，管径の1/2 000[50]とする判定基準や振幅による繰返し応力が疲労破壊を起こさないことを確認する，との記載があるが，具体的な指標は示されていない．ゲートおよび水圧鉄管等は公共性のきわめて高い設備であり，その安全性には適切な評価が要求され，感覚的あるいは簡易的な取扱いのみでは問題がある．これら設備はきわめて高度な技術を駆使して設計，製造，据付け等がなされているが，完成した設備の耐久性が問われる時代となり，疲労強度的な面での安全性の評価が必要と思われる．

　本項では，変位振幅を疲労設計曲線の直応力範囲と応力の繰返し回数の関係に変換する方法を提案する．ここによれば，変位振幅から疲労照査が可能となり，計測事例を引用すると，既存の振動評価法は疲労照査の面でかなり安全側の評価になっていることを記述する．

　最後に水路構造物の振動の安全性評価に Petrikat 図表がしばしば適用されるケースを考慮し，Petrikat 図表の各カテゴリー曲線がどのような規準をベースに設定されたかの検討結果を示す．

(1) 疲労強度の評価

a. ラジアルゲート　　ラジアルゲートでは，水平桁と脚柱を取り上げ，応力・変位振幅の関係を求めるため水平桁と脚柱を一体構造として定式化する．水平桁と脚柱は平面的にπ形ラーメンで構成され，トラニオンピン側で支持された構造に等分布荷重が作用した場合の水平桁の最大応力・変位振幅を算定する．

① 応力・変位振幅[51]：水平桁と脚柱は平面的に変形π形ラーメンであるが，ここではπ形ラーメンに設定して定式化する．さらに水平桁と脚柱との接合点については，等分布荷重と接合部の固定モーメントによる水平桁の接合点の勾配が脚柱の接合点の勾配に等しいと設定する．この考え方は，ラーメン構造である水平桁と脚柱との接合点の角変形の挟角がほぼ直角になることを考慮したものである．水平桁の最大応力 σ，変位振幅 x の関係は，以下のように与えられる．

$$\sigma = \frac{wl^2 eJ}{I} \tag{10.1}$$

$$x = \frac{wl^2 K}{384 EI} \tag{10.2}$$

$$J = \left\| \frac{1}{8}\left[2\left(1+\frac{2c}{l}\right)-1-4\frac{c}{l}-4\left(\frac{c}{l}\right)^2\right] - \frac{3[1+(2c/l)]-1-6(c/l)-12(c/l)^2}{24[1+(hI/lI_h)]} \right\|$$

$$K = \left\| \left[1-4\left(1+\frac{2c}{l}\right)+8\frac{c}{l}+24\left(\frac{c}{l}\right)^2\right] + 2\left[3\left(1+\frac{2c}{l}\right)-1-6\frac{c}{l}-12\left(\frac{c}{l}\right)^2\right] \right.$$

$$\left. \left[2-\frac{1}{1+(hI/lI_h)}\right] \right\|$$

ここで，w：等分布荷重，l：水平桁の脚柱との接合点間隔，EI：水平桁の水平曲げ剛性，EI_h：脚柱の面外曲げ剛性，h：脚柱の長さ（水平桁と脚柱との接合点とトラニオンピン間隔），c：水平桁の張出し長さ，e：水平桁の縁距離．

式(10.2)で水平桁の張出し長さ$c=0$とすると，

$$x = \frac{wl^4[5-4/\{1+(hI/lI_h)\}]}{384 EI} \tag{10.3}$$

式(10.3)で，水平桁と脚柱との剛性比(hI/lI_h)により$[5-4/\{1+(hI/lI_h)\}]<5$（単純支持では5）となり，変位振幅に接合点の剛性による影響が評価されている．

式(10.1)，(10.2)から，最大応力と変位振幅との関係が以下のように与えられる．

$$\sigma = \frac{384 EeJx}{Kl^2}, \quad \Delta\sigma \equiv 2\sigma = \frac{2\times 384 EeJx}{Kl^2} \tag{10.4}$$

② 疲労強度[52]：疲労強度の関係式は，直応力（曲げ応力では4/5倍）について，以下のように与えられる．

$$\Delta\sigma = \left(\frac{2\times 10^6}{N}\right)^{1/3} \Delta\sigma_f, \quad N = fT \tag{10.5}$$

ここで，$\Delta\sigma_f$：2×10^6回基本許容応力範囲（強度等級：A, B, ……H），f：振動数，T：累積時間．なお，変動振幅応力σ_{ve}の打切りを実施する場合は，各強度等級に対応する数値を式(10.5)に適用する必要があり，強度等級Aについては，$\Delta\sigma_f$が$\sigma_{ve}=88$ MPa$(=2\times 10^7)$となる．

式(10.4)，(10.5)から水平桁の変位振幅と強度等級との関係が得られる．

$$x = \frac{Kl^2}{2\times 384 EeJ}\left(\frac{2\times 10^6}{fT}\right)^{1/3} \Delta\sigma_f \tag{10.6}$$

b. 水圧鉄管

① 応力・変位振幅：水門鉄管技術基準[50]に従えば，変位振幅rと曲げ応力σと

の関係は，以下のように与えられている．

$$\sigma = \frac{Et}{2(1-v^2)R_0^2}\left[v\pi^2\left(\frac{R_0}{l}\right)^2+(m^2-1)\right]r \tag{10.7}$$

$$\Delta\sigma = \frac{Et}{(1-v^2)R_0^2}\left[v\pi^2\left(\frac{R_0}{l}\right)^2+(m^2-1)\right]r \tag{10.8}$$

ここで，R_0：鉄管の半径，t：管厚，l：固定間隔，r：変位振幅，v：ポアソン比（$=0.3$），E：鉄管のヤング率，m：振動モード次数．

② 疲労強度：疲労強度の関係式(10.5)と(10.8)式から，以下のように鉄管の変位振幅(オバリング振動)と強度等級との関係が得られる．

$$r = \frac{(1-v^2)R_0^2}{Et[v\pi^2(R_0/l)^2+(m^2-1)]}\left(\frac{2\times10^6}{fT}\right)^{1/3}\Delta\sigma_f \tag{10.9}$$

(2) 計測事例による安全性検討

a. ラジアルゲート　　ラジアルゲートの水平桁，脚柱の諸元，水平桁，脚柱の曲げ剛性と低次モードの曲げ振動数(水流方向の水中固有振動数)，および強度等級を式(10.6)に代入すると，強度等級(直応力)$\Delta\sigma_f$をパラメータに変位振幅xと累積(放流)日(年)数(繰返し回数$N=fT$)の関係が求まる．

放流時の計測事例から水平桁の水流方向の振動を式(10.6)の関係を用いて疲労強度面から検討してみる．

表-10.1に対象としたT1ダムのラジアルゲートの諸元，**表-10.2**に放流時の計測結果の概要を示す．

表-10.1　ラジアルゲートの諸元

項　目	寸法(mm)
ゲート幅	13 400
ゲート高さ	10 950
ゲート円弧半径	10 000

表-10.2　計測結果の概要

計測項目	結果の概要
放流時のゲート振動	微小開度時のゲート振動の計測：水流方向の振動振幅〜振動数の関係が取得され結果を図-10.1に示す

構造物の疲労照査する場合，変動振幅応力の打切りをしない条件で評価されるケースを考慮し，以下に検討してみる．

① 変動振幅応力の打切りなし：計測結果は，ある限定された時間帯での振動であり，累積(放流)回数ではない．**図-10.1**では，計測結果(振動数2〜50 Hz)を$T=8.6\times10^4$ s(1日)とした時の繰返し数，さらに$T=1.5768\times10^8$ s(5年)とした時の繰返

10.1 構造物の振動評価

し数を例として示している.なお,ゲートの低次モードの曲げ振動数(水流方向の水中固有振動数)は,計測時に取得された$f = 16.13\,\mathrm{Hz}$である.

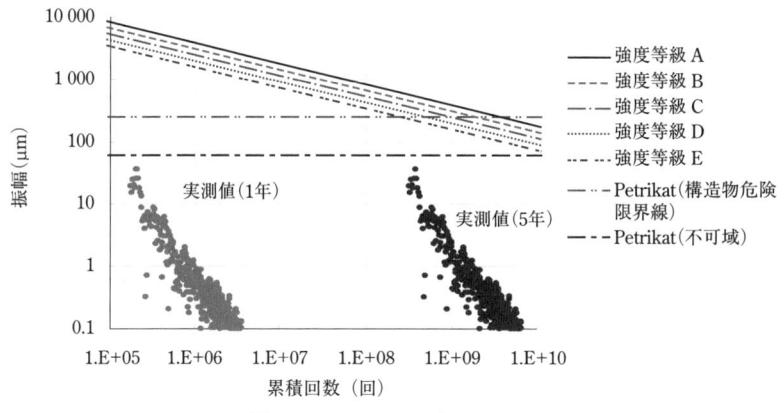

図-10.1 T1ダム,ラジアルゲート

水平桁の溶接箇所の強度等級はE以上と見なされるので,強度等級E以上の曲線が示されている.**図-10.1**にはPetrikat図表の構造物危険限界線($f = 16.13\,\mathrm{Hz}$)あるいは不可域も併記しているが,対象としたラジアルゲートでは,振動評価法は疲労照査の面からかなり安全側の評価に相当している.さらにここで,対象としたラジアルゲートは非常用の設備であり,洪水期等の異常出水に際して使用されものので,常時は運用されることはない.したがって,累積(放流)回数は設置後の経過年数とは大いに異なることに留意されたい.

② 変動振幅応力の打切りあり:**図-10.2**は変動振動応力の打切りを実施した場合の結果を示す.変動振動応力の打切りを考慮すると,Petrikatの不可域で評価したとしても疲労強度面から十分である.

b. 水圧鉄管　揚水発電所

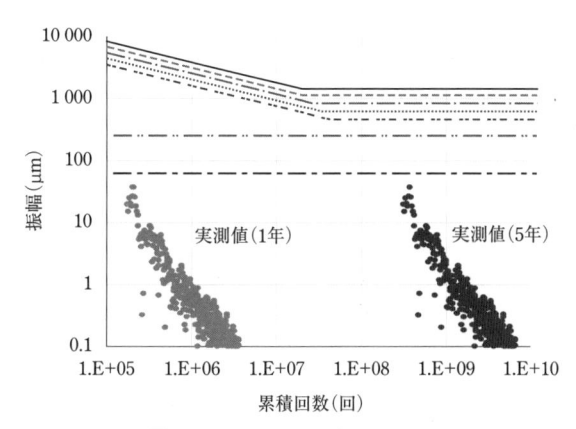

図-10.2 T1ダム,ラジアルゲート

および発電所の水圧鉄管で，発電・揚水時あるいは負荷遮断時の水圧鉄管の振動数，振動モード次数と鉄管諸元・固定間隔，および強度等級を式(10.9)に代入すれば，強度等級(直応力)$\Delta\sigma_f$をパラメータに変位振幅(オバリング振動)rと累積(揚水あるいは負荷遮断)日(年)数(繰返し回数$N=fT$)の関係が求まる．

発電・揚水時の計測事例から水圧鉄管のオバリング振動を式(10.9)の関係を用いて疲労強度面から検討してみる．

表-10.3に対象としたO1揚水発電所の水圧鉄管の諸元，**表-10.4**には揚水時の計測結果の概要を示す．

表-10.3 O1揚水発電所の水圧鉄管の諸元

項　目	寸法(mm)
鉄管の直径	5 300
管厚	51
固定間隔	5 600

表-10.4 計測結果の概要

計測項目	結果の概要
揚水時のオバリング振動	水圧鉄管のオバリング振動の計測：下流地側の振動振幅〜振動数の関係が取得され結果を図-10,3に示す

① 変動振幅応力の打切りなし：計測結果は，ある限定された時間帯での振動であり，累積(揚水)回数ではない．図-10.3に強度等級級D以上の曲線，計測結果(振動数2〜120 Hz)については$T=8.6\times10^4$ s(1日)とした時の繰返し数，さらに$T=1.5768\times10^8$ s(5年)とした時の繰返し数を例として示している．なお，水圧鉄管の振動数は計測時に取得された$f=107.88$ Hzであり，振動モード次数$m=3$であ

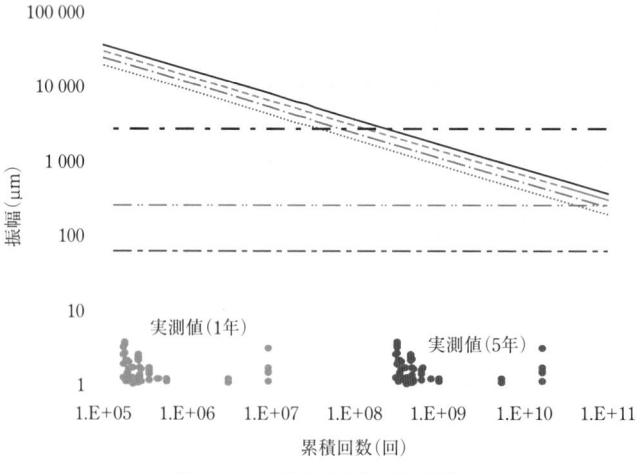

図-10.3 O1揚水発電所．水圧鉄管

る．

　図-10.3にPetrikat図表の構造物危険限界線($f=107.88$ Hz)あるいは不可域を併記しているが，対象とした水圧鉄管では，揚水発電の回数による累積回数は設置年数に比べて少ないと考えると，振動評価法は疲労照査の面からかなり安全側の評価に相当している．変位振幅として管径の$1/2000$とする水門鉄管技術基準に準拠すると，やや厳しいものとなるようである．

② 変動振幅応力の打切りあり：図-10.4に揚水発電所の水圧鉄管について，変動振幅応力の打切りを実施した場合を示す．変動振幅応力の打切りを考慮すると，変位振幅として管径の$1/2000$であっても疲労強度面から何ら問題はない．

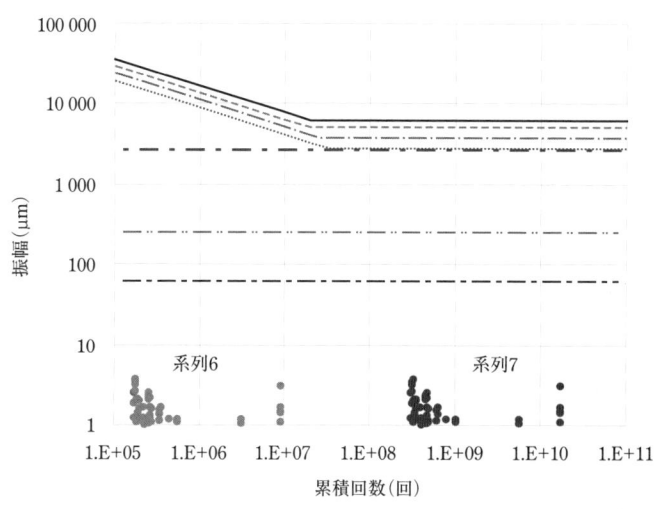

図-10.4　O1揚水発電所．水圧鉄管

(3) 結　果

　ここでは，ラジアルゲートおよび水圧鉄管について，計測事例，構造諸元とそれぞれの構造系に対応する変位振幅と応力との関係から疲労強度に対する一つの試案を提示している．この試案は，変位振幅が構造的に初期状態を保持したまま計算どおりの荷重が繰り返し作用する条件下での限定的な疲労安全性の確認という位置付けとなる．

　計測事例および解析法について十分ではないが，従来のPetrikat図表の構造物危険限界線あるいは不可域，また管径の$1/2000$を目安とする水門鉄管技術基準による水路構造物についての安全性の評価は，疲労照査の面からかなり安全側の評価

に相当している．

10.1.2　Petrikat 図表[53]

(1)　カテゴリー曲線

Petrikat 図表は，1958 年に Water Power に発表された論文中の Fig.2 である．これには 7 カテゴリー曲線(A：構造物危険限界線，B：不可域，C：不安定，D：やや不安定，E：適当，F：安定，G：振動起点)が振動数(Hz)に対して振幅(片振幅)(μm)の関係で設定されている．Fig.2 については，構造物の安全性が危惧される兆候を適切に認知するための振動振幅範囲に関する情報が提供されている．これは回転機械(水車等)に対して表示されたものであるが，もし流れによって生じる励振力(～50 Hz 程度)が不安定性に寄与すれば，堰(ゲート)にも適用されるとしている．これに関する記載がこれのみで，この図表がどのように設定されたかが明記されていないが，構造物を対象に設定されたことには間違いないようである．

Fig.2 からの 7 カテゴリー曲線の振動数～振幅の関係を再掲すると図-10.5 となる．図-10.5 の 7 カテゴリー曲線から振動数～速度(mm/s)($=\omega\mu m/1\,000$．$\omega:2\pi f$, f：振動数)の関係に示すと図-10.6 となり，振動数が 10 Hz 以上では 5 カテゴリー曲線

図-10.5　Petrikat 図表(振動数～振幅)

図-10.6　Petrikat 図表(振動数～速度)

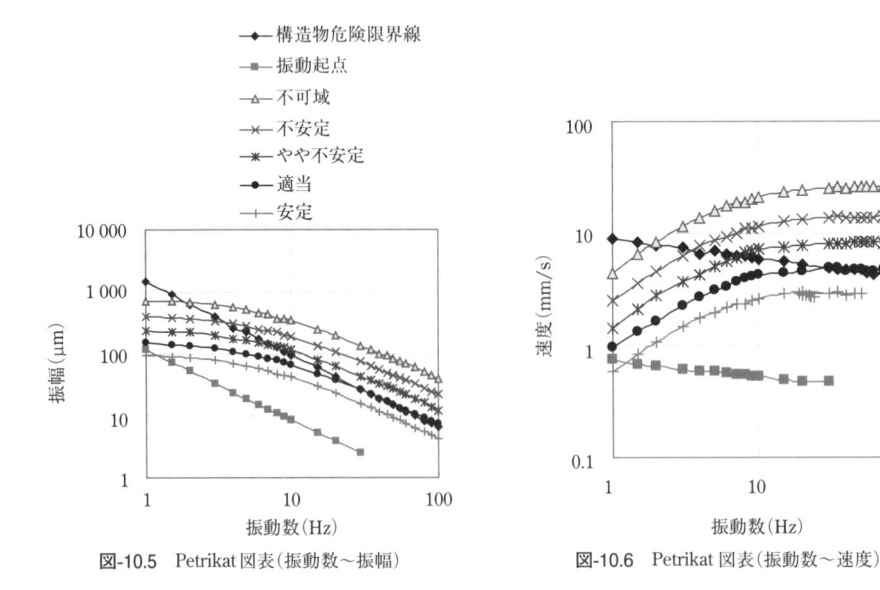

(B, C, D, E, F)ともそれぞれ一定の速度を与えている．ただ，振動数が10 Hz 以下で，5カテゴリー曲線とも一様に速度を小さくなるように設定されている．なぜ振動数によって速度を変化させているのか，今のところ明確な理由は見当らない．また，残りの2カテゴリー曲線(A, G)もほぼ一定の速度を与えている．

以下に，各カテゴリー曲線と規準との関連性について検討するが，土木技術者のための振動便覧[54]，環境保全のための防振設計[55]，鳥海[56]を参考にしている．ベースは，Banik[54]，Meisterら[57]の建物および人体感覚あるいは労働衛生との立場から設定されたものといえる．

A：構造物危険限界線(limit beyond which buildings are no longer safe)

　構造物危険限界線と各規準との比較を図-10.7に示す．振動数10 Hz以上では人体感覚および建物の被害と振幅・周期(振動数)との関係図の建物に対するほとんど損傷なし(Banik)とドイツVDI(2057)規定(ドイツ技師協会)のK=3(強く感ずる)にほぼ対応し[55]，振動数10 Hz以下では同図に示されている建物に対するB.R.S.(強い振動)(上塗り亀裂；下限)[54]と調和振動による感覚曲線の比較図の調和振動 V[55]とに挟まれた範囲となっている．ドイツのVDI(2057)の規定は，主として労働衛生の立場から規格化されたものである．

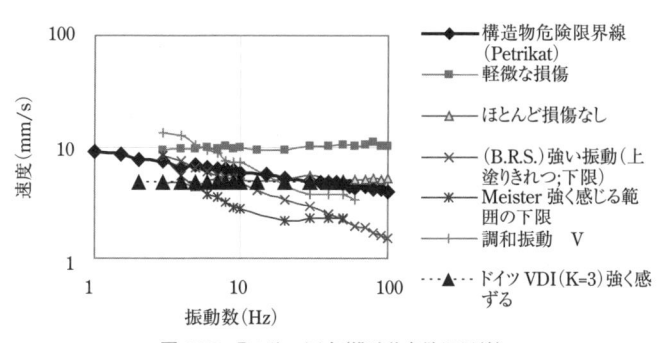

図-10.7　Petrikat図表(構造物危険限界線)

B：不可域(very unsteady, action required)　不可域と各規準との比較を図-10.8に示す．振動数が6 Hz以上では関係図の建物に対するかなりの損傷(Banik)とドイツVDI(2057)規定のK=30とは同等となり，K=10(不快)，数時間の作用に耐えられないに挟まれた範囲となっている．また，関係図に示されている建物に対する非常に強烈な振動(破壊的；下限)とは交わる関係にあって，建物および人体に対してもかなり厳しい条件となっていることが認められる．

202   10. 水路構造物の振動

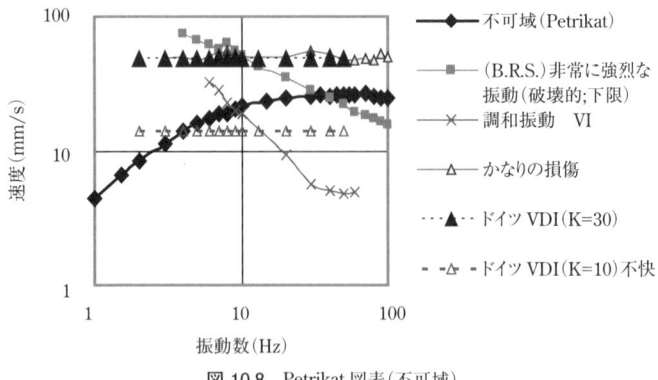

図-10.8 Petrikat 図表(不可域)

C：不安定(unsteady)　不安定と各規準との比較を図-10.9 示す．振動数が 10 Hz 以上ではドイツ VDI(2057)規定の K = 10(不快)，数時間の作用に耐えられないにほぼ対応し，関係図の建物に対する軽微な損傷(Banik)をやや上回る範囲にある．このカテゴリー曲線も不可域と同様，振動数が 10 Hz 以下での対応する規準はなかった．

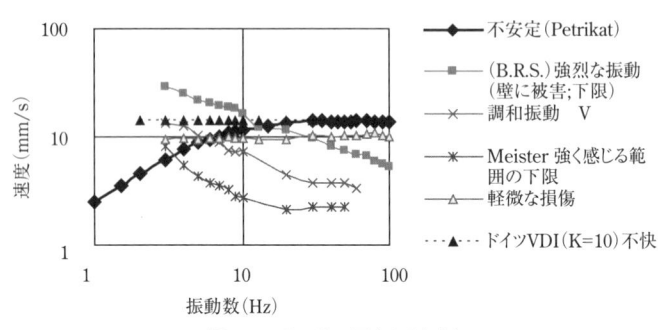

図-10.9 Petrikat 図表(不安定)

D：やや不安定(slightly unsteady)　やや不安定と各規準との比較を図-10.10 に示す．振動数が 10 Hz 以上では関係図の建物に対する軽微な損傷(Banik)をやや下回る範囲にある．

E：適当(acceptable)　適当と各規準との比較を図-10.11 に示す．振動数が 10 Hz 以上では関係図の建物に対するほとんど損傷なし(Banik)およびドイツ VDI (2057)規定の K = 3(強く感ずる)にほぼ対応する．このカテゴリー曲線も振動

10.1 構造物の振動評価

図-10.10 Petrikat 図表（やや不安定）

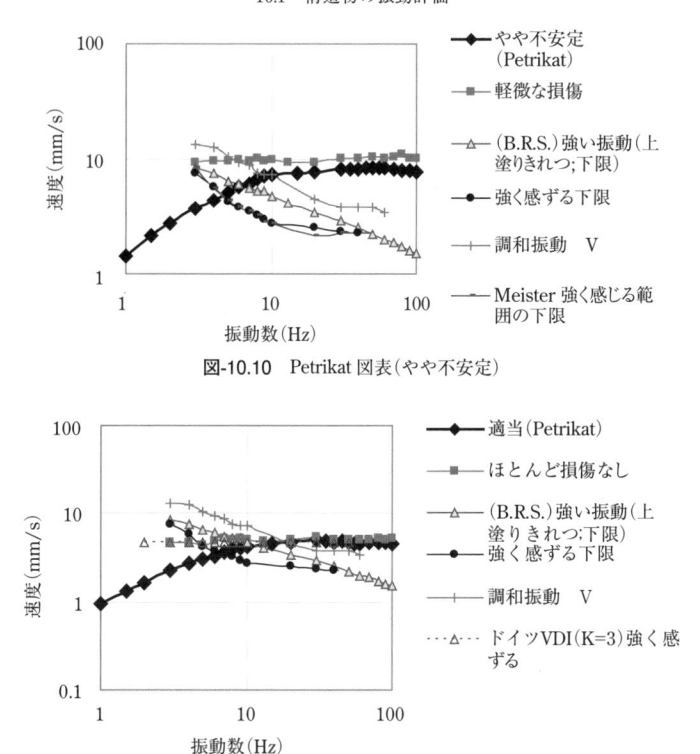

図-10.11 Petrikat 図表（適当）

数が 10 Hz 以下での対応する規準はなかった．

F：安定（reasonably steady）　安定と各規準との比較を**図-10.12**に示す．調和振動による感覚曲線の比較図（Reiher-Meister）の調和振動 IV をやや上回る範囲となっている．

G：振動起点（excitation threshold）　振動起点と各規準との比較を**図-10.13**に示す．ドイツ VDI（2057）規定の K＝0.3（振動感覚の下限）にほぼ対応している．有感限界や知覚限界（Meister）等をやや上回り，関係図の建物に対する B.R.S.（弱い振動）（無被害；下限）とは交わる関係にある．いずれにしても，人体感覚をベースに設定されているといえる．

(2) 構造物危険限界線と各種の許容限界

構造物危険限界線について，人体感覚の許容限界とどのような関係にあるのかを

図-10.12　Petrikat 図表(安定)

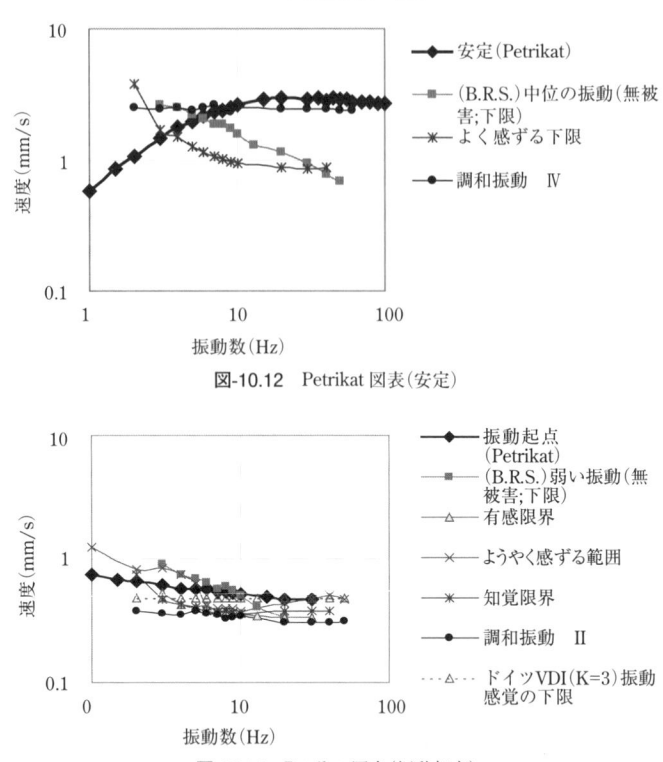

図-10.13　Petrikat 図表(振動起点)

検討するため，鳥海[56](Crede[58])を参考に図-10.14を作成した．人体感覚と構造物危険限界線の対比から，構造物危険限界線は振動数 10 Hz 以下では不愉快限界を大幅に下回り，10 Hz 以上ではほぼ同等の値になっている．

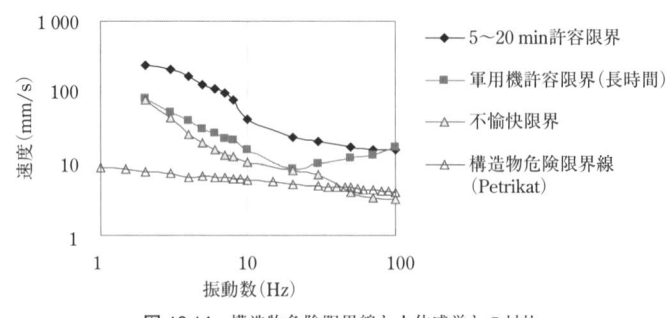

図-10.14　構造物危険限界線と人体感覚との対比

10.2 管路式ゲート(バルブ)

10.2.1 主・副ゲートの同時操作による流れの干渉に伴う不安定現象[59]

Tダムの副(予備)ゲートの流水遮断試験時(1965.8実施)に発生した事象で,日本では,多分初めてで最後の振動事例である.**図-10.15**にTダムの断面を示す.

Tダムの副ゲートは,ダム堤体上にあるガントリークレーンで吊り上げ,吊り下しされる形式のものである.流水遮断は,ガントリークレーンで放流予定の主ゲート位置に副ゲートを運び,セットして閉操作によって実施された.流水遮断は,主ゲート開度2/5(一定),副ゲート開度を全開から全閉にする試験であり,副ゲート開度が主ゲート開度の約75%程度(副30%,主40%)に達した時に,①主ゲート下流側の水脈が乱れ,飛沫の発生・飛散化が著しく,太陽光線が遮断され,下流側放水路が暗くなる,②空気量の増大と機側操作室の気圧の低下が生じ,③機側操作室の出入口鋼製扉(内開き)ヒンジ部の破損,④副ゲートのダウンプル力の増大とガントリークレーンの揺れ,⑤主ゲート振動とダム堤体の振動,等の今まで経験したことのない振動現象が発生した.この振動事象を解明するための水理模型実験が実施された.

主・副ゲートを有する放水路流れでは,主・副ゲート操作による流れの不安定現象が発生することが実験的にもある程度明らかにされてきている.

ここでは,現象を主・副ゲート操作に伴う放水路流れの跳水

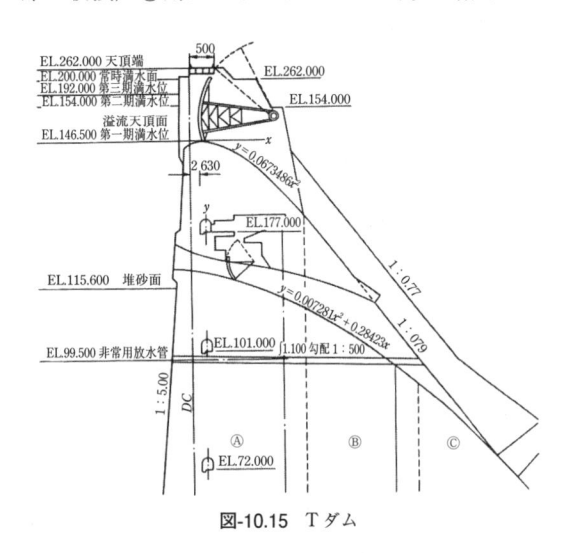

図-10.15 Tダム

現象の不安定化に起因しているものとし，そのメカニズムは，まず跳水の発生と跳水面の前進上昇が起こり，次いで流水面の降下が始まり，再度，跳水の発生へと周期的に繰り返す現象と考えられる．

本項は，不安定現象の発生領域の予測について，簡便で，しかもきわめて良好なる結果が得られたので，その概要について記述した．

(1) 不安定現象の発生領域について

a. 跳水理論の拡張　跳水に関する研究は古くから実施されており，実験的，理論的に種々検討されてきている[60,61]．

本項では，Smetana の研究成果を拡張して，主・副ゲート操作に伴う不安定現象の発生領域について考察する．Smetana の実験研究によれば，跳水長と上・下流水深との関係として次式を与えている．

$$\frac{\iota}{h_2 - h_1} = 6 \tag{10.10}$$

ここで，h_1，h_2：上，下流水深，　ι：跳水長．

式(10.10)の関係を**図-10.16**に示す主・副ゲート操作に伴う放水路流れに適用すると，次のようになる．

$$\frac{S_i}{D_i} = \frac{S_0 / D_0}{C_c (D_i / D_0)} \left(1 - \frac{L}{6 S_0}\right) \tag{10.11}$$

ここで，S_i，D_i：副ゲートの開きおよび高さ，S_0，D_0：主ゲートの開きおよび高さ，L：放水路長，C_c：収縮係数．

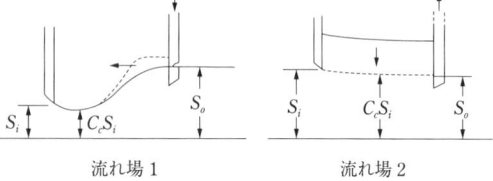

図-10.16　ベルマウス内での不安定現象

式(10.11)は，$\iota = L$，$h_1 = C_c S_i$，$h_2 = S_0$と置いて導かれたもので，**図-10.16**の流れ場1の発生限界を与える関係式である．流れ場1は，主ゲートを降下させれば，流れは実線→点線へ移行する流れになることを示している．これに対応した流れは，副ゲートを上昇させることによっても発生する可能性がある．次に，式(10.11)で$L = 0$とすれば，**図-10.16**の流れ場2の発生限界を与える関係式が得られる．流れ場2は，主ゲートを上昇させれば，流れは実線→点線へ移行する流れになることを示している．この流れは，副ゲートを降下させることによっても発生可能である．

式(10.11)，**図-10.16**の流れ場を主・副ゲート開度(S_0/D_0, S_i/D_i)との関係で図

示すると，**図-10.17** が得られ，不安定現象の発生領域を与える図が求められることになる．

b. 不安定現象の発生領域

式(10.11)が主・副ゲートを有する放水路流れの不安定現象をどの程度説明できるかを検討するため，**図-10.18** に示す一面ベルマウス(ベルマウス1)および四面ベルマウス(ベルマウス2)について考察する．

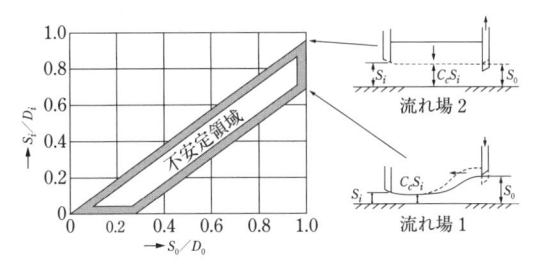

図-10.17　流れ場と不安定領域との関係

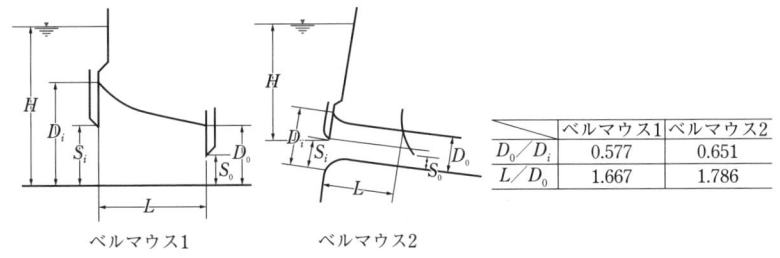

	ベルマウス1	ベルマウス2
D_0/D_i	0.577	0.651
L/D_0	1.667	1.786

図-10.18　ベルマウス形状

ベルマウス1,2に発生する不安定現象を考察のため，**図-10.19** に示される位置での変動圧を計測し，不安定現象の発生領域について実験的に究明した．

自由流出時のベルマウス1の不安定現象について式(10.11)と実験結果との比較を**図-10.20**に，ベルマウス2の結果を**図-10.21**に示す．

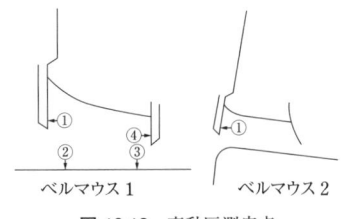

図-10.19　変動圧測定点

図-10.20，**10.21** の実験結果は，$\Delta p/\gamma H \geq 0.02$ の値についての等高線図として示されているが，式(10.11)で $C_c=0.6$ と置いた計算値でこれらの実験結果をきわめてよく説明できることがわかった．しかし，ベルマウス2(四面ベルマウス)では，副ゲート流れの収縮が複雑であることから，単純に $C_c=0.6$ と置いた発生領域で完全に現象を説明できない部分がある．

次にベルマウス1で潜り流出時の不安定現象についての結果を示すと，**図-10.22** が得られる．自由流出する**図-10.20**の結果とは少し趣を異にしている．潜り流出時は，自由流出に比べ変動圧 $\Delta p/\gamma H$ は小さくなるが，発生領域はやや広くなる傾

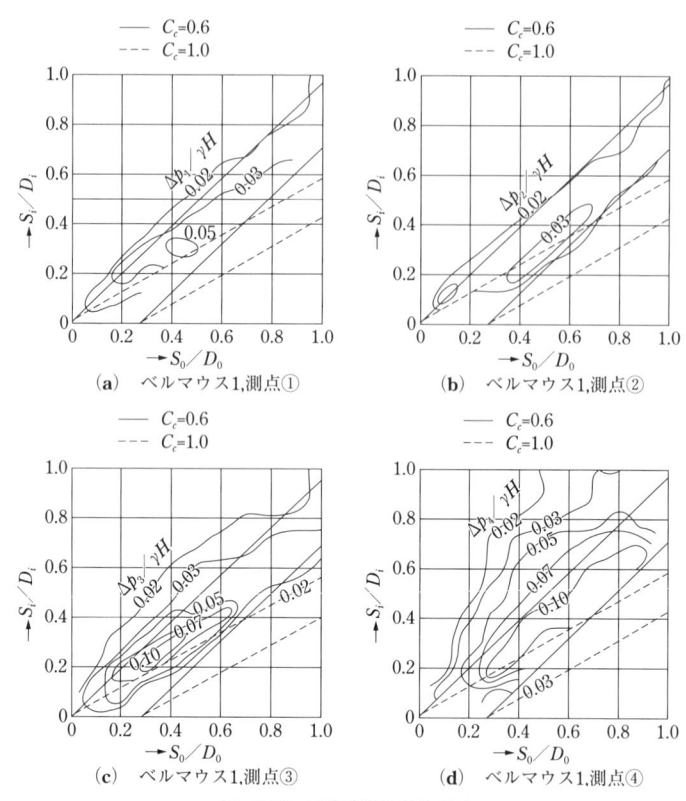

図-10.20 不安定現象発生領域

(a) ベルマウス1,測点①
(b) ベルマウス1,測点②
(c) ベルマウス1,測点③
(d) ベルマウス1,測点④

図-10.21 不安定現象発生領域（ベルマウス2,測点①）

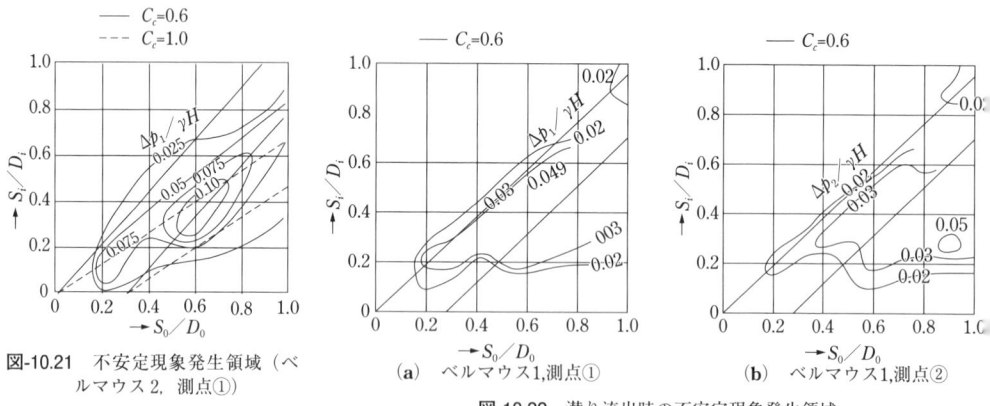

図-10.22 潜り流出時の不安定現象発生領域

(a) ベルマウス1,測点①
(b) ベルマウス1,測点②

向にある．

(2) 不安定現象発生域の推定

ベルマウス1，2で発生する不安定現象については式(10.11)からきわめて良好な予測ができることがわかった．

不安定現象の発生領域は収縮係数 C_c および放流路長さ比 (L/D_0) に影響され，L/D_0 が大きくなるほど発生領域が広くなる．また，今回引用したベルマウス1，2の副ゲート流れの収縮係数を $C_c \simeq 0.6$ と推定してまずまずの結果が得られたが，副ゲート形状等によっては収縮係数が異なることが予想される．

ベルマウス1で L/D_0 が1.667(現状)，0.833(現状の $L/2$)，0.417(現状の $L/4$)，ベルマウス2で L/D_0 が1.786(現状)，0.893(現状の $L/2$)，0.446(現状の $L/4$)とした場合の不安定現象の発生領域を推定してみると，図-10.23，10.24となる．

ベルマウス1，2とも L/D_0 が小さくなれば，比較的に発生領域は狭くなってくることがわかる．以上の結果から，不安定現象の発生領域は式(10.11)からきわめて精度良く推定でき，主・副ゲートを有する放水路の運用管理面および今後の放水路設計等に本項は十分に適用できるものと考えられる．

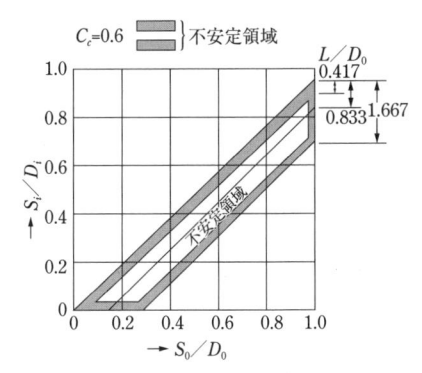

図-10.23 L/D_0 と不安定領域との関係(ベルマウス1)

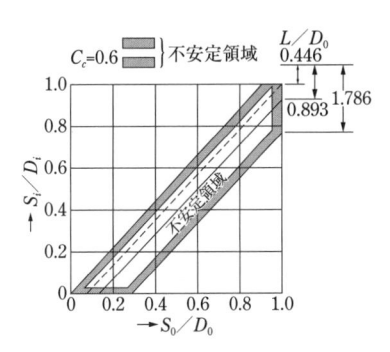

図-10.24 L/D_0 と不安定領域との関係(ベルマウス2)

(3) まとめ

本項で考察したように主・副ゲートを有する放水路流れの不安定現象は，跳水の理論を拡張した関係式から，簡便かつ精度良く推定できることがわかった．

しかし，本項で示した結果はあくまでも発生領域についての推定法であり，変動圧の大きさやその周期については考察できない．文献[60]においてこの問題が論じられているが，理論展開が準定常理論に基づいているので，求められる結果はあく

までも近似値である．この現象による変動圧の大きさおよびその周期等を理論的に精度良く推定するには，さらなる今後の研究が必要と考えられる．

10.2.2　取水口ゲートの遮断に伴う放流水の水理特性[62]

揚水発電は上貯水池と下貯水池を利用するもので，この方式は上貯水池と下貯水池間に相当長い導水路が設置されることになる．上貯水池と下貯水池間に設置される導水路は，発電設備の保守点検や事故発生に対処するための取水口ゲートおよび非常時の急停止その他異常事態に発生するウォータハンマーを緩和するためのサージタンク等が設けられ，水理的な不安定現象が発生しないような水路系を形成している．しかしながら，取水口ゲートの遮断速度，通水量および導水路の寸法形状等によってはウォータハンマーとは異なる現象と思われる導水路内の水位の不安定現象が発生し，予期せぬ事故を招くことが予測される．

揚水式のO発電所において，発電設備へある一定通水量の条件下で取水口ゲートの遮断試験を実施したところ，ゲート着床完了後ある時間差で取水口ゲート下流に設置されている空気管より水が吹き上げるという現象が発生した．導水路内は一種のサージングであり，取水口ゲートの遮断速度，通水量および導水路の寸法形状が微妙に絡み，水理的にはかなり複雑な問題の一つであると考えられる．本項では，取水口ゲートの遮断速度，通水量および導水路の寸法形状を加味しての基礎式を誘導し，通水の変動特性の及ぼす諸因子を理論的に明らかにしようとした．

(1)　基礎式の誘導

図-10.25 に座標系と解析モデルを示す．連続の式と運動方程式は，それぞれ次のようになる[63]．

連続の式

$$A_t V_t + A_a \frac{dZ_a}{dt} = Q_1 \quad (10.12\text{ a})$$

$$A_t V_t = Q_2 + A_s \frac{dZ_s}{dt} \quad (10.12\text{ b})$$

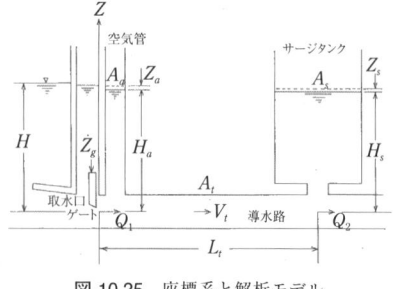

図-10.25　座標系と解析モデル

式(10.12 a)，(10.12 b)から，

$$V_t = \frac{Q_1 - A_a(\mathrm{d}Z_a/\mathrm{d}t)}{At} \tag{10.13 a}$$

$$A_a \frac{\mathrm{d}Z_a}{\mathrm{d}t} + A_s \frac{\mathrm{d}Z_s}{\mathrm{d}t} = Q_1 - Q_2 \tag{10.13 b}$$

$$Q_1 \equiv C_c B \{(D - \frac{\mathrm{d}Z_g}{\mathrm{d}t} t)\sqrt{2g[H-(H_a+Z_a)]}\}, \quad Q_2 = 一定 \tag{10.13 c}$$

運動方程式

$$\frac{1}{g}\frac{\mathrm{d}V_t}{\mathrm{d}t}\int_0^{Lt}\mathrm{d}L = \int_{Ha}^{Hs}\mathrm{d}h - \int_{Ha+Za}^{Hs+Zs}\frac{\mathrm{d}p}{\gamma} - i\int_0^{Lt}\mathrm{d}L \tag{10.14}$$

ここで, A_a:空気管の断面積, A_s:サージタンクの断面積, A_t:導水路の断面積, B:取水口ゲート部の幅, D:取水口ゲート部の高さ, H:貯水池の水位, H_a:空気管内の水位, H_s:サージタンク内の水位, L_t:導水路の長さ, Q_1:流入量, Q_2:通水量, V_t:水路内での流速, Z_a:空気管内の水位変動, Z_s:サージタンク内の水位変動, $\mathrm{d}Z_g/\mathrm{d}t$:取水口ゲートの遮断速度, $i\int_0^{Lt}\mathrm{d}L$:導水路内の摩擦等によるエネルギー損失水位.

a. 仮定　本項では, 次のような仮定のもとに理論解析を試みる.

① 通水量は一定, すなわち $Q_2 = 一定$.
② 導水路内の摩擦等によるエネルギー損失は無視, すなわち, $i\int_0^{Lt}\mathrm{d}L = 0$.
③ 取水口ゲートの遮断速度は一定, すなわち, $\mathrm{d}Z_g/\mathrm{d}t = 一定$.

b. 基礎式　式(10.13 a), (10.13 c), (10.14)と上の仮定から, 運動方程式は, 次のように与えられる.

$$\frac{\mathrm{d}^2 Z_a}{\mathrm{d}t^2} + \frac{g}{A_a}\frac{C_c B[D-(\mathrm{d}Z_g/\mathrm{d}t)]}{\sqrt{2g[H-(H_a+Z_a)]}}\frac{\mathrm{d}Z_a}{\mathrm{d}t} + \frac{A_t g}{A_a L_t}(Z_a - Z_s) +$$

$$\frac{C_c B(\mathrm{d}Z_g/\mathrm{d}t)}{A_a}\sqrt{2g[H-(H_a+Z_a)]} = 0 \tag{10.15}$$

さらに式(10.15)において, Z_s を決める関係は, 式(10.13 b)を次のようなモデル化することから決定された.

$$\Delta Q = Q_2 - Q_1 = \frac{Q_2}{D}\frac{\mathrm{d}Z_g}{\mathrm{d}t} t \quad (0 < t \leq t_g = \frac{D}{\mathrm{d}Z_g/\mathrm{d}t}) \tag{10.16 a}$$

$$\Delta Q = Q_2 \quad (t > t_g) \tag{10.16 b}$$

式(10.13 b), (10.16 a), (10.16 b)を用いて Z_s を定め, 式(10.15)に代入すると, 次のような基礎式が誘導される.

① $0 < t \leq t_g = D/(dZ_g/dt)$

$$\frac{d^2Z_a}{dt^2} + \frac{g}{A_a}\frac{C_cB[D-(dZ_g/dt)]}{\sqrt{2g[H-(H_a+Z_a)]}}\frac{dZ_a}{dt} + \frac{A_tg}{A_aL_t}\left(1+\frac{A_a}{A_s}\right)Z_a +$$

$$\frac{C_cB(dZ_g/dt)}{A_a}\sqrt{2g[H-(H_a+Z_a)]} + \frac{A_tg}{A_aA_sL_t}\frac{Q_2}{D}\frac{dZ_a}{dt}t^2 = 0 \qquad (10.17)$$

② $t > t_g,\ D - (dZ_g/dt)t = 0$

$$\frac{d^2Z_a}{dt^2} + \frac{A_tg}{A_aL_t}\left(1+\frac{A_a}{A_s}\right)Z_a - \frac{A_tg}{2A_aA_sL_t}\frac{Q_2D}{dZ_g/dt} + \frac{A_tg}{A_aA_sL_t}Q_2t = 0 \qquad (10.18)$$

(2) 基礎式の解法

a. 一般解の求め方　　$0 < t \leq t_g = D/(dZ_g/dt)$ の現象に対する基礎式は，式(10.17)に示されるように Z_a, t を含む二階の微分方程式であり，簡単に一般解を求めることはできない．ここでは，次のような近似を用いて基礎式の簡略化を試みた．$\sqrt{2g[H-(H_a+Z_a)]} \simeq \sqrt{2gH[1-(H_a/H)]}$，$Z_a/H \ll 1$ の関係を用いると，式(10.17)は次のようになる．

$$\frac{d^2Z_a}{dt^2} + \frac{g}{A_a}\frac{C_cB[D-(dZ_g/dt)t]}{\sqrt{2gH[1-(H_a/H)]}}\frac{dZ_a}{dt} + \frac{A_tg}{A_aL_t}\left(1+\frac{A_a}{A_s}\right)Z_a +$$

$$\frac{C_cB(dZ_g/dt)}{A_a}\sqrt{2gH[1-(H_a/H)]} + \frac{A_tg}{2A_aA_sL_t}\frac{Q_2}{D}\frac{dZ_a}{dt}t^2 = 0 \qquad (10.19)$$

式(10.19)から Z_a に関する一般解として，$Z_a = Ee^{-\beta t} + Ft^2 + Gt$ と与え，$t=0$, $Z_a=0$, $dZ_a/dt=0$ の初期条件を用いると，$E=0$, $G=0$ となり，式(10.19)の解は，次のように与えられる．

$$_{(1)}Z_a = Ft^2 \qquad (10.20)$$

ここで，

$$F = \frac{A_t(dZ_g/dt)Q_2\sqrt{2gH[1-(H_a/H)]}}{2A_sD\{2L_tC_c(dZ_g/dt)-A_t[1+(A_a/A_s)]\sqrt{2gH[1-(H_a/H)]}\}}$$

一方，$t > t_g$ の現象に対する基礎式(10.18)の一般解を次のように置く．

$$_{(2)}Z_a = Ie^{i\omega t} + Jt + K \qquad (10.21)$$

ここで，

$$\omega^2 = \frac{A_tg}{A_aL_t}\left(1+\frac{A_a}{A_s}\right),\ J = -\frac{Q_2}{A_s[1+(A_a/A_s)]},\ K = \frac{Q_2t_g}{2A_s[1+(A_a/A_s)]}$$

式(10.21)の係数 I を求めるため，次のような初期条件を用いる．

$$[_{(1)}Z_a]_{t=t_g} = [_{(2)}Z_a]_{t=0}, \quad \left[_{(1)}\left(\frac{dZ_a}{dt}\right)\right]_{t=t_g} = \left[_{(2)}\left(\frac{dZ_a}{dt}\right)\right]_{t=0} \tag{10.22}$$

とりあえず

$$_{(2)}Z_a = Ie^{i\omega t} + Jt + K = a\cos\omega t + b\sin\omega t + Jt + K$$

と置き，式(10.22)の第1条件より

$$a = [_{(1)}Z_a]_{t=t_g} - K$$

第2条件より

$$b = \frac{\left[_{(1)}\left(\dfrac{dZ_a}{dt}\right)\right]_{t=t_g} - J}{\omega}$$

すなわち，

$$I \equiv \sqrt{a^2+b^2} = \sqrt{\left\{[_{(1)}Z_a]_{t=t_g} - K\right\}^2 + \left\{\frac{\left[_{(1)}\left(\dfrac{dZ_a}{dt}\right)\right]_{t=t_g} - J}{\omega}\right\}^2}$$

b. 解の性質

① $0 < t \leq t_g$, ここで取り上げているような導水路の長さ L_t が大きい水路系では，
  (i) $2L_t C_c (dZ_g/dt) > A_t [(1+A_a/A_s)\sqrt{2gH(1-H_a/H)}]$,
  (ii) $2A_s D[2L_t C_c (dZ_g/dt) - A_t (1+A_a/A_s)\sqrt{2gH(1-H_a/H)}] > A_t \{(dZ_g/dt)Q_2 \sqrt{2gH[1-(H_a/H)]}\}$,
  (iii) $F > 0$,
  となり，Z_a の特性は，時間的に2次曲線で上昇するという解となっている．

② $t > t_g$, $I > 0$, $\omega > 0$, $J < 0$, $K > 0$ であって，$_{(2)}Z_a$ の特性は，平均値軸が時間の一次関数で降下しながら ω なる周期で振動する解となっている．

(3) O発電所についての2～3の考察

a. 解の係数値 式(10.20), (10.21)の解の係数値を算出するために用いた諸数値の概略を示すと，次のようになる．

$A_a \simeq 7.91 \text{ m}^2$, $A_s \simeq 216.42 \text{ m}^2$, $A_t \simeq 33.18 \text{ m}^2$, $B \simeq 7.3 \text{ m}$, $D \simeq 7.3 \text{ m}$, $H \simeq 30 \text{ m}$,
$L_t \simeq 1\,000 \text{ m}$, $Q_2 \simeq 36 \text{ m}^3/\text{s}$, $dZ_g/dt \simeq 0.0533 \text{ m/s}$ (標準値),
$t_g \simeq 137 \text{ s} [= D/(dZ_g/dt \text{(標準値)})]$.

① $0 < t \leq t_g$, $F = 0.0000306 \,(\text{m/s}^2)$.
② $t > t_g$, $\omega^2 = 0.0426 \,(\text{rad}^2/\text{s}^2)$, $J = -0.1605 \,(\text{m/s})$, $K = 10.9927 \,(\text{m})$.

b. $Z_a \sim t$ の関係

a. の解の係数値の① $0 < t \leq t_g$ の場合には $F \ll 1$ となり，t として相当長時間を想定すれば Z_a に対する影響が出てくるが，$t \equiv t_g = 137$ s 程度あれば，たかだか $Z_a \approx 0.6$ m 程度で，影響は小さい．しかし，② $t > t_g$ の場合には振動解であるため，Z_a に及ぼす影響は大きい．特に振幅値に相当する係数 I の値について少し考察する．

振幅値に対する係数 I の値は，dZ_g/dt [または，$t_g = D/(dZ_g/dt)$]，Q_2 の関数にあるため，dZ_g/dt をパラメータに $I \sim Q_2$ の関係を求めると，図-10.26 となる．

図-10.26 から取水口ゲートの遮断速度 (dZ_g/dt) が小さく，通水量 Q_2 が大きくなれば，振動解 Z_a の振幅が大きくなることがわかる．取水口ゲートの空気管内での水位変動 Z_a を小さくするためには，取水口ゲートの遮断速度 (dZ_g/dt) を大きく，通水量 Q_2 を小さく絞る必要がある．

図-10.26 $I \sim Q_2$ 関係

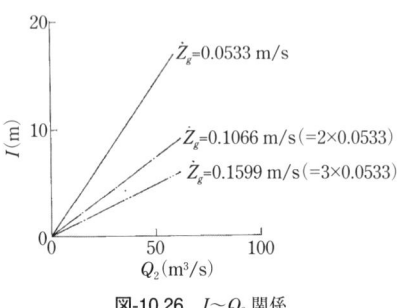

図-10.27 は，取水口ゲートの遮断速度 0.0533 m/s，通水量 36 m³/s の場合の $Z_a \sim t$ の関係，図-10.28〜10.30 は通水量 18 m³/s の一定として，取水口ゲートの遮断速度を 0.0533 m/s，2×0.0533 m/s = 0.1066 m/s，3×0.0533 m/s = 0.1599 m/s とした場合の $Z_a \sim t$ の関係を示した．

図-10.27〜10.30 の関係から，遮断速度 0.0533 m/s の場合は取水口ゲートの操作後約 150 s 後に Z_a の第1ピークが現れ，通水量 36 m³/s の時は $Z_a \approx 18$ m 程度，通水量 18 m³/s の時は $Z_a \approx 10$ m 程度となる．遮断速度 0.1066 m/s の場合は，80 s 後に Z_a の第1ピークが現れ，4 m 程度，遮断速度 0.1599 m/s の場合は，60 s 後に Z_a

$\dot{Z}_g = 0.0533$ m/s, $Q_2 = 36$ m³/s

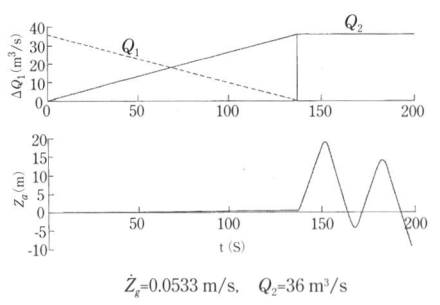

図-10.27 $\Delta Q \sim t$, $z_a \sim t$ 関係

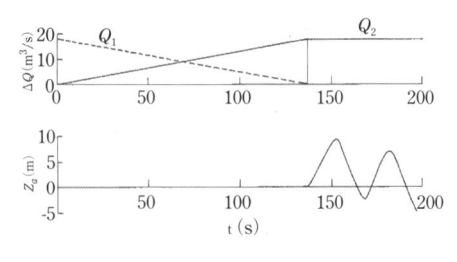

$\dot{Z}_g = 0.0533$ m/s, $Q_2 = 18$ m³/s

図-10.28 $\Delta Q \sim t$, $z_a \sim t$ 関係

図-10.29　$\Delta Q \sim t$, $z_a \sim t$ 関係　　$\dot{Z}_g$=0.1066 m/s, Q_2=18 m³/s

図-10.30　$\Delta Q \sim t$, $z_a \sim t$ 関係　　$\dot{Z}_g$=0.1599 m/s, Q_2=18 m³/s

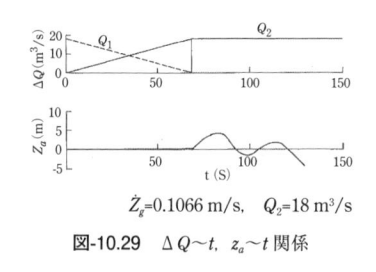

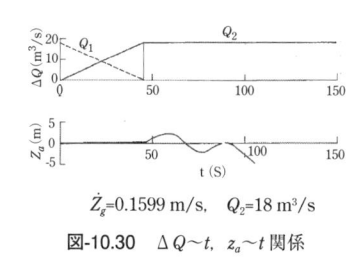

の第1ピークが現れ，2m程度となっている．その後，約30s程度の周期で第2ピークが現れるが，平均水位が時間と共に低下するので，ピーク値は次第に減少する傾向にある．

したがって，本項で取り扱ったような導水路の長さの大きい水路系で取水口ゲートを遮断する場合には，Z_a の第1ピークに焦点を当て検討すればよいが，第1ピークが非常に大きい場合には，第2，3のピークについても考察し，問題のないような処置が必要であると思われる．

(4) まとめ

取水口ゲートの操作後に伴う流水の水理特性について理論的に2～3の考察を試み，概略次のような結論が得られた．
① 取水口ゲートの操作後，ある時間後にゲート下流の空気管内の水位に変動が生じる．
② 空気管内の水位変動は，取水口ゲートの遮断速度が遅く，通水量が多い場合に大きくなり，逆に遮断速度が速く，通水量を少なくすれば小さくなる．
③ 空気管内の水位変動は周期的な運動をするが，平均水位が時間的に低下するので，第1ピークよりも必ず第2ピークは小さくなる．

以上，簡単な解法による考察なので定性的な評価はある程度可能であるが，定量的な評価については今後の理論的，実験的研究に期待する．

10.2.3　ダムゲート空気弁の振動[64]

Hダム利水放流設備での放流水は，河川維持用水，利水用水，発電用水に利用される．発電放流(2m³/s)されている条件で，減勢工水位をEL.90mのドライとし，主ゲート点検終了後，減勢工水位をEL.99mの水中放流水位に復旧し，主管充水装

置(副ゲート付き)の弁開操作(10～30%開度)によって副ゲートと主ゲート間の主放流管内への注水(ほとんど空気管内への注水操作となる)したところ,充水完了直前に空気弁が振動し,主放流管の水撃作用を誘発した.さらに,主放流管に接続されている非常用ゲート付の空気弁は,主放流管の水撃作用および水車の水圧変動との連成により振動し,現象が継続した.充水弁を全閉すると,副ゲートの空気弁の振動は停止するが,非常用ゲートの空気弁の振動が継続した事例である.

空気弁ときわめて類似する弁振動の事例として,水道管に接続された水道の栓や油圧系の制御用のスプール弁および各種弁が報告されている.特に,パッキングが損傷している水道の栓では,締切り近くになるとゴトゴトと大きな異音を伴い水道管が振動するとの事例[65]や水圧鉄管に発生した水撃作用が主弁であるスルース弁を閉じ,水車が停止しているにもかかわらず激しい周期的かつ継続的な現象が生じた事例等が報告されている[66].

空気弁においても,過去の弁の振動事例と同様,①空気弁が閉じる直前での振動の発生,②空気弁の振動に伴う水圧変動が放流管内に伝播して放流管内の水撃作用を誘発し,放流管に接続されている他の空気弁を振動させ長時間継続する,③振動した空気弁を点検したところ,弁座が劣化損傷していたこと,等が認められた.

空気弁の振動に伴い放流管に接続されている他の空気弁が振動した現象は,過去の水圧鉄管の水撃作用に類似しているが,過去の事例は水圧鉄管の振動に関するものであるのに対し,この現象は,放流管内の水圧変動の誘発と放流管に接続する複数の空気弁の連成振動である.

空気弁の振動は,放流設備点検時に遭遇した特殊な条件下での現象である.ダム利水放流設備では,設備の安全性を最優先する目的で,点検時の条件を再現し,空気弁の振動がどのような条件下で発生するのかを実機計測をもとに,また計測結果について一般性を持たせるために学識経験者を含む委員会[67](Hダム利水放流設備の主放流管用空気弁上下運動対策検討)が設置されている.実機計測として,きわめて多くのパラメータを設定して実施し,結果,一般性に対して十分に耐えるものとした.

本項では,充水弁の開度変化,発電放流の有無の条件下での空気弁の振動および主放流管に接続されている他の空気弁の連成振動,主放流管内および空気管内の水圧等の計測結果と既往研究[68,69]を参照し,空気弁の振動の発生メカニズムとその防止対策を記述する.

(1) 利水放流設備

対象とした利水放流設備の概要を**図-10.31**に示す．放流水は，選択取水設備から非常用ゲートを介して主管および分岐管に分流される．利水放流は，非常用ゲート，主放流管，副ゲート，主ゲートおよび減勢工から下流へ注がれる．

非常用ゲート下流にある分岐管には，水車および分岐管ゲートが設置されている．**図-10.31**に示すように，主放流管にある各ゲートの空気弁はすべて同一レベルに設置されていて，空気管の長さは非常用ゲートで60 m，副ゲートで26 mとなっている．

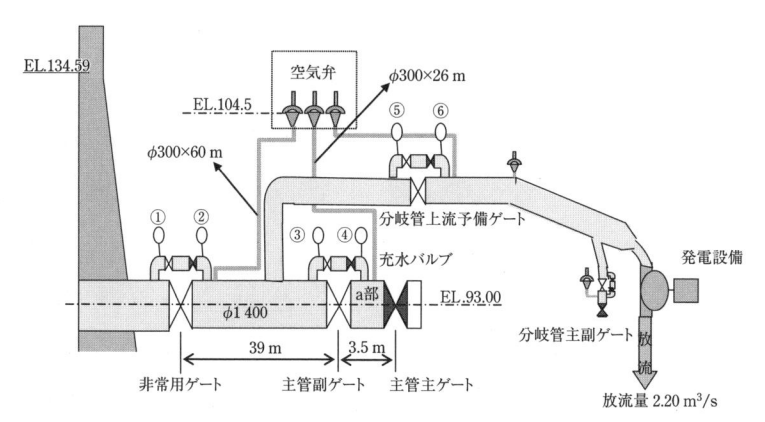

図-10.31 利水放流設備の概要

(2) 計測項目および方法

計測項目は，空気弁フロートの変位，各管路圧力，充水バルブ開度，管路流量である(**図-10.32**)．また，計測システムを**図-10.33**に示す．

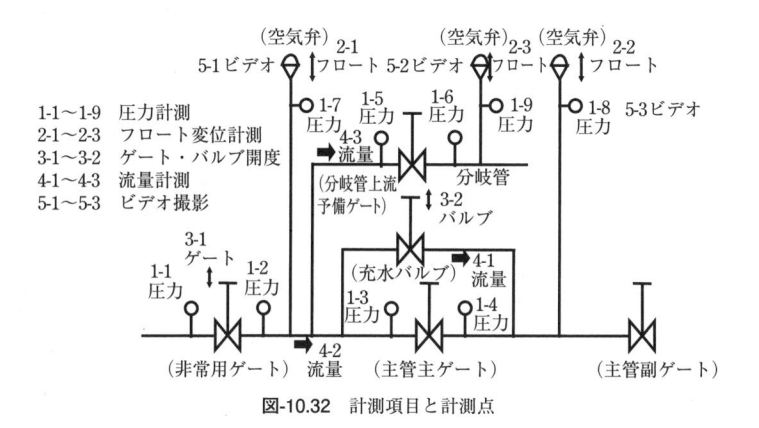

図-10.32 計測項目と計測点

218   10. 水路構造物の振動

計測条件は，減勢工の水位，発電放流の有無，充水バルブ開度(流量)等の条件変化による弁フロートの振動の有無と管路圧力を計測した．図-10.34 は副ゲートの充水装置，図-10.35 は副ゲート空気弁(手前)および非常用ゲート空気弁と弁フロートの振動変位，空気管の圧力の計測法を示す．

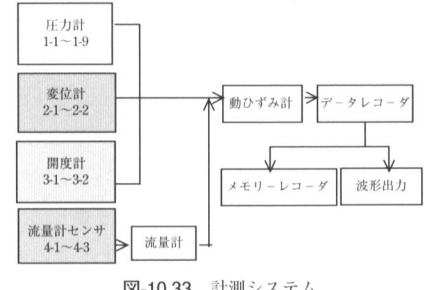

図-10.33 計測システム

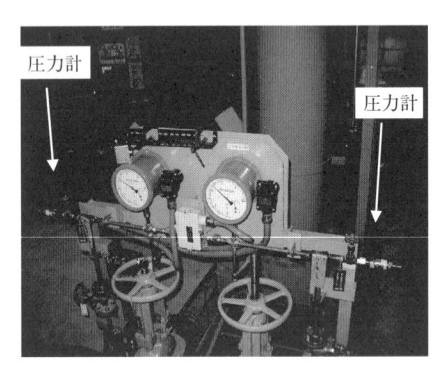

図-10.34 副ゲート充水装置

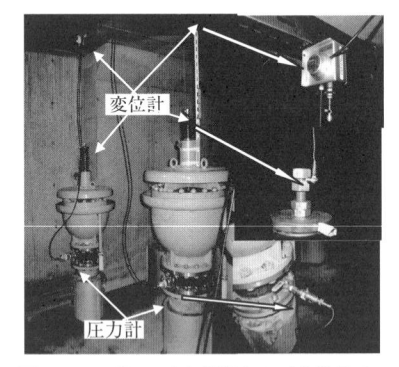

図-10.35 副ゲート(手前)および非常用ゲート空気弁(奥)

(3) 計測結果

計測された例として副ゲート空気弁が振動した場合の時系列データを図-10.36 に示す．発電放流がある場合，約 $2\,\mathrm{m^3/s}$ の放流時に副ゲートおよび非常用ゲート空気弁が振動した例の時系列データを図-10.37 に示す．

図-10.38 は，副ゲートおよび非常用ゲート空気弁が振動する場合，副ゲートの充水弁を閉じると下から4番目の副ゲート空気弁の振動は終息するが，下から3番目の非常用ゲート空気弁の振動は持続する例を示している．非常ゲート空気弁の振動は，長時間継続し減衰しない振動で，水圧鉄管等で発生する水撃作用と類似の現象である．

図-10.36，10.37 とも上から副ゲート空気管圧力，副ゲート下流管圧力・同上流管圧力，分岐管予備ゲート上流管圧力・同下流管圧力，分岐管予備ゲート空気管圧力，非常用ゲート空気管圧力，非常用ゲート上流・同下流管圧力，副ゲート空気弁

10.2 管路式ゲート(バルブ)

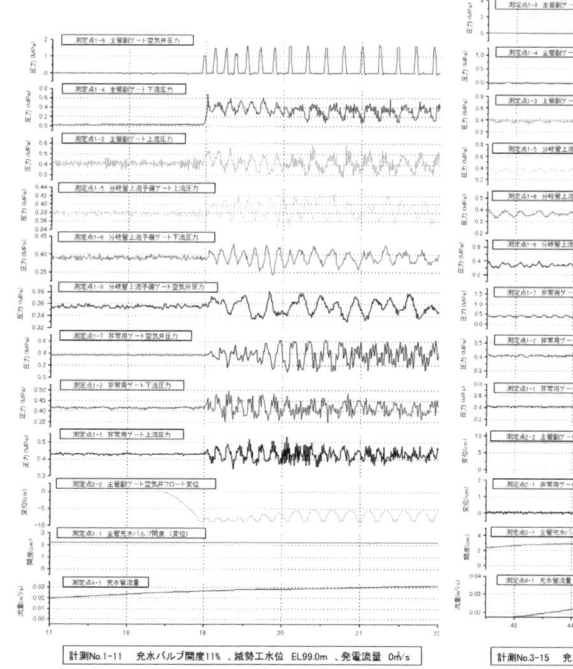

図-10.36 副ゲート空気弁が振動した際のデータ

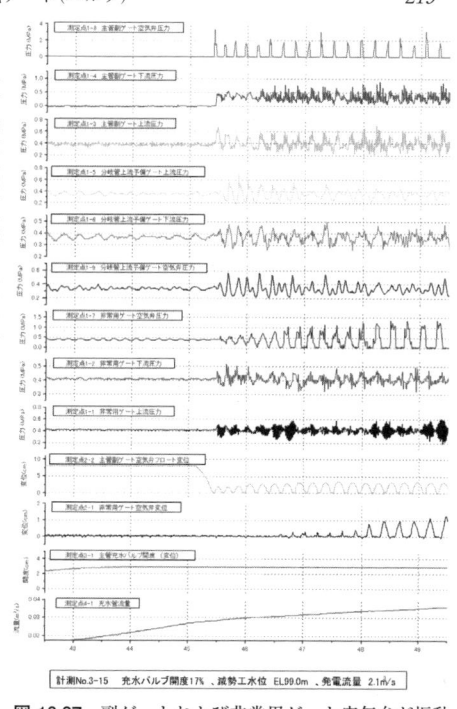

図-10.37 副ゲートおよび非常用ゲート空気弁が振動した際のデータ

の変位，非常用ゲート空気弁の変位，バルブ開度，充水流量の時系列データである．**図-10.36**は副ゲート空気弁が振動したデータで，下から3番目の振動波形が空気弁のものである．**図-10.37**は副ゲートおよび非常用ゲート空気弁が振動したデータで，下から3番目の振動波形が非常用ゲート空気弁，4番目の振動波形が副ゲート空気弁のものである．両図の時系列データを数値化したものを**表-10.5**に示す．

副ゲート空気管圧力が際立ち，3.2 MPaに達する値を示している．さら

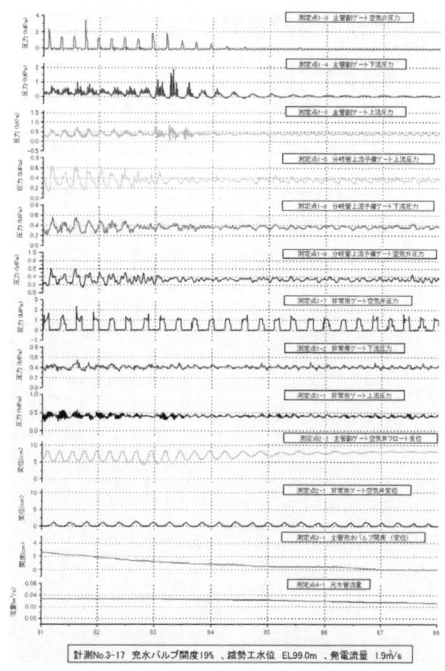

図-10.38 非常用ゲート空気弁の振動持続データ

表-10.5 副ゲートおよび非常用ゲート空気弁の振動時

データ名	図-10.36 副ゲート空気弁の振動	図-10.37 副ゲート空気弁および非常用ゲート空気弁の振動
副ゲート空気管圧力	0〜1.8 MPa	0〜3.2 MPa
副ゲート下流管圧力	±0.2 MPa	±0.3 MPa
副ゲート上流管圧力	±0.15 MPa	±0.26 MPa
分岐管予備ゲート上流管圧力	±0.04 MPa	±0.17 MPa
分岐管予備ゲート下流管圧力	±0.04 MPa	±0.1 MPa
分岐管予備ゲート空気管圧力	±0.02 MPa	±0.09 MPa
非常用ゲート空気管圧力	±0.25 MPa	0〜1.4 MPa
非常用ゲート下流管圧力	±0.07 MPa	±0.09 MPa
非常用ゲート上流管圧力	±0.07 MPa	±0.09 MPa
副ゲート空気弁の変位	±2 cm	±2 cm
非常用ゲート空気弁の変位	−	±0.6 cm
充水バルブ開度	11%	17%
充水量	0.034 m³/s	0.044 m³/s

にデータから，充水弁開操作後，約 10 s 近傍から副ゲート空気弁の振動が始まり，発電流量がある場合では約 15 s 近傍から非常用ゲート空気弁が連成して振動する．

(4) 結果の考察

a. 空気弁の振動現象 主管充水装置の弁開操作で減勢工の水位が EL.99 m の場合，空気管内に注水される水は 5.5 m 分に相当し，きわめて静穏な状態での注水となり，この条件下で副ゲート空気弁の振動が発生する．しかし，水位が EL.90 m の場合は，主放流管内の注水で相当乱れた水となるためか，この条件下で副ゲート空気弁の振動は発生しなかった．この理由は，注水の乱れによる気泡発生が水撃圧波に影響を及ぼしたものと考えられる．

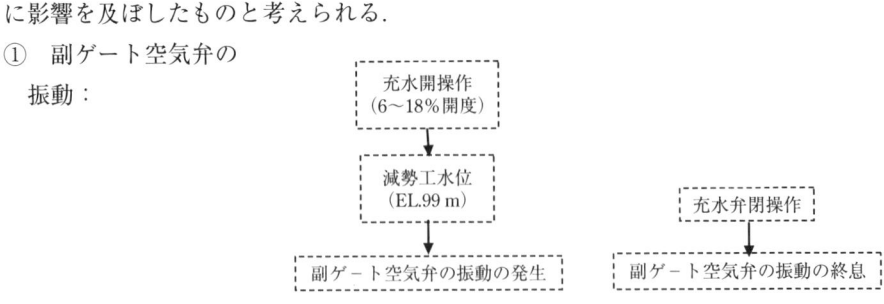

① 副ゲート空気弁の振動：

```
充水開操作
(6〜18%開度)
    ↓
減勢工水位
(EL.99 m)                    充水弁閉操作
    ↓                            ↓
副ゲート空気弁の振動の発生    副ゲート空気弁の振動の終息

        副ゲート空気弁の振動
```

10.2 管路式ゲート(バルブ)

② 非常用ゲート空気弁の振動:

```
┌─────────────┐
│ 充水弁開操作 │
│ (17～18%)   │
└──────┬──────┘
       ↓
┌─────────────┐
│ 減勢工水位   │
│ (EL.99 m)   │
└──────┬──────┘
       ↓
┌─────────────┐        ┌─────────────┐
│ 発電放流あり │        │ 充水弁閉操作 │
│(1.9～2.1 m³/s)│       └──────┬──────┘
└──────┬──────┘               ↓
       ↓                ┌──────────────────┐
┌──────────────────────┐│ 非常用ゲートの閉操作 │
│非常用ゲート空気弁の振動の発生│└──────┬───────────┘
└──────────────────────┘       ↓
                        ┌──────────────────────┐
                        │非常用ゲート空気弁の振動の終息│
                        └──────────────────────┘
```

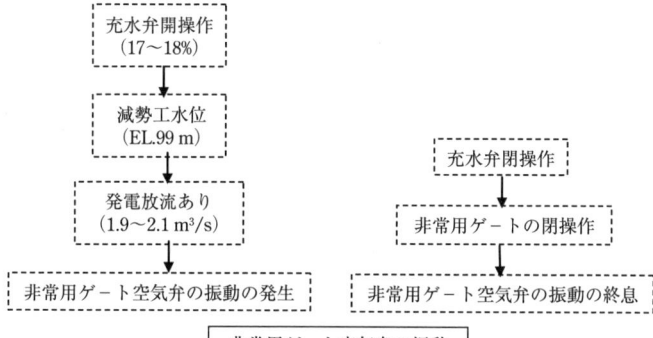

非常用ゲート空気弁の振動

③ 水撃作用：主管充水装置の弁開操作をし，ほぼ充水完了直前に弁の振動が発生し，振動が継続した．その時に発生する水圧変動が主管充水装置を介して上流側の主放流管に伝達され，伝達された水圧変動が主放流管および非常用ゲート空気管の水撃作用(ウォーターハンマー)を誘発し，水車の水圧変動との連成により非常用ゲート空気弁の振動が発生したことが計測結果から明らかにされた．

水撃作用による振動数は，以下の関係式から算定される．ただし，水の音速は $C = 1\,000$ m/s(計測値)とする．

開－閉条件

$$f_n = \frac{(2n-1)C}{4l}, \quad n = 1,\ 2,\ 3,\ \cdots$$

開－開(閉－閉)条件

$$f_n = \frac{nC}{2l}, \quad n = 1,\ 2,\ 3,\ \cdots$$

④ 主放流管および空気管の振動数：計測された副ゲート上流側(主放流管)の水圧変動，副ゲート空気弁および非常用ゲート空気弁の振動時の各空気管での振動と計算からの水撃作用の振動数($n=1$)を**表-10.6**に示す．

表-10.6 水撃作用と計測された各管の振動数

各管の圧力波	水撃作用(Hz)	副ゲート空気弁振動時	副ゲート空気弁および非常用空気弁振動時
副ゲート上流管内の圧力波	4.31	4.15 Hz	4.35 Hz
副ゲート空気管内の圧力波	9.62	4.15 Hz	4.35 Hz
非常用ゲート空気管内の圧力波	4.16	－	3.78 Hz

計測された副ゲート空気管および非常用ゲート空気管の水圧変動は，副ゲート空気弁振動時で 4.15 Hz，副ゲート空気弁振動時で 4.35 Hz，非常用空気弁振動時で 3.78 Hz である．また，計算から水撃作用の振動数($n = 1$)は，副ゲート上流管で 4.31 Hz，副ゲート空気管で 9.62 Hz，非常用ゲート空気管で 4.16 Hz であり，非常用ゲート空気管では両者はほぼ近似である．しかし，副ゲート空気管での差異は大きい原因は明確でない．

表-10.5にあるように空気弁の振動時には，副ゲート空気管では 3.2 MPa (320 m)で，相当の大きな水圧変動が作用したことになる．また，主放流管に対しては ±0.3 MPa(±30 m)で，ダム水頭(50 m)の 60％相当の水圧変動となり，設備の強度への懸念も考えられ，この種の振動現象は避けるべきである．

⑤ 副ゲート空気弁フロートの振動：空気弁フロートの振動に対する整備前弁座(計測 No.1 系列)，整備後弁座(計測 No.4 系列)の対数減衰率を**図-10.39** に示す．整備前弁座では，充水装置の弁開度 3～15％(0.01～0.07 m³/s)で，対数減衰率が負となり，弁フロートの振動が発生した領域である．整備後弁座では，充水装置の弁開度 12％(0.05 m³/s)近傍で，最小の対数減衰率となるが，負とはならない．また，弁フロートの振動の回数も示しているが，対数減衰率が最小となる領域で振動回数も多くなる．整備後弁座の対数減衰率として，発電放流ありの場合も示しているが，弁フロートの振動は発生しないことがわかる．

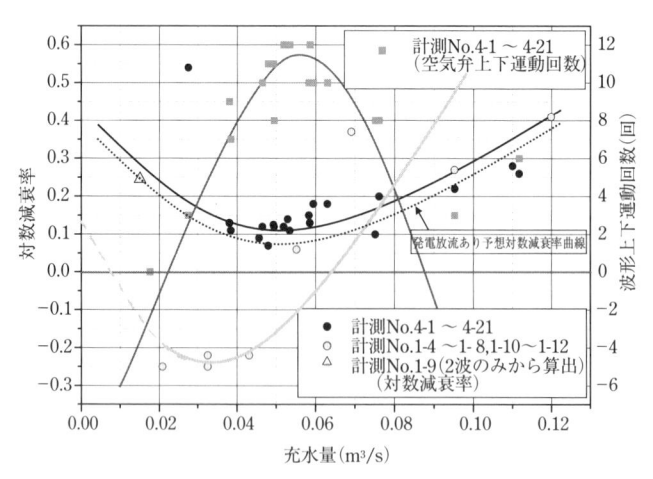

図-10.39 弁座の整備前と整備後の空気弁の対数減衰率

b. 空気弁フロートの振動について

① 弁フロートに作用する流体力：充水完了直前の空気弁の運動からフロートに作用する流体力を試算してみる．図-10.40に示す模式図をもとに充水操作による流量 Q_w (隙間を通過する流量．流入係数1)，弁座の隙間 $c_f = c_0 + c$ (流出係数1)，支配断面となる弁座径を d_c, 弁座幅(ネオプレン) b とする．

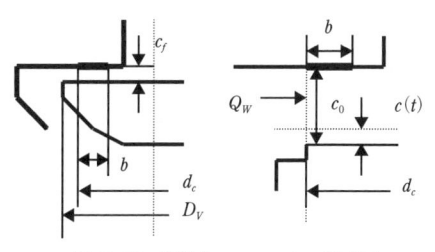

図-10.40 空気弁のフロートの模式図

支配断面を通過する流量は，単動サージタンクでの連続式の誘導と同様[69]，フロートとケーシング隙間を通過する流量に，フロートの振動による弁座部(支配断面)での変動流量を考慮している．

支配断面を通過する流量は，以下のようになる．

$$Q = Q_w + \pi b d_c \left(\frac{dc}{dt} \right) \tag{10.23}$$

式(10.23)で，右辺第2項が弁座部での変動流量である．式(10.23)をもとにフロートに作用する動的流体力を誘導する．ここで，フロートの振動変位 $c(t)$ が微小との仮定から，cdc/dt, $c^2 dc/dt$, $(dc/dt)^2$, $c(dc/dt)^2$, $c^2(dc/dt)^2$ 等の高次の微小項は省略している．動的流体力は以下のように与えられ，右辺第1項が速度項，第2項が変位項である．

$$F_w = \rho \frac{\pi D_v^2}{4} \frac{Q_w}{\pi d_c c_0} \frac{b}{c_0} \frac{dc}{dt} - \rho \frac{\pi D_v^2}{4} \left(\frac{Q_w}{\pi d_c c_0} \right)^2 \frac{c}{c_0} \tag{10.24}$$

② 弁フロートの振動方程式：水中で振動するフロートの振動方程式は，以下のようになる．

$$m(1+a) \frac{d^2 c}{dt^2} + C \frac{dc}{dt} + kc = F_w \tag{10.25}$$

式(10.24)を式(10.25)に代入すると，以下のように自励系の振動方程式が得られる．

$$m(1+a)\left(\frac{d^2 c}{dt^2}\right) + \left[C - \rho \frac{\pi D_v^2}{4} \frac{Q_w}{\pi c_0 d_c} \frac{b}{c_0}\right] \frac{dc}{dt} + \left[k + \frac{\rho}{c_0} \left\{ \frac{\pi D_v^2}{4} \left(\frac{Q_w}{\pi c_0 d_c}\right)^2 \right\} \right] c = 0 \tag{10.26}$$

ここで，$m(1+a)$：付加質量を含むフロートの質量，C：フロートの構造減衰，ρ：水の密度，k：フロートのバネ定数，c：フロートの振動変位．

以下に，計算のための諸数値および条件を示す．
ⓘ 諸数値；

表-10.7

各　　項	数　　値
フロート外径 D_v	0.48 m
弁座外径 d_c	0.434 m
弁座(ネオプレン)の幅 b	18.79 mm
副ゲート空気弁の振動数(計測値)f_v	4.15 Hz
フロートの密度(空中) ρ_v	7.88 kN·s^2/m^4
水の密度 ρ	1.00 kN·s^2/m^4
フロートの排水容積 ∇_w	0.0289 m^3
フロートの容積 ∇_v	0.00184 m^3
フロートの質量 $m(=\rho_v \nabla_v)$	14.46 N·s^2/m
半球(フロート)の付加水係数 β	0.25
フロートの付加水係数 $\alpha\,[=\beta(\rho/\rho_v)(\nabla_w/\nabla_v)]$	0.5
$m(1+\alpha)$	21.67 N·s^2/m

ⓘⓘ 条件
・フロートの重量；フロート浮力の 1/2 に設定する．
・弁の運動に伴う流出流速(水頭)；弁出口での水頭は，充水配管系の流体損失を考慮して 20 m 以下に設定する．ただし，有効水頭は 37.84 m(ダム水位 EL.142.34 − 空気弁出口 EL.104.50)である．
・弁座の幅；整備前では，全幅 b(18.79 mm)を採用する．
・定常隙間 c_0 の設定；きわめて難しく，ここでは Q_w/c_0(一定)をパラメータとする場合を選び，c_0 のオーダとしては計測された振動変位を目処とする．

③ 計算結果：充水流量 Q_w と定常隙間 c_0 との関係として $Q_w/c_0[=0.5 \sim 0.75 (c_0 < 10$ cm, 流出水の水頭は 20 mAq 以下)]に設定した場合で，c_0 の限界として，計測された空気弁フロートの振動変位 c($4 \sim 5$ cm 程度)を参照して定常隙間 c_0 のオーダとしてみた．計算はすべて整備前を例に実施し，流体対数減衰率は，式(10.27)のように与えられ，δ_w をパラメータ Q_w/c_0

$$\delta_w = \frac{\rho \dfrac{\pi}{\omega} \dfrac{\pi D_v^2}{4} \dfrac{Q_w b}{\pi c_0^2 d_c}}{m(1+\alpha)}, \quad \omega = 2\pi f_v \leftrightarrow Q_w \tag{10.27}$$

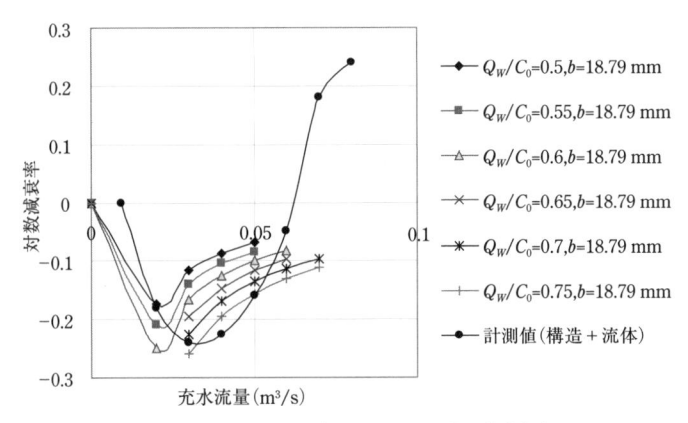

図-10.41 充水流量〜弁フロートの流体対数減衰率

の関係で示すと，図-10.41のようになる．整備後では弁座部の流況が剥離流れとなり，弁座幅 b は 0 mm となるため，計算上は流体対数減衰率 $\delta_w = 0$ となる．計測値（構造 δ_v ＋流体 δ_w）と計算値（流体 δ_w）との比較を図-10.41 に示しているが，最小対数減衰率を示す流量にやや差が認められる程度で，傾向的にはきわめてよく一致している．この計算は，線形理論によるもので，一つの傾向を示唆するものと考えられる．

(5) 振動防止対策

弁フロートの振動解析から，弁座の幅も関係するが，特に突起高さとコーナー部の形状（直角度）が大きく影響していることが明らかにされた．この結果から，弁座は定期的に点検し，突起高さとコーナー部の形状（直角度）を調査し，適宜整備する必要がある．

図-10.42 に突起形状の剥離流れを示すが，具体的には図-10.43 に示す突起物のキャビテーション特性[70]の関係図を見ると，整備後は低い流速域から剥離流れとなる可能性があり，空気弁の振動を抑止したといえる．

しかし，整備前は，コーナー部を直

図-10.42

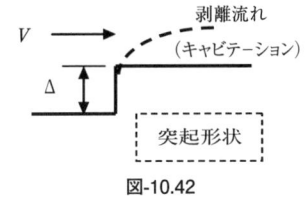

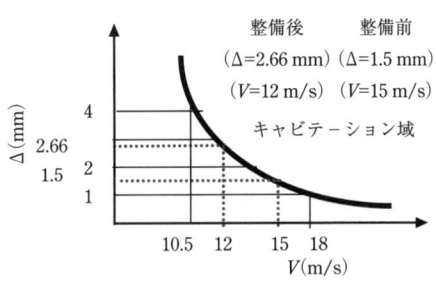

図-10.43 突起物のキャビテーション特性

角とみなしても，突起高さが低く，高流速からの剥離流れとなるため，広範囲の流速域で弁座に沿った流れとなる．

(6) まとめ
本項の振動事例から明らかにされたことは，以下のとおりである．
① 水圧変動は，断面積の大小に無関係に開口があれば，主放流管および空気管に伝播され，各管長さに対応する水撃作用を誘発する可能性がある．また，主放流管および空気管に形成される水撃作用は減衰しにくい系に属しているため，振動は長時間継続する可能性がある．
② 空気弁の振動についての簡単な考察から，弁座幅，弁座のコーナー部の突起高さおよび形状（直角度）が影響していることが示された．弁座は適宜点検し，交換することが望ましい．

10.2.4 利水放流設備の水撃作用[71]

放流管系に発生する水撃作用は，水力発電所の水圧鉄管では水車の負荷遮断時の弁の緩遮断等によってしばしば発生する[72]が，利水放流設備の放流管系ではきわめて稀な事象である．利水放流設備のゲート（バルブ）の開・閉操作は，運用上 5～10% 開度ごとの段階的な操作，また，操作速度 V が $0.3 \text{ m/min}(0.5 \text{ cm/s})$ ときわめて低い速度となっている．この操作速度からゲート（バルブ）の操作時間 t_v を算出すると，5% 開・閉操作で事例 -1 は $t_v = 17 \text{ s}$ $(t_v = x_{5\%}/V,\ x_{5\%} = 0.05\,d,\ d = 1.7 \text{ m})$，事例 -2 は $t_v = 14 \text{ s}$ $(d = 1.4 \text{ m})$ となる．一方，水車の負荷遮断時の弁操作時間は 2～3 s 程度[72]と考えられ，利水放流設備のゲート（バルブ）は，弁操作の約 5 倍程度と長い時間をかけて開・閉操作されている．

利水放流設備において，水撃作用を誘発した可能性がきわめて高いと考えられる現象を経験している．その一つは，端末に設置されるゲート（バルブ）等の不測の事態により，ゲート（バルブ）の微小開度から半開という絞り状態の放流操作時の代表的な摩擦振動として知られる stick-slip（停止・滑る非定常な動き）運動が発生した場合である．stick 状態から slip 状態への遷移（stick to slip）と slip 状態から stick 状態へ遷移（slip to stick）の 2 種類の状態遷移が現れたものである．

もう一つは，主管内への充水操作時に副ゲート空気弁が振動した場合で，空気弁の振動による圧力波が放流管系に伝播し，放流管系に振動的な水圧変動が発生する

と共に，放流管系に設置されている他の空気弁の振動を誘発した．10.2.3 では，空気弁の振動の発生メカニズムを主としているが，本項では空気弁の振動に伴う放流管系の水圧変動と圧力伝播特性について論及する[73,74]．

事例-1 は主管主バルブの放流操作時の stick-slip の動き t_v が，放流管系の水撃作用伝播時間 t_c に対して $t_v/t_c=1.412\sim1.718$ ($t_v=0.6\sim0.73$ s, $t_c=2L/a=0.425$，管長 $L=212.64$ m，音速 $a=1\,000$ m/s とする．ただし，a は文献[74]および機械設計便覧[75]等を参照)の場合である．主管主バルブは開操作で，2～7 cm(主バルブ口径の 1.2～4.1%)刻みの微小開度から半開までという絞り状態での放流条件下にある．文献[72]や機械設計便覧には，弁閉塞の一般的な作動を微小部分閉または微小部分開の要素の連続で近似できるとの考え方が示されている．ここでは，主管主バルブの停止・滑る非定常な動きを緩遮断と見なした．

事例-2 は，副ゲート空気弁の動き t_v が，空気管あるいは放流管系の水撃作用伝播時間 t_c に対して，空気管では $t_v/t_c=4.635$ ($t_v=0.241$ s, $t_c=2L/a=0.052$ s, $L=26$ m)，放流管系では $t_v/t_c=2.078$ ($t_v=0.241$ s, $t_c=2L/a=0.116$ s, $L=58$ m)の緩遮断に対応するものである．事例-2 の $t_v/t_c=2.078$ の場合の放流管系の水圧変動は，ダム水頭に比べて 36% 相当が得られていることから，事例-1 の $t_v/t_c=1.412\sim1.718$ も，事例-2 にほぼ対応した水圧変動が発生したものと想定される．

以下はそれぞれの事例について，新設設備の初期値取得のための放流試験，および設備点検整備後の充水操作時に取得されたデータをもとに種々検討したものであるが，すべて実機試験というきわめて限定された条件下のものであり，十分なものではない．しかし，今後，このような事象が発生する可能性も考えられる．また，水撃作用は減衰し難く継続するので，設備の安全性の観点からも留意する必要があると思われる．

(1) 利水放流設備

a. 事例-1：T ダム利水放流設備および振動加速度の計測点　T ダム利水放流設備は，図-10.44 に示すように放流管，主管，分岐管から構成され，主管，分岐管には主・副バルブが設置されている．主管主バルブの放流に伴う放流管系の

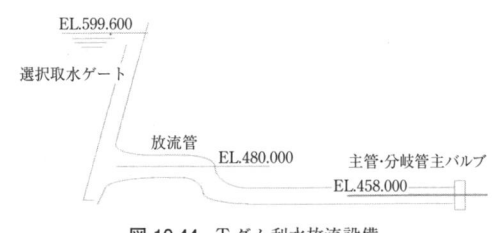

図-10.44　T ダム利水放流設備

各部位の振動加速度を**図-10.45**に示す点で計測した．放流管の座標の原点は管外周の頂点，バルブボンネットではバルブ中心線（水流方向）の上流架台（露出した部位）である．Tダムの放流管系は放流管の露出部（点検部位），主管と分岐管主・副バルブボンネットを除いて，すべてコンクリート内に埋設されている．

b. 事例-2：Hダム利水放流設備および水圧変動の計測点 Hダム利水放流設備は，**図-10.46**に示すように放流管，主管，分岐管から構成され，放流管には非常用ゲートと分岐管，主管には主・副ゲートが設置され，分岐管には水車と小流量用の主・副ゲートがそれぞれ設置されている．主管副ゲートと主ゲート間への充水操作に伴う副ゲート空気弁の振動による各部位の水圧変動を**図-10.47**に示す点で計測した．Hダムの放流管系もTダムと同様，ほとんどの部位はコンクリート内に埋設されている．

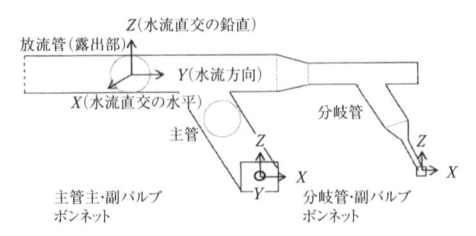

図-10.45 放流管系の各部位の振動加速度の計測位置

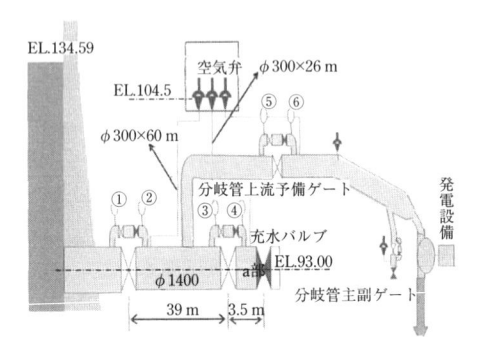

図-10.46 Hダム利水放流設備

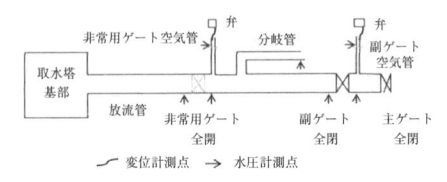

図-10.47 各部位の水圧変動の計測位置

(2) 計測項目および方法

a. 事例-1：各部位の振動加速度 主管主バルブ放流に伴う各部位の振動加速度は，**表-10.8**に示す記号のもとに計測した．(**a**)は主管主・副バルブボンネットと放流管であり，(**b**)は分岐管主・副バルブボンネットについて示したものである．

b. 事例-2：各部位の水圧変動 副ゲート空気弁の振動に伴う各部位の水圧変動，および副ゲートと非常用ゲートの空気弁の振動変位は，**表-10.9**の箇所で計測している．

10.2 管路式ゲート（バルブ）

表-10.8
(a) 主管主・副バルブボンネットと放流管の振動加速度

記　号	部　位	振動加速度の方向	加速度センサ
MS-X	主管副バルブボンネット	水流直交の水平	圧電式加速度計 容量：1000g 応答：4kHz
MS-Y		水流方向	
MS-Z		水流直交の鉛直	
MM-X	主管主バルブボンネット	水流直交の水平	
MM-Y		水流方向	
MM-Z		水流直交の鉛直	
放流管-X	放流管（露出部）	水流直交の水平	
放流管-Y		水流方向	
放流管-Z		水流直交の鉛直	

(b) 分岐管主・副バルブボンネットの振動加速度

記　号	部　位	振動加速度の方向	加速度センサ
SS-X	分岐管副バルブボンネット	水流直交の水平	圧電式加速度計 容量：1000g 応答：4kHz
SS-Y		水流方向	
SS-Z		水流直交の鉛直	
SH-X	分岐管主バルブボンネット	水流直交の水平	
SH-Y		水流方向	
SH-Z		水流直交の鉛直	

表-10.9 部位の水圧変動および空気弁の振動変位

箇　所	圧力・変位センサ容量	計　測　法
副ゲート空気管圧力	10 MPa	動的な計測法
副ゲート下流管圧力	0.5 MPa	
副ゲート上流管圧力		
分岐管予備ゲート上流管圧力		
分岐管予備ゲート下流管圧力		
分岐管予備ゲート空気管圧力		
非常用ゲート空気管圧力		
非常用ゲート下流管圧力		
非常用ゲート上流管圧力		
副ゲート空気弁の振動変位	10 cm	
非常用ゲート空気弁の振動変位		

(3) 計測結果

a. 事例-1：各部位の振動加速度　　主管主バルブ開度として，0～93 cm(0～55% =

93／170，主バルブ口径 170 cm)，2～7 cm 刻みの開操作と停止(定常)後に，再び開操作し，微小開度から半開(93 cm)まで実施した．なお，主管主バルブ放流時のダム水位は EL.559.600 m，主バルブ EL.458.000 m であるため，有効水頭は 101.6 m である．

主管主バルブ放流時の各部位の振動加速度は，**表-10.10** に開度条件と結果の概要を示す．また，代表的な stick-slip な動き $t_v = 0.6$ s の場合を**図-10.48** に示すが，他データも $t_v = 0.6 \sim 0.73$ s である．(**a**)は主管主バルブ開度 16→19 cm の開操作中で，上から 6 番目の主管主バルブの水流直交の鉛直の MM-Z がきわめて大きく，規則的な

表-10.10 開度ごとの各部位の振動加速度

開度(cm)	各部位の振動加速度の挙動
1（定常）	HH-Z（振動わずかにあり），放流管 -Y（振動わずかにあり）
3（定常）	同上
3→5.5（定常）	MS-Y，MM-X，Z および放流管 -X，Y に stick-slip な動きと振動あり
5→9.9（定常） ～ 40→45，45（定常）	同上
45→49，49（定常） ～ 89→93，93（定常）	同上であるが，SM-X，Y，Z の振動が追加される

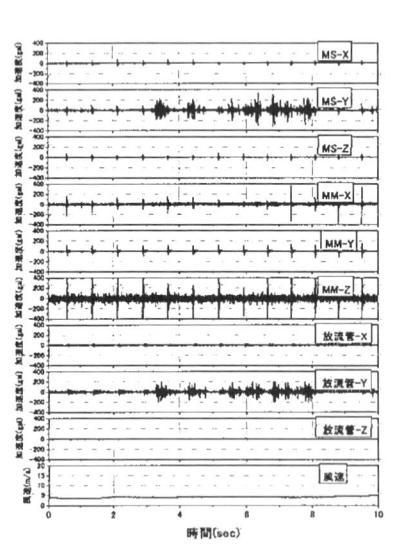

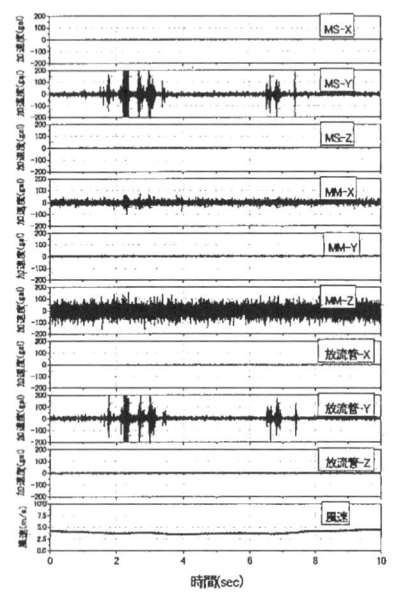

(**a**) 開度 16 → 19cm の開操作中の場合　　(**b**) 開度 19cm（定常）の場合

図-10.48 主管主バルブの振動波形

stick-slip が発生しており，stick-slip な動きが主管主バルブの開操作にあることを示している．MS-X, Y と MM-X, Y, Z および放流管 -Y にも stick-slip な動きが見られる．(**b**) は開度 19 cm（定常）で，主管主バルブはこの開度で停止した状態であるが，主管主バルブと同じ主管に設置されている主管副バルブ MS-Y（水流方向）と放流管 -Y に主管主バルブに発生した stick-slip な動きが継続している．stick-slip な動きをした主管主バルブ (MM-X, Y, Z) では，定常時では放流水脈に伴う振動のみが発生している．開度が 19 cm 以上の場合も (**b**) と同じ振動現象が発生するが，さらに，開度が 45→49 cm 以上では，**表-10.10** にも示したように，振動は，主管からかなり離れた分岐管主バルブボンネット SM-X, Y, Z にも伝播してくるようである．

図-10.49 に，主管主バルブ放流中のバルブ停止時（定常）の各部位の卓越する振動の発生方向（太い矢印と丸印）を示すが，主管主バルブボンネットでは MM-X，副バルブボンネットは MS-Y，放流管では MS-Y，分岐管主バルブボンネットでは SM-X の振動が発生し，放流管系のすべての領域にわたって振動が伝播している．

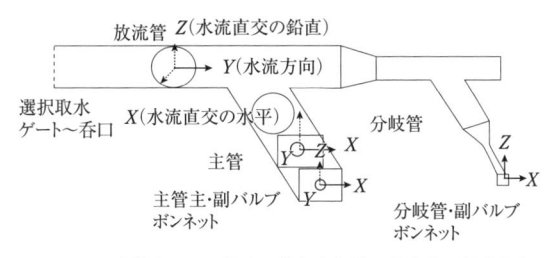

図-10.49 主管主バルブ放流に伴う各部位の卓越する振動方向

利水放流設備の放流管系およびゲート（バルブ）は，ほとんどの装置がコンクリートに埋設される場合が一般的である．事例-1 の利水放流設備でも各バルブボンネットおよび露出部（点検部位）となる放流管を除いてすべてコンクリート内に埋設されている．放流管系およびゲート（バルブ）が露出する設備の管系では水流に直交する方向（X）のオバリング的な振動が卓越する例が多い．しかし，コンクリートに埋設された放流管では，最も拘束力が小さく振動しやすいのは，管軸方向の伸び縮みを伴う縦振動（振動方向は水流方向 Y）であり，また副バルブボンネットでも同様に縦振動（水流方向 Y）を誘発しているが，放流管端末にある主バルブボンネットでは水流に直交する方向（X）のオバリング的な振動となっている．この原因は明らかでないが，多分端末に設置されているという境界条件を考慮すると，ボンネット構造に対する拘束力の差が微妙に影響したものと考えられる．

b. 事例-2：各部位の水圧変動 副ゲートと主ゲート間への充水操作時，副ゲート空気弁が振動した際の放流管系の各部位の水圧変動の代表的なデータを**図-10.50**に，データは**表-10.11**に示す順序と同じだが，6 番目の分岐管予備ゲート空気管圧

表-10.11 副ゲート空気弁の振動に伴う各部位の水圧変動と振動数

箇　　所	水圧変動(MPa)	振動数(Hz)	
		計測値	計算値
副ゲート空気管圧力	0～1.8	4.15	9.62
副ゲート下流管圧力	±0.20（ダム水頭に対して48％）	−	−
副ゲート上流管圧力	±0.15（ダム水頭に対して30％）	4.15	4.31
分岐管予備ゲート上流管圧力	±0.04	−	−
分岐管予備ゲート下流管圧力	±0.04	−	−
非常用ゲート空気管圧力	±0.25	−	−
非常用ゲート下流管圧力	±0.07	−	−
非常用ゲート上流管圧力	±0.07	−	−

力が省略されている．また，主な部位での水圧変動および変動の計測値と計算値（$f=a/4L$, $a=1\,000$ m/s, $f=4.31$ Hz, $L=58$ m, $f=9.62$ Hz, $L=26$ m）は表-10.11のとおりで，副ゲート上流管圧力で計測された圧力の振動数は計算値の96％である．また，圧力はダム水頭（0.416 MPa）に対して36％相当になっている．

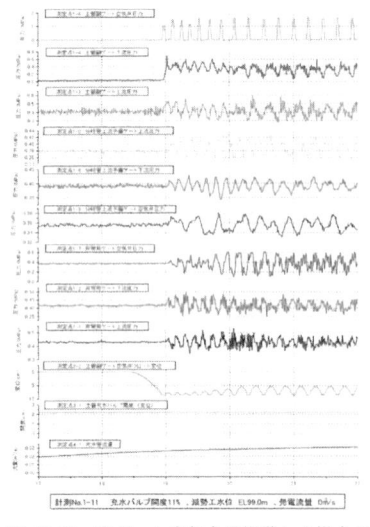

図-10.50　副ゲート空気弁が振動した場合の各部位の水圧変動

(4) 結果の考察
a. 事例-1：各部位の振動加速度
① 放流管系の水撃作用特性：図-10.51に放流管系の水撃作用を示す．選択取水ゲートを含む放流管系の水撃作用は1.18 Hzである．

図-10.51の結果から，図-10.48に示すstick-slipな動き $t_v=0.6$ s（$f=1/t_v=1.67$ Hz）は，水撃作用に対して$1.412(=1.67/1.18)$となり，文献[76]によれば，振動数比（＝外力の振動数／水撃作用の固有振動数）0.85～1.54となっており，共振域にあって放流管系の水撃作用を誘発している可能性が十分にある．事例-1は$t_v/t_c=1.412$の緩遮断であるが，事例-2は$t_v/t_c=2.078$で放流管系に水撃作用が発生していることからも，事例-1にも水撃作用が発現していたと考えられる．

② 振動加速度の伝播特性：主管主バルブ開度0～93 cm（0～55％＝93／170）で得

10.2 管路式ゲート(バルブ)

られた放流管系の放流管での卓越する振動方向は図-10.52に示すように縦振動(水流方向Y)として伝播しているようであるが，取得したデータを放流管系の水撃作用に伴う現象と仮定し，以下に示す圧力波の伝播特性から各部位の振動加速度の伝播状況を解析する．

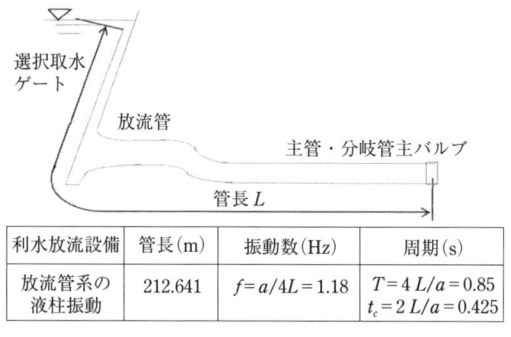

利水放流設備	管長(m)	振動数(Hz)	周期(s)
放流管系の液柱振動	212.641	$f = a/4L = 1.18$	$T = 4L/a = 0.85$ $t_c = 2L/a = 0.425$

図-10.51 放流管系の水撃作用特性

放流管系の圧力波の透過率 s および反射率 r は，以下のように示される[72]．透過率

$$s = \frac{2A_i / a_i}{\sum_{j=1}^{N}(A_j / a_j)} \quad (10.28)$$

反射率

$$r = s - 1 \quad (10.29)$$

ここで，$A_{i,j}$：各部位の断面積，$a_{i,j}$：各部位の音速 ($= \sqrt{(K/\rho_w)/[1+(Kd_{i,j}/Eh_{i,j})]}$)，$K$：水の体積弾性係数，$\rho_w$：水の密度，$d_{i,j}$：各部位の管径，$h_{i,j}$：各部位の管厚，$E$：放流管系のヤング率．

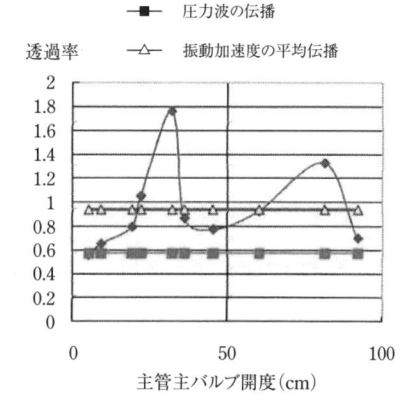

図-10.52 主管主バルブ放流に伴う放流管の振動

式(10.28)，(10.29)より計算した放流管系の各部位の圧力波の透過率，反射率を表-10.12に示す．この表に示す透過率，反射率は，圧力波が下流側から上流へ伝播される場合について計算したものであり，()内値は，逆に上流側から下流へ伝播される場合である．

表-10.12から主管主バルブ放流時の各部位の圧力波の伝播(振動加速度)を**表-10.13**，**図-10.52**，**10.53**に示す．**図-10.52**は，主管主バルブ各開度の定常時のstick-slipな動きが継続しているデータをもとに求めた副バルブMS-Y→放流管-Yの振動加速度(max)の伝播状況(透過率)であり，**図-10.53**も同様の条件下で得られた副バルブMS-Y→分岐管主バルブSM-Xの振動加速度の伝播状況(透過率)である．

10. 水路構造物の振動

表-10.12 放流管系の各部位の圧力波の透過率, 反射率

検査面		d(mm)	t(mm)	A(m^2)	下流側→上流へ	
					s	r
検査面 I	選択取水ゲート呑口	–	–	∞		
	放流管	2 300	11	4.153	0.0	−1
検査面 II	放流管	1 370	8	1.482	0.38	−0.62
	主管	1 700	9	2.363	0.57	−0.43
検査面 III	放流管	1 370	8	1.482	(0.96)	(−0.04)
	分岐管	400	6	0.126	0.08	−0.92

注:(　)の数値は上流側→下流へ

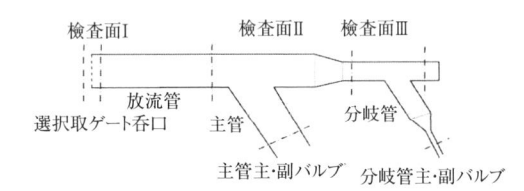

表-10.13 主管主バルブ放流時の各部位の振動加速度

部　位	圧力波としての透過率（振動加速度の伝播）
放流管	0.57（＝0.57×1.0×主管主・副バルブの振動加速度）（放流管での透過率には, 選択取水ゲート呑口からの放射率を考慮する）
分岐管主バルブボンネット	0.55（＝0.57×0.96×主管・主副バルブの振動加速度）

　表-10.13の圧力波の伝播特性と主管主バルブ放流に伴う放流管の振動加速度の透過率(**図-10.52**), および分岐管主バルブボンネットの振動加速度の透過率(**図-10.53**)等から主管主バルブ開度に対するばらつきは大きいが, 振動加速度の平均伝播から判断すると, 振動加速度の伝播を圧力波の伝播と見なしても大きな誤差がないようである. **図-10.52**, 10.53から圧力波の伝播に対する振動加速度(平均伝播)との比は, 放流管では圧力波の伝播(透過率)が**表-10.13**から0.57, 振動加速度の平均伝播が**図-10.52**から0.94であるので, 1.65. また, 分岐管主バルブでは圧力波の伝播(透過率)が表

図-10.53 主管主バルブ放流に伴う分岐管主バルブボンネット振動

10.2 管路式ゲート（バルブ）

-10.13 から 0.55，振動加速度の平均伝播が図-10.53 から 0.62 であるので，1.13 となる．

b. 事例-2：各部位の水圧変動

① 放流管系の水撃作用特性：表-10.14 に放流管系の水撃作用特性を示す．取水塔基部から副ゲート間の放流管系の水撃作用は 4.31 Hz となる．

表-10.14 放流管系の水撃作用特性

利水放流設備	管長(m)	振動数(Hz)	周期(s)
放流管系の液柱振動	58	$f = a/4L = 4.31$	$T = 4L/a = 0.232$ $t_c = 2L/a = 0.116$
副ゲート空気管の液柱振動	26	$f = a/4L = 9.62$	$T = 4L/a = 0.104$ $t_c = 2L/a = 0.052$

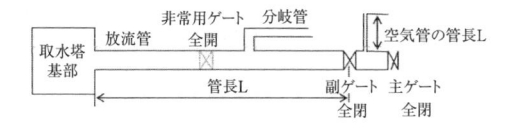

表-10.14 の各部位の水圧変動と振動数にあるように充水操作による副ゲート空気弁の振動は 4.15 Hz，放流管の水撃作用は 4.31 Hz であり，水撃作用に対して 0.96 = 4.15／4.31，水門鉄管技術基準（平成 19 年版）にある振動数比は 0.85～1.54 で，共振域に入っている．なお，表-10.14 から空気弁の動き $t_v = 0.241\,s\,(= 1/4.15)$ は，空気管の水撃作用の伝播時間 $t_c = 0.052\,s$ に対して $t_v/t_c = 4.635$，放流管系の $t_c = 0.116\,s$ に対して $t_v/t_c = 2.078$ の緩遮断となっている．

② 水圧変動の伝播特性：表-10.15 に，式(10.28)，(10.29)から計算された放流管系

表-10.15 流管系の各部位の圧力波の透過率・反射率

検査面		d(mm)	t(mm)	A(m²)	下流側→上流へ	
					s	r
検査面Ⅰ	取水塔基部	–	–	16	0.175	-0.825
	放流管	1 400	8	1.539		
検査面Ⅱ	分岐管	950	8	0.7	0.813	-0.187
	放流管	1 400	8	1.539		
検査面Ⅲ	空気管	300	6	0.0707	0.126	-0.874
	主管			1.050＊		

＊ 1.050m² = 3.5m（副ゲートと主ゲート間の主管長）×0.3m（空気管径）

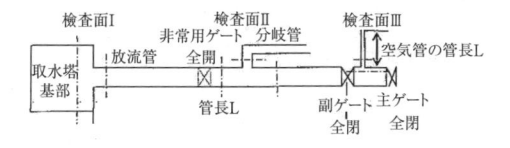

の各部位の圧力波の透過率,反射率を示す.

表-10.15 に示す圧力波の透過率をもとに検査面に対する圧力波の伝播特性を示すと,**表-10.16** になる.この表から放流管系に発生する水圧変動は,計算値／計測値の対比として 0.72〜1.43 程度となり,精度的にまだ問題があるが,目安として圧力波の伝播特性をベースに評価できるようである.

表-10.16 副ゲート空気弁の振動に伴う各部位の水圧変動

検査面	圧力波の伝播特性		対 比
	計 算 値	計 側 値	
検査面Ⅲ	副ゲート空気管圧力；0〜1.8 MPa→ 0.144 MPa[= 0.126×(0−1.8)／2]	副ゲートと主ゲート間の圧力；±0.20 MPa	0.72 = 0.144／0.2
検査面Ⅲ〜検査面Ⅱ	副ゲート充水装置を介して副ゲート上流管へ伝播される.計算はきわめて難しい.	副ゲートと主ゲート間の圧力；±0.20 MPa→副ゲート上流管への圧力；±0.15 MPa	−
検査面Ⅱ	副ゲート上流管圧力；±0.15 MPa→非常用ゲート下流管圧力；±0.10 MPa(=0.15×0.813×0.825)(非常用ゲート下流管圧力の透過率には,取水塔基部からの反射率を考慮する)	非常用ゲート下流管圧力；±0.07 MPa	1.43 = 0.1／0.07
検査面Ⅱ〜検査面Ⅰ	非常用ゲート下流管圧力 = 非常用ゲート上流管圧力	非常用ゲート上流管圧力；±0.07 MPa	1.43 = 0.1／0.07

(5) まとめ

本項では,利水放流設備の端末に設置される主管主バルブの放流中の stick-slip な動き(事例-1),主管副ゲートと主ゲート間への充水操作中の副ゲート空気弁の振動(事例-2)から,放流管系に水撃作用が発生することを明らかにした.

利水放流設備では,端末に設置される各種装置が振動するという想定は全くなく,設計思想としても水撃作用が発生することは考慮されていない.しかし,本項で取り上げたように端末に設置される各種装置が不測の事態により振動し,その動き t_v が放流管系の水撃作用伝播時間 t_c に対して緩遮断の条件($t_v／t_c>1$,事例-2 では $t_v／t_c=2.078$ である)を満たしていれば,利水放流設備にも水撃作用の発生の可能性のあることに留意する.

10.2.5　ホロージェットバルブ(HJV)の振動に関する流体解析[77]

日本のダムでは,水位維持放流用の設備としてホロージェットバルブが多数設置されており,その多くは問題なく運用されている.日本ではないが,過去にバルブ

が振動した事例として，ホロージェットバルブに類似の形式であるホローコンジェットバルブ(HCJV)の弁体は，バルブの先端に固定され，弁体を固定している胴管がスライドして放流する形式，弁体はHJVと同じコーン(円錐)が振動したことが報告されている．この事例によれば，流体力学的な観点から指摘され，コーン中心の頂点でのポテンシャル流れの不安定が振動の要因である，と結論付けられている．さらに，ベーン(水切り板)が流れ中で不安定になること，すなわち端部のオーバリングとベーンの曲げ振動が発生したとも付記されている[78]．

ホロージェットバルブは，バルブの形状が流体力学的に配慮された流線形の弁体が内蔵されていて，弁体を流れ方向に摺動させて放流させる形式のもので，振動する要因のない設備である．しかし，過去の事例および本項で取り上げているような代表的なホロージェットバルブにおいて，弁体の垂れ下がりによる流れの対称性が崩れると流れの不安定現象が発生し，バルブ振動を誘発する危険性を有するきわめて敏感な設備である．バルブ振動の兆候は，弁先端の垂れ下がりに起因する漏水が引き金になる可能性があり，設備の維持管理上の一つの指標と考えられる．

本項では，弁体の流れの不安定性とバルブ振動との関連性を検討するため，弁先端の垂れ下がりによる流量の偏流に着目し，上方領域と下方領域に対する流体力の差とその作用角について流体解析を実施した．バルブ振動に関連した研究で，本項のように弁先端の垂れ下がりによる流体力を導入して流体解析された例はない．

流体解析では，3次元CFD有限体積法による数値解法が一般的であるが，本項では，軸対称流れ場についての運動量理論による理論的な試みを記述し，3次元CFD有限体積法との対比から解析結果の整合性を検証する．さらに，解析結果と放流時のバルブ振動測定のデータ等から本バルブの振動特性を検討し，今後のバルブの維持管理の指標について提示した．

(1) ホロージェットバルブ(HJV)

ホロージェットバルブの形状は，緩やかに拡大する胴管に流線形である弁(弁体は円錐)を内蔵したもので，流体力学的にもきわめて優れた形状となっている．また，弁体が油圧ピストンとなっており，油圧機構で流れ方向に弁体の押し・引きの操作も容易で，微小開度から全開に至るまで，放流操作に際して何ら問題となる要因は存在しない．

(2) 流体解析

ホローコーンジェットバルブの事例を参考に，ホロージェットバルブの振動に及ぼす弁体の垂れ下がりよる流れの非対称性に起因する不安定現象について，軸対称の流れ場の運動量理論による流体力学的な解析を行う．弁体の垂れ下がりによる流れの非対称性に起因する不安定現象を解析するため，弁先端から終端間を対象に軸対称の流れ場についての運動量理論を適用する[79～81]．

a. 解析のための座標系およびバルブの部位　図-10.54 に示すように，検査面-1 は弁先端の最小の球面部 r_1，胴管部 R_1，検査面-2 は弁終端の弁部 r_2，胴管部 R_2 とし，弁体に作用する偏差流体力を算定するため弁体軸芯の上半分の u 領域に作用する流体力，下半分の d 領域に作用する流体力を定義する．

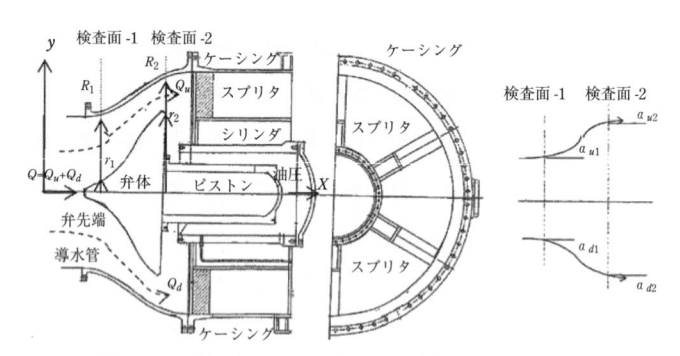

図-10.54　座標系．HJV の部位および検査面-1, -2 での流れ

b. 弁体に作用する偏差流体力

① 弁体に垂れ下りがない場合：弁体を通過する流量は，u，d 領域の断面積 A_u，A_d および u，d 領域の流速 V_u，V_d とすると，連続の条件から以下のように示される．

$$Q \equiv Q_u + Q_d = A_u V_u + A_d V_d \tag{10.30}$$

運動量理論から弁体と胴管に囲まれた流体に働く力で，流れが弁体に及ぼす力 F は，検査面-1 から検査面-2 における運動量の差および検査面-1 と検査面-2 の圧力による力の差とから求められる．

弁体の上半分 u 領域についての流体力

$$F_{u_x} = \rho_w Q_u V_{u_2}(\cos a_{u_2} - \frac{A_{u_2}}{A_{u_1}} \cos a_{u_1}) + A_{u_2} p_{u_2} \cos a_{u_2} - A_{u_1} p_{u_1} \cos a_{u_1} \tag{10.31 a}$$

10.2 管路式ゲート（バルブ）

$$F_{u_y} = \rho_w Q_u V_{u_2}(\sin a_{u_2} - \frac{A_{u_2}}{A_{u_1}}\sin a_{u_1}) + A_{u_2} p_{u_2}\sin a_{u_2} - A_{u_1} p_{u_1}\sin a_{u_1} \quad (10.31\,\text{b})$$

弁体の下半分 d 領域についての流体力

$$F_{d_x} = \rho_w Q_d V_{d_2}[\cos(-a_{d_2}) - \frac{A_{d_2}}{A_{d_1}}\cos(-a_{d_1})] + A_{d_2} p_{d_2}\cos(-a_{d_2}) - A_{d_1} p_{d_1}\cos(-a_{d_1})$$
$$(10.32\,\text{a})$$

$$F_{d_y} = \rho_w Q_d V_{d_2}[\sin(-a_{d_2}) - \frac{A_{d_2}}{A_{d_1}}\sin(-a_{d_1})] + A_{d_2} p_{d_2}\sin(-a_{d_2}) - A_{d_1} p_{d_1}\sin(-a_{d_1})$$
$$(10.32\,\text{b})$$

ここで，ρ_w：流体の密度，p_{u_1}, p_{u_2}, p_{d_1}, p_{d_2}：圧力．式(10.31), (10.32)で $\cos(-a_{d_2}) = \cos a_{d_2}$, $\cos(-a_{d_1}) = \cos a_{d_1}$, $\sin(-a_{d_2}) = -\sin a_{d_2}$, $\sin(-a_{d_1}) = -\sin a_{d_1}$ および検査面-2の圧力条件として大気圧とすると，

$$F_{u_x} = \rho_w A_{u_2} V_{u_2}(\cos a_{u_2} - \frac{A_{u_2}}{A_{u_1}}\cos a_{u_1}) - A_{u_1} p_{u_1}\cos a_{u_1} \quad (10.33\,\text{a})$$

$$F_{u_y} = \rho_w A_{u_2} V_{u_2}(\sin a_{u_2} - \frac{A_{u_2}}{A_{u_1}}\sin a_{u_1}) - A_{u_1} p_{u_1}\sin a_{u_1} \quad (10.33\,\text{b})$$

$$F_{d_x} = \rho_w A_{d_2} V_{d_2}^2(\cos a_{d_2} - \frac{A_{d_2}}{A_{d_1}}\cos a_{d_1}) - A_{d_1} p_{d_1}\cos a_{d_1} \quad (10.33\,\text{c})$$

$$F_{d_y} = \rho_w A_{d_2} V_{d_2}^2(\sin a_{d_2} - \frac{A_{d_2}}{A_{d_1}}\sin a_{d_1}) - A_{d_1} p_{d_1} sin a_{d_1} \quad (10.33\,\text{d})$$

式(10.33)から u 領域および d 領域の流体力差を偏差流体力と定義し，偏差流体力として $\Delta F_x = F_{u_x} - F_{d_x}$(2つの力の符号が同符号の場合)および $\Delta F_y = F_{u_y} + F_{d_y}$(2つの力の符号が異符号の場合)を求めてみる．弁体に対して流れが対称になっていれば，$A_{u_2}/A_{u_1} = A_{d_2}/A_{d_1} \equiv A_2/A_1$，$A_{u_1} = A_{d_1}$，$p_{u_1} = p_{d_1}$，$a_{u_1} = a_{d_2} \equiv a_2$，および $a_{u_1} = a_{d_1} \equiv a_1$ となり，x 軸および y 軸方向の弁体に作用する偏差流体力は，以下のようになる．式(10.34), (10.35)に示すように，流れが弁体の x 軸方向に対して完全に対称であれば，$\Delta F_x = \Delta F_y = 0$ となり，偏差流体力の発生はない．

$$\Delta F_x = 0 \quad (10.34)$$
$$\Delta F_y = 0 \quad (10.35)$$

② 弁体に垂れ下がりがある場合：弁体の上半分を u 領域および下半分を d 領域の断面積が図-10.55，式(10.36)に示すように変化する．

u 領域での断面積の増加分

$$a = \frac{\pi er}{2} \tag{10.36 a}$$

d 領域での断面積の減少分

$$a = \frac{\pi er}{2} \tag{10.36 b}$$

式(10.36)の断面積の増加分および減少分を考慮すると，式(10.31)，(10.32)の A_u, A_d は，**図-10.55** の座標系に従うと，以下のようになる．

$$A_{u_1} = \frac{\pi}{2}\left[R_1^2\left\{1-\left(\frac{r_1}{R_1}\right)^2\right\} + er_1\right] \tag{10.37 a}$$

$$A_{u_2} = \frac{\pi}{2}\left[R_2^2\left\{1-\left(\frac{r_2}{R_2}\right)^2\right\} + er_2\right] \tag{10.37 b}$$

$$A_{d_1} = \frac{\pi}{2}\left[R_1^2\left\{1-\left(\frac{r_1}{R_1}\right)^2\right\} - er_1\right] \tag{10.37 c}$$

$$A_{d_2} = \frac{\pi}{2}\left[R_2^2\left\{1-\left(\frac{r_2}{R_2}\right)^2\right\} - er_2\right] \tag{10.37 d}$$

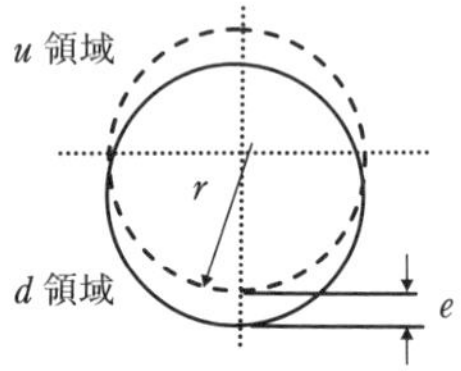

図-10.55 弁体の垂れ下がりによる断面積

式(10.37)を式(10.31)，(10.32)に適用し，偏差流体力 ΔF_x および ΔF_y を求める．ただし，弁体の垂れ下がりが微小として，$A_{u_2}/A_{u_1} = A_{d_2}/A_{d_1} \equiv A_2/A_1$, $A_{u_1} = A_{d_1}$, $p_{u_1} = p_{d_1}$, $a_{u_2} = a_{d_2} \equiv a_2$, $a_{u_1} = a_{d_1} \equiv a_1$, および検査面-2では大気圧とし，$V_{u_2} = V_{d_2} \equiv V$ としている．弁体に垂れ下がりがあれば，流れが弁体の x 軸方向に対称とはならず，その結果，以下に示すような偏差流体力が発生する．

$$\Delta F_x = \rho_w \pi er_2\left(\cos a_2 - \frac{A_2}{A_1}\cos a_1\right)V^2 \tag{10.38}$$

$$\Delta F_y = \rho_w \pi er_2\left(\sin a_2 - \frac{A_2}{A_1}\sin a_1\right)V^2 \tag{10.39}$$

$$\beta = \tan^{-1}\frac{\Delta F_y}{\Delta F_x} \tag{10.40 a}$$

$$A_1 = \frac{\pi}{2}R_1^2\left[1-\left(\frac{r_1}{R_1}\right)^2\right] \tag{10.40 b}$$

$$A_2 = \frac{\pi}{2}R_2^2\left[1-\left(\frac{r_2}{R_2}\right)^2\right] \tag{10.40 c}$$

$$V^2 = 2gH_e \tag{10.40 d}$$

ここで，H_e：有効水頭．

弁終端 r_2 点の垂れ下がり量 e が振動し，$e=f(t)$ の関数になると，式(10.38)，(10.39)式は動的な偏差流体力になる．しかし，ここでは静的な偏差流体力について展開している．さらに偏差流体力の作用角 β が $-\beta$ となると，下向きの偏差流体力が弁体に作用するので，弁体の垂れ下がりを助長する現象となる．いずれにしても弁終端 r_2 点の垂れ下がり量 e に比例した偏差流体力が発生し，流れによる不安定現象の発生原因となる．

弁体はピストン機構の一部であり，ピストンは油圧駆動されるため，2箇所のパッキン軸受け(アルミニウム青銅)で支持され，ピストン部の金属に比べ軟らかい支持機構となっている．この支持機構を考慮すると，任意の弁体の開度に対応する弁終端 r_2 点の垂れ下がり量 e として，以下のようになる．

$$e = e_0(1-\chi) \tag{10.41}$$

χ を**表-10.19**，**10.20** に示している．e_0 は弁先端の垂れ下がりである．

(3) 偏差流体力の計算条件

偏差流体力の算定には，胴管と弁体の寸法，および弁体の開度ごとの弁体に沿う流れの状況を設定する必要がある．そこで，胴管と弁体との流路に沿う流線として，検査面-1(弁先端)と検査面-2(終端)間の中心流線を設定し，設定された流線から角度を求める．

ここでは，一般論として代表的なホロージェットバルブを取り上げて試計算を試みる．

a. 計算のための諸数値

① バルブの主要寸法および設計水頭：**表-10.17** にバルブの主要な数値を示す．

表-10.17 バルブの主要寸法および設計水頭

胴管口径 (mm)	胴管出口径 (mm)	弁ストローク (cm)	設計水頭 (m)
1 800	2 800	72.64	76.2

② ストローク開度ごとの弁体および胴管の寸法：**表-10.18** に数値を示す．
③ ストローク開度ごとの弁に沿う流線の角度：開度ごとの弁体に沿う流線の角度は，弁先端の垂れ下がり量が微小とすると，弁体の上半分を u 領域とする流線角度 a_{u_1}，a_{u_2} と下半分を d 領域とする流線角度 a_{d_1}，a_{d_2} は，$a_1 \equiv a_{u_1} = a_{d_1}$，$a_2 \equiv a_{u_2} = a_{d_2}$ となり，**表-10.19** のように設定している．

表-10.18 ストローク開度ごとの弁体および胴管の寸法

項 目	弁体のストローク開度(%)											
	2.7		20		40		60		80		100	
弁体(cm)	r_1	r_2	r_1	r_2	r_1	r_2	r_1	r_2	r_1	r_2	r_1	r_2
	12.3	97.5	12.3	97.5	12.3	97.5	12.3	97.5	12.3	97.5	12.3	97.5
胴管(cm)	R_1	R_2	R_1	R_2	R_1	R_2	R_1	R_2	R_1	R_2	R_1	R_2
	90.0	97.7	90.0	107.9	90.0	116.5	90.6	129.8	93.5	135.6	99.4	140.0

表-10.19 ストローク開度ごとの弁体および胴管の寸法

項 目	弁体のストローク開度(%)											
	2.7		20		40		60		80		100	
流線角度(°)	a_1	a_2	a_1	a_2	a_1	a_2	a_1	a_2	a_1	a_2	a_1	a_2
	25	30	25	30	25	30	25	30	25	30	25	30

b. 弁終端 r_2 点の垂れ下がり量　e_0 が 4 mm と 1 mm の状態の 2 条件を設定し，式 (10.38)，(10.39) の弁終端 r_2 点の垂れ下がり量 e を算定する．

① 弁終端 r_2 点の垂れ下がり量：$e = e_0(1-\chi)$，$e_0 = 4$ mm．**表-10.20** に弁終端 r_2 点の垂れ下がり量を示す．

表-10.20 弁終端 r_2 点の垂れ下がり量

項 目	弁終端 r_2 点の垂れ下がり量 e(mm)					
ストローク開度(%)	2.7	20	40	60	80	100
x(cm)	2	14.53	29.1	43.58	58.11	72.64
$\chi = (x+87.1)/217.02$	0.411	0.468	0.535	0.602	0.669	0.736
$1-\chi$	0.589	0.532	0.465	0.398	0.331	0.264
e(mm)	2.36	2.13	1.86	1.59	1.32	1.06

② 弁終端 r_2 点の垂れ下がり量：$e = e_0(1-\chi)$，$e_0 = 1$ mm．**表-10.21** に弁終端 r_2 点の垂れ下がり量を示す．

表-10.21 弁終端 r_2 点の垂れ下がり量

項 目	弁終端 r_2 点の垂れ下がり量 e(mm)					
ストローク開度(%)	2.7	20	40	60	80	100
x(cm)	2	14.53	29.1	43.58	58.11	72.64
$\chi = (x+87.1)/217.02$	0.411	0.468	0.535	0.602	0.669	0.736
$1-\chi$	0.589	0.532	0.465	0.398	0.331	0.264
e(mm)	0.59	0.53	0.47	0.40	0.33	0.26

(4) 計算結果

a. 運動量理論　運動量理論を適用した解析では，弁体に作用する偏差流体力の合成力 $\Delta F = \sqrt{(\Delta F_x)^2 + (\Delta F_y)^2}$（ここでは，単に流体力と呼ぶ）は，弁終端 r_2 点の垂れ下がり量として**図-10.56**のように定義して $e = e_0(1-\chi)$ と設定すると，**図-10.57**に示すように弁先端の垂れ下がり量 e_0 に比例した流体力となる．**図-10.57**の計算結果から弁開度（ストローク開度）に対する流体力は開度と共に小さくなるが，開度60％付近までは，流体力の作用角 $\beta = \tan^{-1}(\Delta F_y / \Delta F_x)$ は，$\beta > 0$ で上向きに作用し，弁体を持ち上げる方向に作用する．しかし，開度60％付近から急変し，70％付近から流体力の作用角 β は，$\beta < 0$ となる．

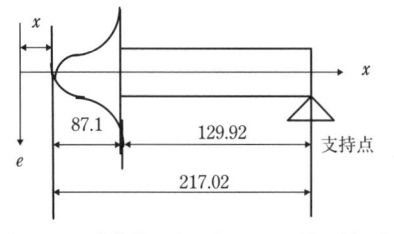

図-10.56　弁終端 r_2 点の垂れ下がり量の座標系

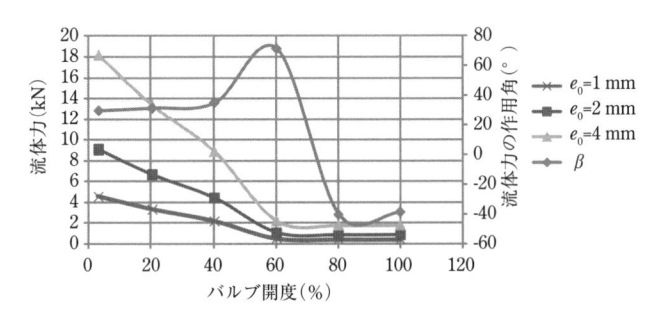

図-10.57　バルブ開度～流体力（設計値76.2 m）

図-10.57に示すように，流体力の作用角の急変は，弁体の垂れ下がりを助長する方向に作用し，非対称流れの発生の要因ともなる．この現象が非対称流れに起因する不安定現象となり，バルブ振動を誘発する可能性がある．

b.3次元CFD有限体積法　弁体および胴管で囲まれた領域を解析形状にマッチングするように有限体積に分割（分割数100万メッシュ程度）し，計算ソフトFLUENTを用いたポテンシャル流れについての解析である．その理由は，弁体を含む流れが環状噴流となるKirchhoffモデル（死水の形）の流況であることである．Kirchhoffモデル，ジェット，空洞等がすべてポテンシャル流れを仮定して解析されていること，また文献[81]では，物体に働く力は圧力からの力（ポテンシャル流れ）と摩擦からの力（粘性流れ）の和とし示されるが，Kirchhoffモデルでは全力に占める摩擦の影響は小さいという記述等を考慮したものである．3次元CFD有限体積

法での解析条件は，弁体入口部で定常で一様な速度分布を与え，ダム水位～バルブ開度～流量の関係とストロークごとの弁先端の垂れ下がり量を設定し，そして弁体出口の圧力条件は大気圧としている．さらに弁体をストロークごとに変化させているが，弁体は設定された位置で静止状態であるとする定常解析である．解析された弁体の流体力を図-10.58 に示す．

図-10.58 には，3次元 CFD 有限体積法の結果と対比するため，運動量理論から計算される弁体の流体力が併記されている．3次元 CFD 有限体積法によるバルブ開度対応の結果は，運動量理論から計算される

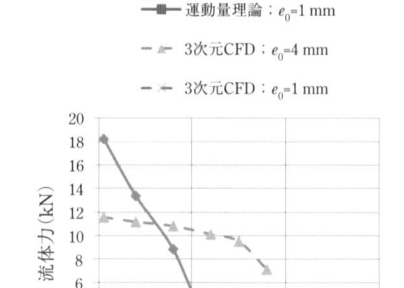

図-10.58 運動量理論と 3 次元 CFD による流体力の対比（設計水深 76.2 m）

値の平均的なものになっている．このような傾向を示す理由は，弁体と胴管に囲まれた領域に対する流線の角度の設定によるものと考えられる．3次元 CFD 有限体積法では，弁体の外面形が忠実に再現された流線角が採用されているが，運動量理論では，弁体と胴管の平均流線が流線角，しかも弁体の開度に対しても同一に設定されている．このため，開度変化による流体力を低めに算定する可能性があるが，両解法とも弁先端の垂れ下がりに比例した流体力になることが示された．しかし，算定される流体力には大きな差異が認められ，弁体と胴管に囲まれた領域の流管についての平均的な流線を用いる運動量理論の適用には限界があり，3次元有限体積法による解法が必要である．ただし，現状では流体力は静的なものであり，バルブ振動に対応する動的な流体力の解法が望まれる．

(5) 流れの不安定現象とホロージェットバルブの振動

弁先端の垂れ下がり量 e_0 が 4 mm の状態で，簡易振動計で計測されたバルブ振動（図-10.59 胴管の根本振動：x 水流方向，y 左右方向，z 鉛直方向）と弁体に作用する流体力の作用角との関係を示すと，図-10.59～10.61 となる．これらの図のダム水位条件は，62.55，52.94，47.40 m である．

バルブ開度に対する振動特性のうち，ケーシング振動［図-10.59(b)］およびバルブ胴管の根本振動［図-10.59(a)］は，簡易振動計による計測で，バルブ開度 50% 近

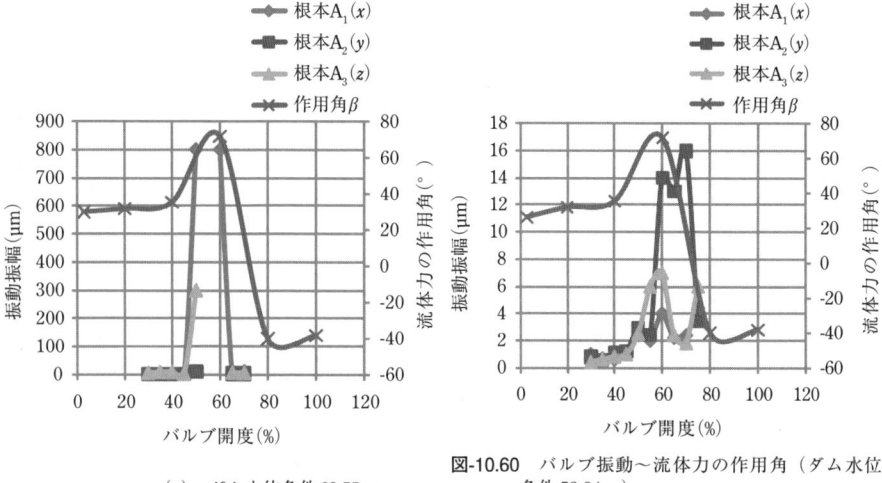

10.2 管路式ゲート（バルブ）

(a) ダム水位条件 62.55 m

図-10.60 バルブ振動～流体力の作用角（ダム水位条件 52.94 m）

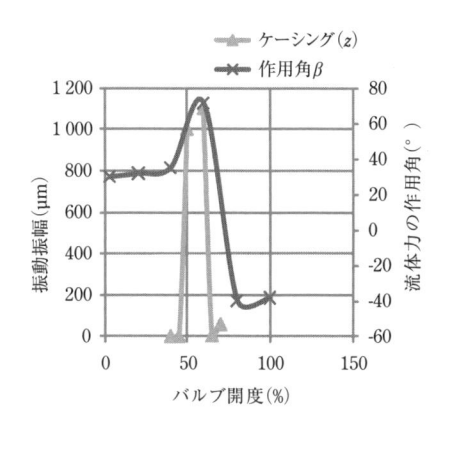

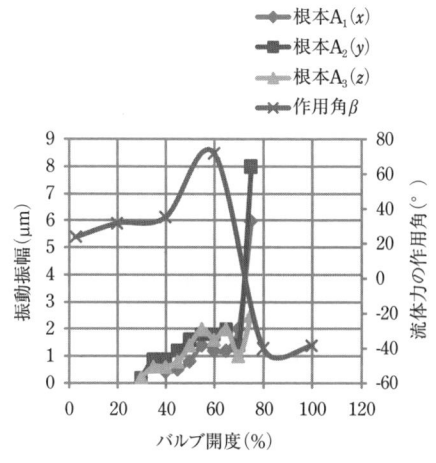

(b) ダム水位条件 62.55 m

図-10.59 バルブ振動～流体力の作用角

図-10.61 バルブ振動～流体力の作用角（ダム水位条件 47.40 m）

傍で計測不能となる大きなものとなったが，振動現象としては，ケーシング振動の方が大きいようであった．いずれにしても，図-10.59～10.61 に示すように，バルブ振動は流体力の作用角との関連性が認められ，作用角 β が $\beta>0$ ～ $\beta<0$ に急変する開度域からバルブ振動が発生している．

ダム水位が高い結果である図-10.59 のバルブ振動がきわめて大きいが，他の低い水位条件ではバルブ振動は発生しているが，大きくはない．

弁先端の垂れ下がり量 e_0 が 1 mm の状態で，振動計[容量 4 G (3 920 Gal)，応答～4 kHz]で計測されたバルブ振動(図-10.62．ケーシング振動：x 水流方向，y 左右方向，z 鉛直方向)と弁体に作用する流体力の作用角との関係を示すと，図-10.62 となる．同図は，ダム水位条件 62.37 m の場合で，図-10.59 の結果と対比できるケースである．

ホロージェットバルブは回転機械ではないが，参考のために図-10.62 には，ターボ圧縮機および発電機ロータの軸系振動の許容振幅が通常 75μm とされているので，この数値も併記してある．なお，警報値は 125μm，トリップ値は 200μm であると記載されている[82]．

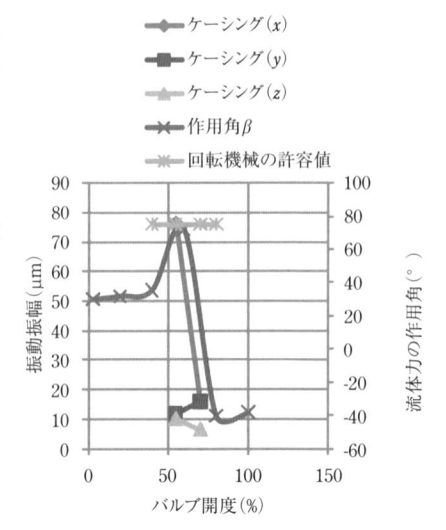

図-10.62 バルブ振動～流体力の作用角(ダム水位条件 62.37m)

図-10.62 と図-10.59(**b**)との対比から，図-10.62 のバルブ振動はきわめて小さくなり，回転機械の許容振幅 75μm 程度に収まっていることから，弁先端の垂れ下がり量 $e_0 \leq 1$ mm がバルブに対する指標として適切な値であると考えられる．さらに，この指標条件下で完全な水密性が確保されていることが前提となる．

(6) まとめ

本項では，ダムの水位維持放流設備であるホロージェットバルブの振動について，弁体の垂れ下がりと流れ方向の対称性の崩れによる流れの不安定現象を軸対称の流れ場の運動量理論をもとに理論的に解析し，弁体に作用する流体力[弁体軸芯に対する偏差流体力の合成力(流体力)とその流体力の作用角]の特性を明らかにした．解析の結果，流体力は弁先端の垂れ下がりに比例し，流体力の作用角はバルブ開度が 60% 付近までは弁体の垂れ下がりを抑制する上向きであるが，バルブ開度 70% 付近からは弁体の垂れ下がりを助長する下向きになる．

運動量理論による理論的な解析と 3 次元 CFD 有限体積法による数値解析との対比から，運動量理論によって計算される値とに差異があり，弁体と胴管に囲まれた流管の平均値的な流線を用いての運動量理論の適用には限界があると考えられる．

流体解析と振動の測定結果との対比から，バルブ振動は弁体の垂れ下がりによる流れの非対称性に起因することを明らかにした．また，バルブ振動に対する弁先端の垂れ下がり量の指標として $e_0 \leq 1$ mm が設定される．

流体解析として，軸対称の流れ場の運動量理論をもとに理論的な解析を試みているが，さらに3次元CFD有限体積法(ソフト名FLUENT)による数値解法も実施している．この数値解法では，より詳細な弁体および胴管に沿っての流場・圧力場と偏差流体力やモーメント(図-10.56に示す支持点回り)等を計算しているが，計算結果は軸対称の流れ場の運動量理論をもとに理論的に解析した結果と同様，弁先端の垂れ下がりに比例した流体力やモーメントになることが検証された．しかしながら，両解法とも定常的な流体力の解析にとどまっており，バルブ振動に対応する動的な流体力ではない．今後，3次元有限体積法による動的な解法が進展し，バルブ振動の評価が的確にできることが望まれる．

なお，数値計算は(株)メインテック(現・NTTデータエンジニアリングシステムズ)で実施されたことを付記する．

10.3　長径間シェル構造ゲート

10.3.1　上下端放流時のシェル構造ローラゲート振動特性[83]

ダムや堰等に設置される洪水吐きゲートは，洪水流量やゲートに付加的に要求される機能(例えば，水位維持機能)等を考慮して，ラジアルゲートやローラゲート等の下端放流形式あるいは起伏式ゲート(ダムフラップゲート)，ドラムゲートやドロップ等の越流形式が選定される．

これに対して，ゲートをシェル構造ローラゲートのように，構造上，上下端放流の可能な形式とすれば，上記のそれぞれのゲートの特質を併せ持たせることが可能になる．すなわち，水位維持においては越流操作とし，洪水処理においては下端放

流操作とすることにより，ゲートに過大な負担を与えず，またゲートの管理性が向上すると考えられる．

一方，フィルダムの洪水吐きには，しばしば越流形式のゲートが選定されるが，これは仮にゲート全閉状態でも越流のみで一定の放流量が確保され，停電等によってゲート開閉操作が遅れた場合においても，下端放流形式と比較して堤体の安全性を確保することが容易であるからである．したがって，上下端放流の可能なゲートとすれば，この機能も満足されることになる．

下端放流の可能なゲートは，このようなダムや堰の管理上の利点を有しているが，従来から上下端の同時放流を行うと，激しい鉛直方向の振動を伴うことが過去の研究により報告されており，ゲートの振動が設計および管理上の障害となっている．この振動特性については，Naudascher[84]，荻原[85]らが以下のようなことを提示している．

Naudascher
・上下流水位差が大きいほど振動は増大するが，ある条件でピークを示し以後減少する．
・ゲート背面に給気することにより振動は減少する．
・ゲート下面形状は，水平とするより傾斜をつけた方が振動を減少できる．
・オーバーフローとアンダーフローの合流部に生じた渦をゲートから遠ざけることにより，変動圧力のゲートへの伝達を避けて振動は減少する．

荻原
・流水の状況によりことなる振動現象が発生する．
・自励的な振動のピークは，ゲートの支持剛性により変化する．
・上流水深の増加により振動も増大する傾向にある．

このように，上下端放流は振動を生じる可能性があるため，比較的設置例のある堰の洪水吐きのシェル構造ゲートにおいても，原則として上下端の同時放流は行われていないのが現状である．

そこで，前述のゲートの管理性を考慮して上下端放流を採用するためには，ゲートの振動特性を明らかにして適切な対策を行う必要があるが，従来の研究においても未解決なものは，次のとおりである．

・上下端放流において振動が発生する上流水深とゲート扉高の関係，
・ゲート操作時に振動が発生する開度の範囲と振動ピーク位置，
・振動発生のメカニズムとゲート形状の関係，

・振動防止対策.

本項では，シェル構造ローラゲートを対象に，模型実験によりオーバーフローとアンダーフロー合流部に生じる渦と振動の関係，振動領域，振動のピーク等を明確にし，また，ゲートリップ位置，スポイラの有無と形状，および水路底面切下げ位置について振動に対する効果を比較検討する．これにより上下端放流ゲートの適用性，ならびに振動防止の考え方について記述する．

(1) 実験概要

a. 実験装置　　図-10.63 に示すように，実験には幅 0.705 m，深さ 1.0 m，長さ 16 m の 2 次元水路を使用し，水路底面形状を変られるように 0.3 m 水路底面を嵩上げしている．

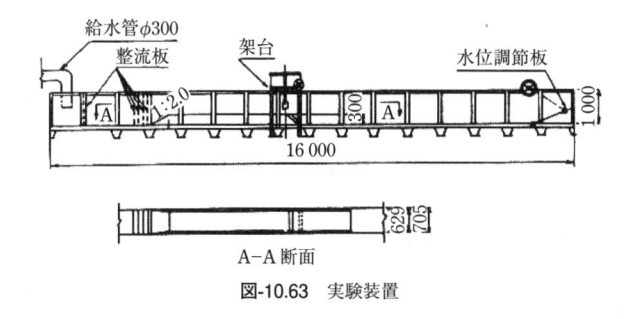

図-10.63 実験装置

模型は径間 15 m，扉高 5 m，ゲート厚 1.85 m，ゲート切上げ角 20°の上流側にリップを持つシェル構造ローラゲートを想定し，模型縮尺は 1/16.67 とした．扉体にはアクリル樹脂，ゲートリップおよびゲートアームにはアルミ合金，ローラにはステンレス鋼を使用し，想定する実機ゲートに対して空中において質量相似を満足させた．

模型ゲートの支持は，水路中央部に据え付けた架台の上部に片持ち梁タイプの板ばねを取り付け，上下方向を支持し鉛直運動が可能であり，ゲート下端開度を変えられるものとした．

b. 実験方法，計測項目　　実験では，あるゲート下端開度において上流水深を上げ，上下端同時放流の範囲で下端開度ごとの振動特性を確認する．ここで，下流水深は水路下流の水位調節板により与えて，自由流出と潜り流出の両方の場合について検討している．

本実験の測定項目は，以下のとおりである．

・ゲートアーム上部に取り付けた加速度計により振動時の鉛直加速度を測定．
・板ばね上部に設置した距離センサにより振動時のゲート振幅を測定．
・ゲート直下流の空洞内の空気圧変動を差圧計により測定．
・ゲート底面および越流面に圧力センサを取り付け，振動時の変動圧力を測定．

図-10.64に測定位置を示す．

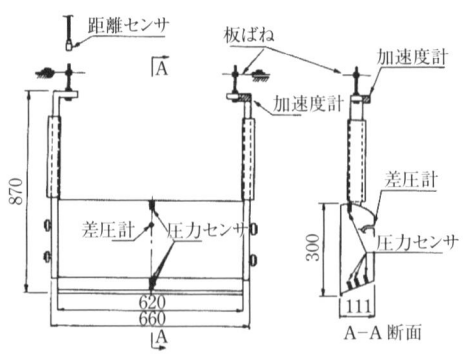

図-10.64 計測機器配置

c. 実験条件　図-10.65に本実験で用いたパラメータを示す．ここで用いるゲート直下流水深 h_1 は，上下端放流により形成されるゲート背面の空洞内の水面の水深であり，下流水深 h_d と区別している．

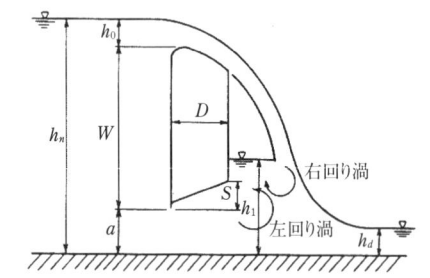

表-10.22に実験条件を示す．Type 1-A，板ばね K_1 を基本形状とし，ゲート形状(底面リップの位置)，板ばね，ゲート下端開度，スポイラの有無，および水路底面切下げ位置の変化に関して実験を行った．Type 2, Type 3 については，板ばね K_1 のみを使用し，Type 1 と比較するためにゲート下端開度 a を 5 cm の一定とした．

図-10.65 記号説明

W：ゲート扉高 D：ゲート厚．S：ゲートリップから下流縁までの高さ．
a：ゲート下端開度 h_n：上流水深 h_d：下流水深 h_0：越流水深．
h_1：ゲート直下流水深

(2) 実験結果

a. 系の固有振動数，減衰定数　板ばね K_1 用いて，空中および水中の固有振動数，減衰定数を加速度計により計測した結果を図-10.66に示す．

空中での固有振動数 f_a は 13.0 Hz (M = 7.6 kg) となり，想定実機の固有振動数に換算すると 3.18 Hz である．一般に実機ゲートの固有振動数は 4〜5 Hz であり，若干小さい値である．しかし，板ばね K_2 では f_a = 19.5 Hz で換算すると 4.78 Hz となり，

10.3 長径間シェル構造ゲート

表-10.22 実験条件

	上流側リップ	下流側リップ	中間リップ
ゲート形状	Type1-A	Type2-A	Type3-A
板ばね K	$K_1 = 51.6$ kgf/cm $K_2 = 116.4$ kgf/cm	$K_1 = 51.6$ kgf/cm	$K_1 = 51.6$ kgf/cm
ゲート下端開度 a	1〜10 cm （1 cm ステップ）	5 cm	5 cm
上流水深 h_0	34〜50 cm	34〜50 cm	34〜50 cm
下流水深 h_d	無調節 5〜20 cm	無調節	無調節
スポイラ	Type 1-A-S1 Type 1-A-S2	―	―
水路底面の切下げ位置	Type 1-B Type 1-C	―	―

これらにより実機ゲートの評価は可能と判断した．水中では付加質量 M_r およびゲート内水重の影響で $f_w = 6.82$ Hz と小さくなっており，$M_r = 7.3$ kg, $C_w = 1.22$（付加質量係数：$M_r / \rho \pi D^2 B / 4$）と換算された．

b. 上流側リップゲートの振動特性

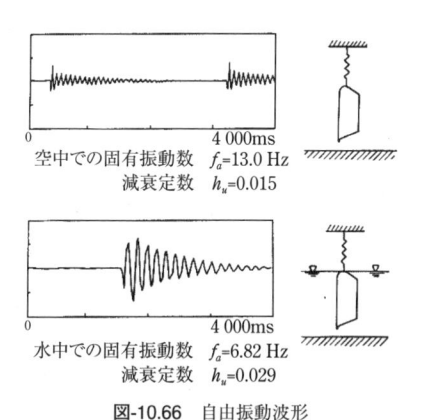

① 系の固有振動数の影響：ばね定数 K_1, K_2, ゲート重量 M_1, M_2 の組合せにより，空中での固有振動数を $f_{a_1}, f_{a_2}, f_{a_3}$ と変化させた場合，$a/D = 0.45$ として越流水深 h_0/W を変えた場合の振動レベルの比較を**図-10.67**に示す．

固有振動数が減少すると共に振動が大きくなり，また，振動ピーク時の h_0/W

図-10.66 自由振動波形

空中での固有振動数 $f_a = 13.0$ Hz
減衰定数 $h_u = 0.015$

水中での固有振動数 $f_a = 6.82$ Hz
減衰定数 $h_u = 0.029$

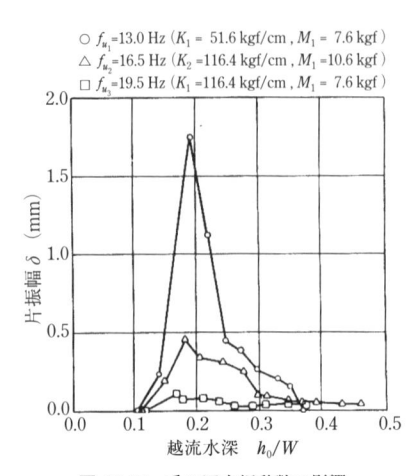

図-10.67 系の固有振動数の影響
(Type 1-A, $a/D = 0.45$)

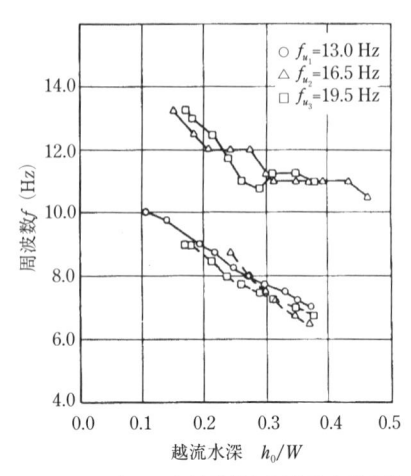

図-10.68 系の固有振動数と振動発生周波数
(Type 1-A, $a/D = 0.45$)

が f_a により異なっている．明らかに振動は系の固有振動数の影響を受けている．
② 振動発生周波数：f_{a_1}, f_{a_2}, f_{a_3} での振動波形の周波数スペクトルを図-10.68に示すが，高周波成分（実線）と低周波成分（点線）を持っている．高周波成分は付加質量を見込んだ系の固有振動数にほぼ一致するため，振動系に支配された自励振動であり，低周波成分は流水およびゲート形状に支配された渦励振と考えられる．

f_{a_1} では一つの振動数のみであるが，系の固有振動数と渦発生周波数が近いため，周波数の locking-in 現象（渦の発生が系の振動に同調して「系の振動周波数」＝「渦の発生周波数」となる現象）が生じているためと考えられる．

また，越流水深が増加すると周波数は小さくなるが，自励振動で付加質量の増加が，また渦励振では流速の変化（ストローハル数の低下）が原因と考えられる．
③ 振動領域：固有振動数 f_{a_1} における上流側リップゲート（Type 1-A）の振動領域を図-10.69に示す．

いまゲート下端開度 a/D を一定として，越流水深 h_0/W が増加すると振動

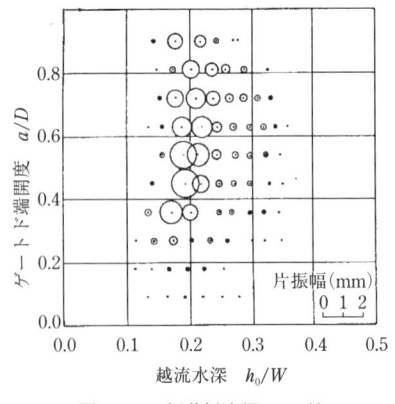

図-10.69 振動領域（Type 1-A）

も増大し，$h_0/W=0.2$をピークに低減していく．$h_0/W=0.2$の時のゲート直下流水位はゲート底板下流縁付近(すなわち，$h_1=a+S$)にあるが，この時，下流の水面変動によりゲート底面が圧力変動を最も受けやすい状態となっている．これより水位が上昇すれば，ゲートは潜り状態となり，また逆に水位がゲート底面下流縁より下降すれば，変動圧力面が小さくなり，共に振動が生じ難くなる．つまり，越流水深によって左右されるゲート直下流水深h_1が振動の大小を左右する一つの要素となっていると考えられる．

また，越流水深h_0/Wを一定としてゲート下端開度a/Dを上げていくと，振動は増大し，ある開度でピークとなり，その後減少する傾向にある．ピークとなる開度は，低越流水深であれば低開度，高越流水深であれば高開度である．すなわち，振動の大小を左右するもう一つの要素は，ゲート下端開度と越流水深の関係であり，換言すると，ゲート下端放流量と越流量の関係である．また，この関係に左右されるのは，オーバーフローとアンダーフローの合流部にできる右回り渦(図-10.71)の発生状況であるが，詳細は後の⑥で説明する．

④ 換算流速の導入：図-10.69に示した振動領域で，越流水深を換算流速$V_r=\sqrt{2g(h_u-h_1)}/fD$で3次元的に表したのが図-10.70である．

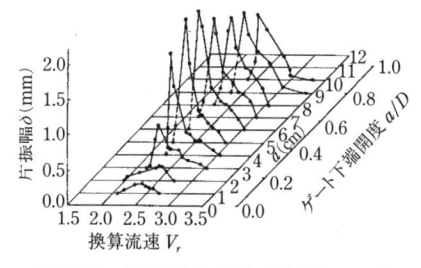

図-10.70 換算流速と振幅の関係(Type 1-A)

振動ピークはa/Dに関係なく$V_r=2.3\sim2.5$にあり，Naudasher[86]の下端放流のみによるゲート振動特性と類似している．このことは，上下端放流の場合も，振動周波数は下端放流による左回り渦により決定されている可能性を示している．

⑤ 下流水深の影響：先の実験により得た振動が最大となる条件($a/D=0.45$, $h_0/W=0.020$)において，下流水深h_d/Wを除々に上

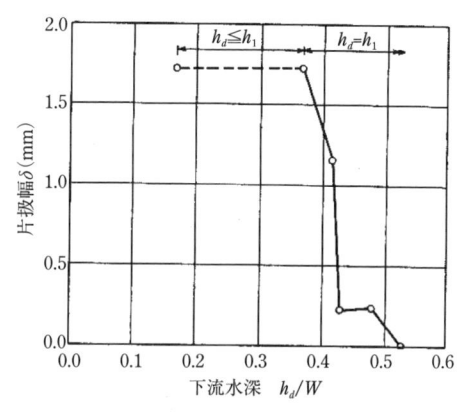

図-10.71 下流水深の影響(Type 1-A, $h_0/W=0.2$, $a/D=0.45$)

げた場合の実験結果を**図-10.71**に示す.

　$h_d \leq h_1$の範囲においては，h_dの影響はなく振動は変化しないが，さらにh_dを上げてゲート直下流水深h_1と等しくなって，共に上昇するようになると振動は減少する傾向にある．この原因は，ゲートが潜り状態となって圧力変動がゲート底面に作用しなくなるためと考えられる．

⑥　振動とゲート直下流に生じる渦との関係：流況観察から得られたゲート下端開度および越流水深の変化に伴うオーバーフローとアンダーフローの合流部にできる右回り渦と左回り渦の発生状況を**図-10.72**に示し，以下に説明する．

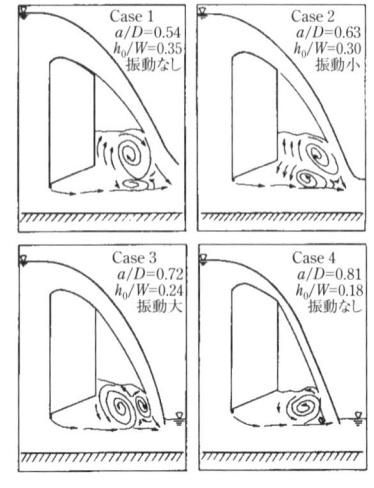

図-10.72　渦発生状況

ⅰ　Case 1；$h_0/W=0.35$，$a/D=0.54$．右回りの渦が支配的となり，左回りの渦は小さい．振動なし．

ⅱ　Case 2；$h_0/W=0.30$，$a/D=0.63$．両方の渦が同規模に発生している．振動小．

ⅲ　Case 3；$h_0/W=0.24$，$a/D=0.72$．左回りの渦は大きく，右回りの渦の影響によりゲート近くで発生している．振動大．

ⅳ　Case 4；$h_0/W=0.18$，$a/D=0.81$．左回りの渦は大きいが，右回りの渦がほとんど発生しないため，左回りの渦の位置はゲートから離れている．振動なし．

　図-10.72の4ケースを比較すると，振動の強弱は，左回りの渦の大きさとゲートからの距離に左右されている．つまり，**図-10.67**において振動の発生要素の一つとしてゲート下端開度と越流水深の影響を挙げたが，下端放流により発生した左回りの渦が越流水脈により上流ゲート側に押し戻され，ゲート底面に圧力変動を与えるCase 3のような場合，振動が最大となると考えられる．

⑦　位相差解析：振動が最大となる**図-10.72**のCase 3における加速度，振幅，ゲート背面圧，ゲート越流面圧の振動波形について，加速度を基準にそれぞれの位相差を求めたものを**図-10.73**に示す．

ⅰ　振幅；加速度と同相である．

10.3 長径間シェル構造ゲート

(ⅱ) ゲート背面空気圧；加速度と同位相の波形と圧力 No.1 と同位相の波形があるが，これは，ゲートの鉛直振動とゲート直下流水面の変動の両者により空気圧変動が生じたためと考えられる．

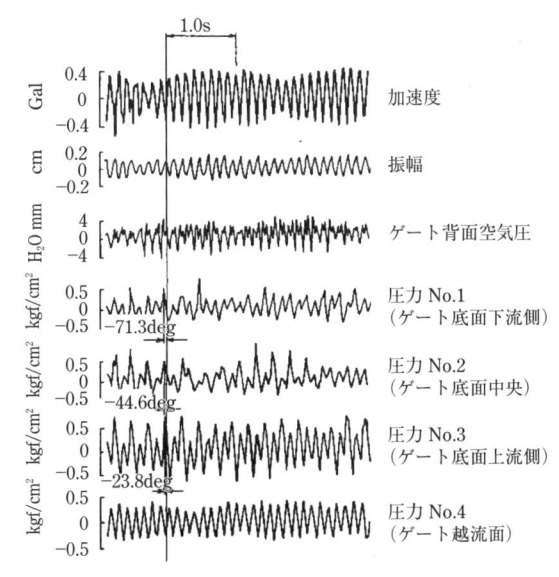

(ⅲ) ゲート底面および越流面の圧力；ゲート底面に作用する変動圧力は，加速度および振幅に対して進み位相を有している．位相差解析値は，圧力 No.1 は

図-10.73 ゲート振動時の各種波形 ($a/D=0.72$, $h_0/W=0.24$)

$-47.5°$，圧力 No.2 は $-23.8°$，圧力 No.3 は $-14.9°$ であるが，上流側よりも下流側の方が進み位相となっており，下端放流により生じた左回り渦が下流から上流へと伝わったためと考えられる．また，圧力 No.4 はゲート越流面であるため，加速度および振幅と同位相となった．

以上より，上下端放流時の振動周期は下端放流による渦励振により決定されていると考えられる．

c. 振動防止対策

① ゲート形状の影響：流れの剥離点の異なる上流側リップ(Type 1-A)，下流側リップ(Type 2-A)，中間リップ(Type 3-A)のそれぞれのゲートについて，ゲート下端開度 a が 5 cm における振動レベルの変化を図-10.74 に示す．

Type 1-A と Type 2-A を比較すると，Type 2-A では振動が低減されているが，ここで発生した振動は Type 1-A と異

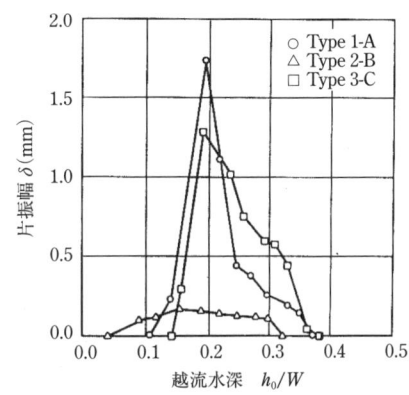

図-10.74 ゲート形状の影響 ($a/D=0.45$)

なっている．これは，流れがゲート下端上流縁で剥離し，リップ付近で再付着することが原因となっていると考えられるが，ゲート下端上流縁に円弧を設けると解消する．Type 2-A はゲート底面に渦による変動圧力が作用しないことから，上下端放流に対して振動を生じ難い形状と判断される．

　Type 3-A は Type 1-A と同様な振動が発生しており，この形状で振動を防止する効果は期待されない．この形状は，上流面の切上げによりゲート操作時の開閉荷重を減らすものであるが，上下端放流に対しては底面下流に圧力変動を受けることから Type 1-A と同様と考えられる．

② スポイラの影響：スポイラの有無と形状の違いによる振動特性を図-10.75 に示す．Type 1-A-S1 は $h_0/W \leqq 0.2$ で水脈は分断され，Type 1-A の振動のピークは防止することができるが，$h_0/W > 0.2$ になると，Type 1-A と同程度の振動が生じる．これは，スポイラの水脈分断効果がなくなるためと考えられ，Type 1-A-S2 のように突起状とすれば，実験条件におけるすべて越流水深で振動は発生しなかった．

　スポイラは，水脈を分断することによってゲート背面の空気圧を開放し，水脈振動を防止する効果があると考えている．上下端放流ゲートにおいても，背面の圧力変動を開放することによりゲート直下流に発生する渦を小さくする効果があると考えられ，振動防止対策として有効である．

③ 水路底面切下げ位置の影響：水路底面切下げの有無の位置による振動特性を図-10.76 に示す．切下げのない水路底面(Type 1-A)は，越流水深 $h_0/W=$

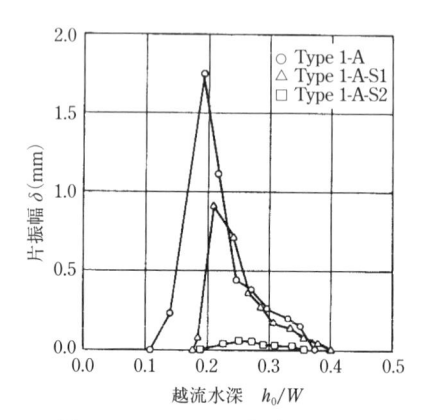

図-10.75　スポイラの影響 $(a/D = 0.45)$

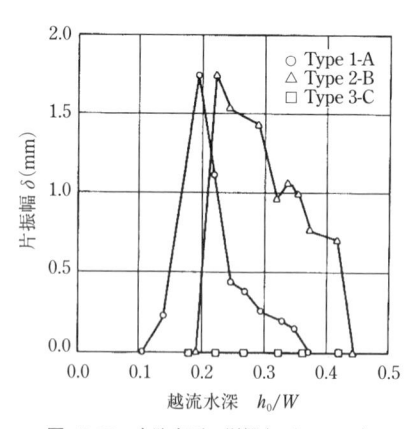

図-10.76　水路底面の影響 $(a/D = 0.45)$

0.2でピークとなるが，水路底面の切下げがゲートから離れているタイプ(Type 1-B)は，$h_0/W=0.2$では振動は起らない．さらにh_0/Wを上げた場合，Type 1-B は Type 1-A よりやや振動は大きくなる．これは，Type 1-B の場合に，h_0が変化しても切下げの影響でゲート直下流水深h_1/Wがほとんど変化せず，振動しやすい状態が維持されるためと考えられる．

Type 1-C では振動が起らないが，この場合，下部流れが斜流となるためゲート底板に変動圧力が作用しないためと考えられる．また，下流水位を強制的に高くしても，水路底面を切り下げているので，右回りと左回りの渦の合流点はゲート敷高より低く遠くになっているため，振動はほとんど起こらなかった．

水路底面を切り下げることは，渦をできるだけゲートから遠ざけて底面に圧力変動を作用させない効果があるが，その切下げ位置は越流水の落下点よりゲート側でなければ振動防止とはならないと考えられる．

ダムクレストゲートの場合には，クレスト下流面が滑らかな斜面形状であるため，上下端放流を考えると，Type 1-C のようなゲートと越流面形状の関係であれば振動を生じる可能性は少ないと考えられる．

(3) まとめ

以上の結果により，上下端放流時の振動特性をまとめると，次のようになる．

① 上下端放流時の振動は渦励振と考えられ，系の固有振動数が渦の発生周波数に近いと非常に大きな振動となる．
② 振動発生の直接原因は，アンダーフローとオーバーフローの合流部に生じる渦であり，特に下端放流による左回り渦がゲートに近づく$a/D=0.4\sim0.6$，$h_0/W=0.2$（$V_r=2.3\sim2.5$）で振動が大きくなる．
③ 振動防止対策：
　ⅰ 振動がピークとなる放流条件を避けるよう設計するか，止むを得ない場合は，この区間はゲートを止めず連続操作とする．
　ⅱ 流れの剥離点をゲート下流縁にする（下流側リップゲートの採用）．
　ⅲ ゲート直下流に生じる渦をゲートから遠ざける（ゲートリップと越流水の落下点の間で切り下げた水路底面形状とする）．
　ⅳ ゲート背面の空気圧変動を開放し，直下流に生じる渦を小さくする（スポイラの設置）．

シェル構造ローラゲートを対象に上下端放流時の振動特性を調査したが，過去の

研究報告と同様，特定の放流条件においては，上下端放流時に激しい振動が発生することが確認された．しかしながら，振動の発生領域は限定されており，いかなる条件においても上下端放流は避けるべきとの従来からの考え方が必ずしも適切でないことが明らかとなった．

これにより，上下端同時放流を計画するゲートは，ゲート基本諸元の計画段階から，ゲート扉高に対する越流水深を振動の発生する最小値以下にするなどにより，振動領域を回避することが望ましいと考えられる．ただし，避けられない場合も想定されるため，その場合には全閉全開操作を基本として，上端から下端あるいは下端から上端放流への切換時においてゲートを中間開度で長時間保持しまいこととすれば，振動を回避することは可能と考えられる．ただし当然のことながら，本項で示した振動防止対策についても併せて検討しておく必要がある．

10.3.2 ダムフラップゲート放流試験[87]

ダム放流設備の形式のうち，越流式ゲートは引上げ式ゲートと比較して貯水位管理の操作性に優れ，かつ堤体越流の許容されないフィルダムの場合には，計画を超える洪水の処理に対する安全性が高い形式である．Ｓダム洪水吐きに設置されたダムフラップゲートも，この越流式の特質を備えたゲートである．

しかしながら，日本の多目的ダムに大規模なフラップゲートが設置された実績はなく，構造設計，操作要領等の未解明な問題点を整理するため，(財)国土開発技術研究センターを中心に「フラップゲート検討委員会」が設立され，学識経験者を交えて検討が重ねられた．

検討の要旨は，構造形式で類似する河川用の起伏ゲートの長所を取り込み，さらに新技術を導入することである．

特筆すべき点は，
① ヒンジ軸受を２点とし，静定構造物とした．
② 扉体先端には乱流スポイラを設け，小越流時の水脈振動を防止する．
③ 両端ピアをカットオフし，大越流時にゲートの背面に空気を供給し，扉体および水脈の振動を防止する．

など，越流式ゲートの課題である水脈振動について特に慎重な対策を行うこととなった．

また，Ｓダム洪水吐きは，シュート上流部までの区間で平面的に漸縮する形状と

なっている．合流流況の改善のために，ダムフラップゲート下流の水路部を階段形状とし，流速を低減させる効果が期待されている．

こうした試みを現地で確認するため，貯水池試験湛水を利用し，1990年5月10日，常時満水位，同18日，サーチャージ水位において，フラップゲートの実機放流試験を行い，流況，応力，振動等の計測によって，実機ゲートの安全性を確認し，かつ今後の設計に役立つデータを収集した．

(1) 放流試験要領

試験供用ゲートは，4門設置された中の3号フラップゲートとし，表-10.23にある諸項目について計測した．3号ゲートを対象としたのは，Sダム洪水吐きが右岸山側に設置されているため，ゲート全開時に越流水深が均一にならず，左右岸に偏流が生じる可能性があり，その影響が最も少ないと考えたためである．

表-10.23 計測項目一覧表

計測項目	目 的
ひずみ	ひずみ量より発生応力を算出し計算応力値との比較を行う
加速度	記録波形より扉体加速度，振動数，振幅を求め，最大加速度の判定，ゲート固有振動数に対する共振領域との比較を行う
スキンプレート面水圧	上流側水圧による水圧線を描き，実発生トルクを求め，油圧圧力より測定されるトルクとの比較を行う
油圧圧力	実発生油圧力とスキンプレート面水圧より求めた圧力および計算圧力との比較を行う
普通騒音	扉体振動，低周波音との相関関係を求める
低周波音	水脈振動の発生を確認するとともに，扉体振動との相関関係を求める
空気管風速	給気量を求め扉体振動，低周波音との相関関係を求める
流況	総合的な流況の調査，特に小越流時の流況調査を重点的に調査する

a. 計測日および水位　次の日程で，それぞれ3往復（全起立→全倒伏→全起立）の放流試験を行った．

　2000年5月10日　　貯水位 EL.398.500（常時満水位）
　2000年5月18日　　貯水位 EL.399.900（サーチャージ水位より0.1m低下）

データ解析を行った放流条件は，常時満水位，サーチャージ水位時ともに越流水脈の振動を考慮し，越流水深20cmまでは5cmピッチ，50cmまでは10cmピッチ，それ以降は3ステップで全開とし，起立時も同様の越流水深で計測を行った．なお，それぞれの計測時間は2分間である．

b. 計測要領　扉体に作用する応力は，図-10.77～10.79に示す上・下部主桁，縦

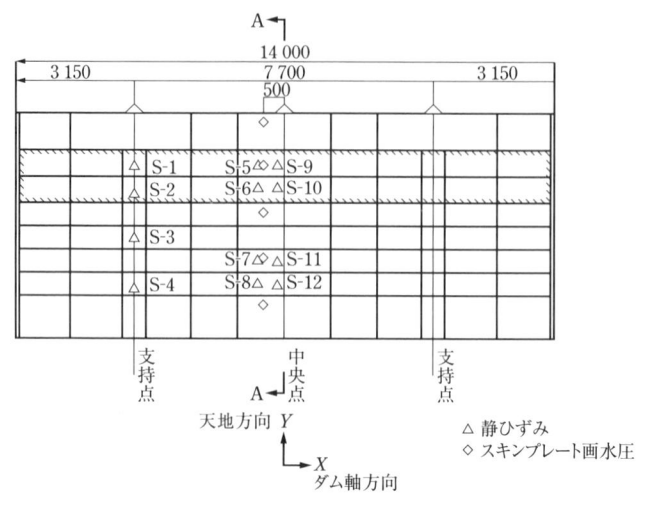

図-10.77 センサ配置図（スキンプレート側）

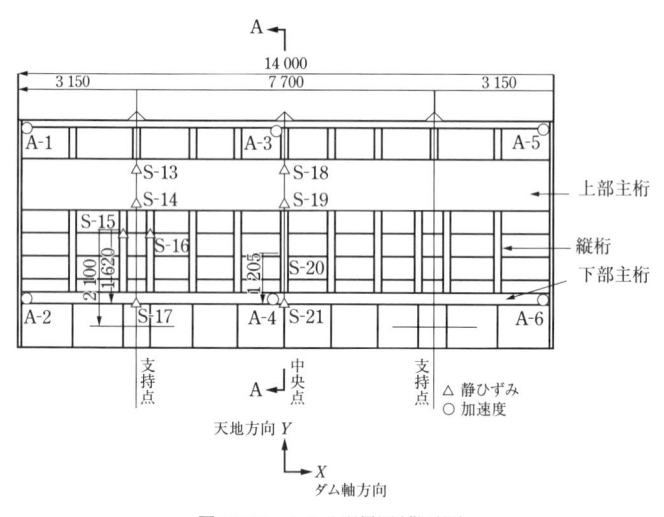

図-10.78 センサ配置図（背面側）

桁およびスキンプレート各点に取り付けたひずみゲージにより，また振動加速度は扉体中央および両端の上下において，加速度計（測定範囲：0～1 G）を用いて計測した．スキンプレート面の水圧は，圧力変換器（0～1.0 kgf/cm²）をスキンプレート各点に埋め込み，また油圧シリンダの油圧は，シリンダ空気抜き部に同様に圧力変換器（0～100 kgf/cm²）を取り付けて，それぞれ電磁オシログラフで圧力値を読み取っ

10.3 長径間シェル構造ゲート

た.

一方,図-10.80のようにゲート直下流部に管理橋より吊り下げた取付台に普通騒音計(31.5～8 000 Hz, A 特性),低周波音レベル計(1～50 Hz, FLAT 特性)および風速計(0.05～25.0 m/s)を設置し,水脈振動に関する計測を行った.同時に,左右のピアに埋設されている空気管のうち左岸側については,風速計の外乱を避けるために深部に挿入して設置し,扉体背面への空気量を計測した.

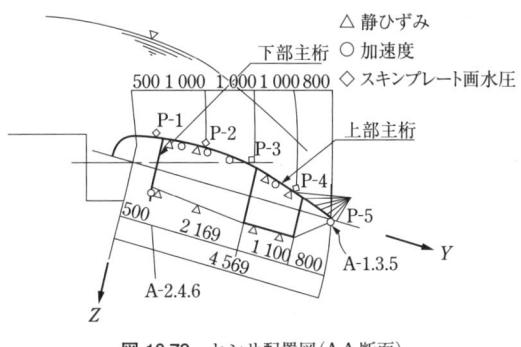

図-10.79 センサ配置図(A-A 断面)

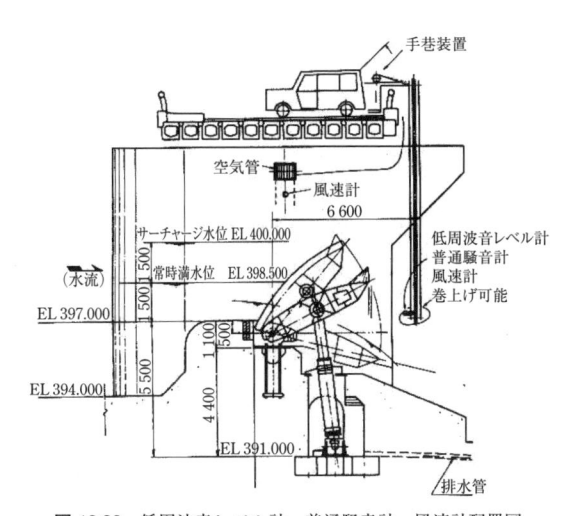

図-10.80 低周波音レベル計,普通騒音計,風速計配置図

上記の計測は,それぞれゲート運転停止後1分30秒後に実施しており,加速度および低周波音については周波数分析を行っている.さらに,振動加速度と卓越周波数より式(10.30)を用いて加速度計測各点の振動変位を算出した.

$$a = \frac{a}{(2\pi f)^2} \tag{10.30}$$

ここで,a:変位量(cm), a:加速度(Gal), f:卓越周波数(Hz).

(2) 計測結果

a. 応力　フラップゲートは，設計洪水位＋風波浪高さの水位 EL.403.000 で設計しているため，計測水位の最高である EL.399.900 においても応力値は全体的に小さい．

図-10.81～10.83 に径間中央各点の計測応力と計算応力の比較を示すが，上部主桁中央点の各 X 方向応力は，スキンプレート側，背面側とも計測値と計算値がよく一致している．

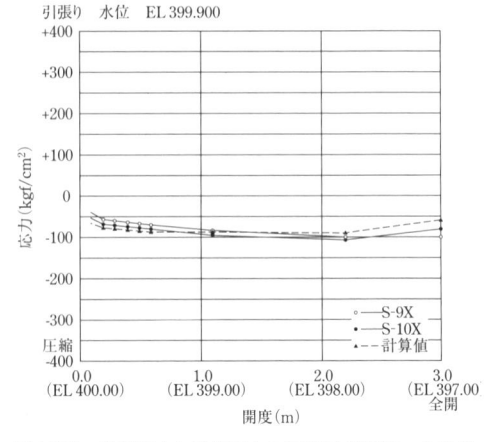

図-10.81　計測応力と計算応力の比較（上部主桁，中央点，スキンプレート側）

一方，下部主桁中央点の X 方向応力については，背面側において計測値が計算値を大きく下回っており，これは下部主桁に設計計算通りの荷重伝達がなされていないためと判断した．なお，計算応力の算定に用いた水圧荷重には，後述のスキンプレート面の水圧分布計測値を用いている．

b. 加速度　加速度は常時満水位，サーチャージ水位時ともに全開で最大となり，開度が小さくなるに従い減少する．サーチャージ水位における各方向の加速度を表-10.24 に示すが，最大加速度と発生位置は次のとおりである．

表-10.24　振動変位

計測ケース		右岸上部 A-1			右岸下部 A-2		
		X	Y	Z	X	Y	Z
倒状運転 開度 2.1 m 越流水深 2.0 m	変位(mm)×10^{-3}	2.19	3.29	2.87	2.19	3.84	2.87
	加速度(Gal)	4	6	5	4	7	5
	周波数(Hz)	21.5	21.5	21.0	21.5	21.5	21.0
全開 開度 3.0 m 越流水深 2.9 m	変位(mm)×10^{-3}	2.41	2.16	11.0	3.13	3.61	9.93
	加速度(Gal)	4	6	14	4	10	12
	周波数(Hz)	20.5	26.5	18.0	18.0	26.5	17.5
起立運転 開度 2.1 m 越流水深 2.0 m	変位(mm)×10^{-3}	1.15	2.87	2.87	2.87	4.02	2.87
	加速度(Gal)	2	5	5	5	7	5
	周波数(Hz)	21.0	21.0	21.0	21.0	21.0	21.0

10.3 長径間シェル構造ゲート

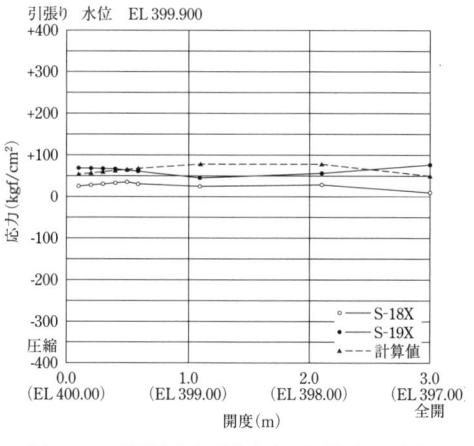

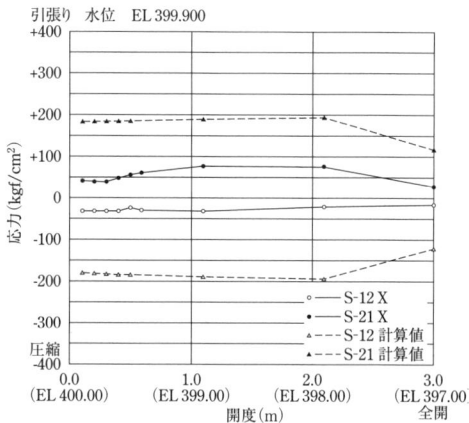

図-10.82 計測応力と計算応力の比較（上部主桁，中央点，背面側）

図-10.83 計測応力と計算応力の比較（下部主桁，中央点，背面側）

- X 方向　　5 Gal（開度 2.1 m，越流水深 2.0 m，A-2）
- Y 方向　　10 Gal（開度 3.0 m，越流水深 2.9 m，A-2）
- Z 方向　　18 Gal（開度 3.0 m，越流水深 2.9 m，A-5）

加速度量が小さいことより判断して水流による起振作用はなく，安定した放流流況と推測される．振動加速度波形（Z 方向，**図-10.79 参照**）をサーチャージ水位の全開放流時（開度 3.00 m）について整理すると**図-10.84** となる．これによれば，扉体の上部（先端部）と下部（ヒンジ部）は同方向，また両端と中央が逆方向となり 2 点の

一覧表									(水位 EL 399.900 m)		
中央上部			中央下部			左岸上部			左岸下部		
A-3			A-4			A-5			A-6		
X	Y	Z	X	Y	Z	X	Y	Z	X	Y	Z
1.10	1.56	1.17	1.64	0.75	1.81	2.19	2.74	2.73	2.09	3.84	3.90
2	4	3	3	2	3	4	5	7	4	7	10
21.5	25.5	25.5	21.5	26.0	20.5	21.5	21.5	25.5	22.0	21.5	25.5
1.81	1.80	11.9	1.81	1.80	10.8	2.41	1.50	14.9	2.48	1.95	8.60
3	5	12	3	5	13	4	4	18	3	5	11
20.5	26.5	16.0	20.5	26.5	17.5	20.5	26.0	17.5	17.5	25.5	18.0
1.72	1.56	1.17	1.72	0.78	1.17	2.30	2.30	4.22	2.30	2.74	2.03
3	4	3	3	2	3	4	4	7	4	5	5
21.0	25.5	25.5	21.0	25.5	25.5	21.0	21.0	20.5	21.0	21.5	25.0

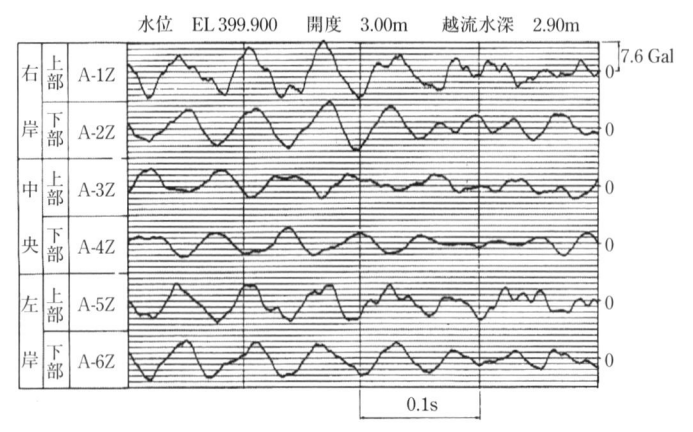

図-10.84 振動加速度波形

シリンダに支持された板としての振動モードを示している.

振動波形を他の場合も含めて周波数分析した結果,振動数は X 方向(径間方向)20〜21 Hz,Y 方向(水平方向)26〜30 Hz,Z 方向(鉛直方向)20〜21 Hz が卓越しており,フラップゲートの固有振動数15〜22 Hz(水圧方向)と一致していると考えられる.なお,フラップゲートの固有振動数は,立体解析を利用して求めたものである.

次に前述の方法により,加速度と卓越周波数より計測点の変位量を求めたものを**表-10.24**に示したが,最大変位は 15×10^{-3} mm(開度 3.0 m, 越流水深 2.9 m, A-5)である.これらを,Petrikat により提案された周波数と変位により構造物の安定性を評価する図表に示すと**図-10.85** となり,フラップゲートにおいては,水圧方向の扉体固有振動数に一致する振動が認められるものの,振動変位はきわめて小さく,非常に静かな領域と判断される.

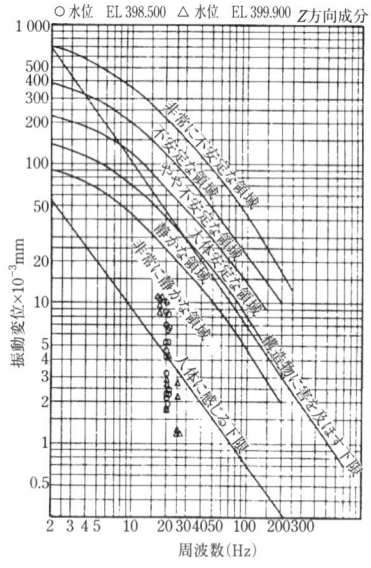

図-10.85 周波数と変位の関係(Petrikat 図による)

c. スキンプレート面水圧　サーチャージ水位におけるスキンプレート面水圧に

より水圧線図をゲート開度ごとに描くと図-10.86となり，開度2.0 m以上はゲート先端部の圧力水頭が大きく低下するが，負圧となる箇所はない．水圧分布は水理模型実験における傾向とも一致すると考えられ，扉体応力や油圧開閉力の計算においては，ゲート先端部の圧力低下を考慮してもよいと考えられる．なお，先述のゲート各点の応力を算出した水圧荷重には，これらの水圧計測値を用いている．

d. 油圧圧力　油圧シリンダに取り付けた圧力変換器より得られた油圧圧力の変化を，常時満水位，サーチャージ水位について開度ごとに図-10.87に示す．スキンプレート面水圧は，先述のように開度とともに先端部の圧力が低下するために，水圧分布より求めた水圧荷重も途中開度で最大となることが予想される．水圧荷重の最大は，サーチャージ水位において開度1.3 m（起立角度28°）程度と推定され，油圧圧力の最大は開度1.6 m（起立角度25°）程度であるので，傾向はほぼ一致している．常時満水位においても同様の水圧荷重のピークが存在するが，油圧圧力値には明確な傾向は見られなかった．

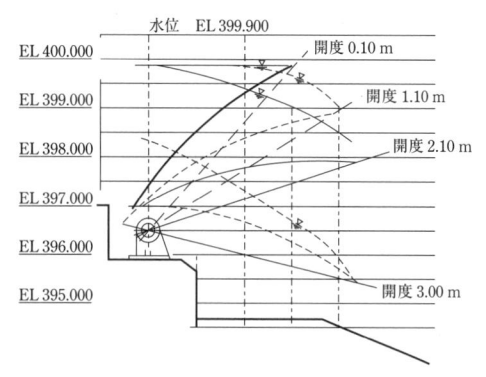

図-10.86　スキンプレート面水圧線図

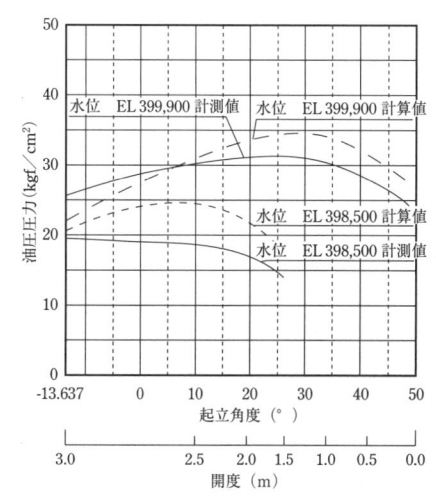

図-10.87　油圧圧力（計算値はチキンプレート面水圧計測値による）

　油圧圧力の計測値と水圧分布による計算値の相違は，諸抵抗値の違いによるものと考えられる．また，フラップゲートの水圧荷重の最大である設計洪水位（EL. 401.500 m）における油圧圧力は，設計値104.5 kgf/cm^{2}に対して，十分な余裕を有していると推定される．

e. 低周波音，普通騒音，空気管空気量　図-10.88にゲートの越流水脈の振動に関係する計測結果を総括して示す．小越流時（水位EL.398.500 m，開度1.6～1.8 m，

図-10.88 計測項目相関関係図

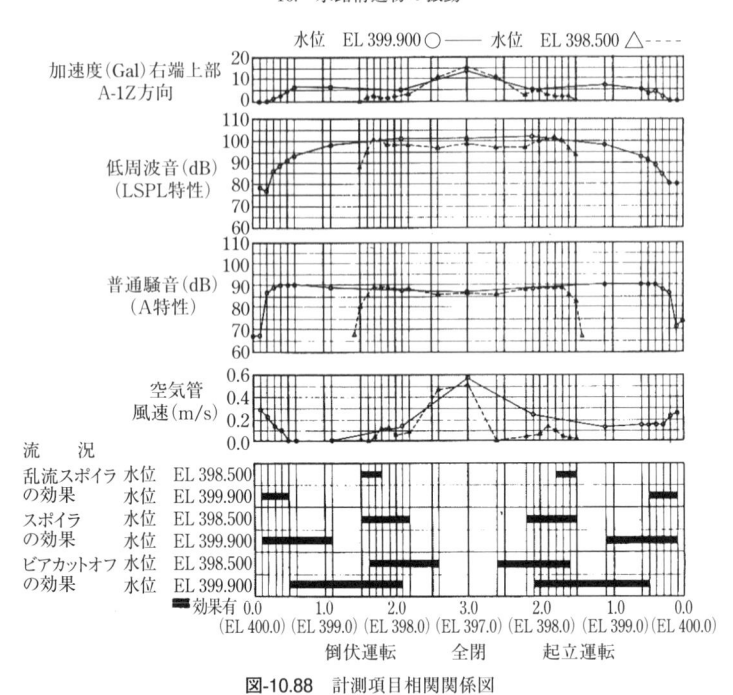

越流水深 0.1～0.3 m，水位 EL.399.900 m，開度 0.1～0.2 m，越流水深 0.05～0.1 m）に低周波音の小さなピークが見られるものの，全体としてレベルは低く，水脈振動の発生は確認されなかった．

越流式ゲートにおいて水脈振動が認められる場合には，ゲート直下流部で120～130 dB のレベルの高い低周波音が観測された例があり，これに比べると最大でも100 dB 程度であることから，設計において考慮したスポイラ等の防止対策が有効に機能していると判断される．これは，小越流時の低周波音波形に卓越した周波数特性が見られないことからも裏付けられる．

一方，左右ピアに埋設された空気管内の風速は，図-10.88 に示すように，サーチャージ水位における初期放流時と両水位における全開放流時に大きくなっている．越流水脈と扉体およびピアで囲まれた空洞は，一般に水脈振動や水流による空気の連行により圧力が不安定になることが予想される．そのためSダムでは先述のように，ピアカットオフにより空洞を正圧に保つ対策が設計段階で考慮されている．これに対して空気管は，水脈とピアの関係が図-10.89 のようになり，小越流あるいは

全開時にカットオフの効果が期待されない場合を補う目的で設置されたものであり，計測結果もカットオフの機能を補完する傾向を明確に示している．最大空気量は，片側で $Q_a = aV \fallingdotseq 0.15 \text{ m}^3/\text{s}$(空気管断面積 $a = 0.32 \times 0.8 = 0.256 \text{ m}^2$，風速 $V = 0.58 \text{ m/s}$)と高圧ゲートで観測されるものと比べて非常に小さく，断面的には余裕があると考えられる．

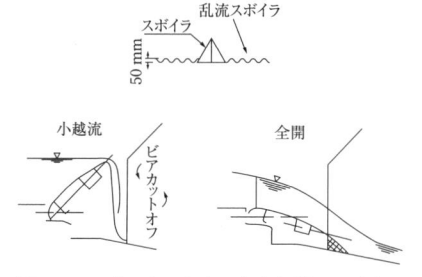

図-10.89 ピアカットオフと空気管，スポイラの関係

f. 流況 流況観察の要点は，下記の目視により新しい試みの効果を確認することにある．
① 乱流スポイラによる水脈振動防止効果，
② スポイラによる水脈分断効果，
③ 水脈落下軌跡とピアカットオフの効果，
④ ゲート下流の段階状水路の導流効果．

低周波音の計測からも明らかなように，小越流時の水脈振動は流況からも確認されず，①の乱流スポイラの効果が大と考えられる．水脈振動は，径間方向に縞模様を呈するのが特徴であるが，図-10.89 に示す鋸歯状スポイラにより，逆に水脈に縦方向の縞模様が形成されているのが観察された．これは，越流水脈の厚さが，スポイラの山では薄く，谷では厚く変化させられることにより，ゲートリップ部における水脈の上下方向の移動が拘束されて，振動が生じ難くなっていると推測される．

各ゲート開度における流況を図-10.90 に示す．また，これらの流況観察に基づく①，②，③の効果範囲を図-10.88 に示したが，ゲート開度ごとに相互に補完しながら機能していることが確認される．特に，ピアカットオフの効果と空気管給気量の関係は特徴的である．

④のゲート下流の流況は，水位，ゲート開度により水脈落下点が異なるために多少の変化はあるが，全開時においても階段上を滑らかに導流されており，シュート部への合流流況にも問題は見られなかった．ただし，途中開度において階段始端の切込み頂部に水脈が落下してコンクリート頂部を叩く場合があり，長時間の放流は避けるべきと考えられる．

(a) 開度 0.3 m, 越流水深 0.2 m, 放流量 2.6 m³/s 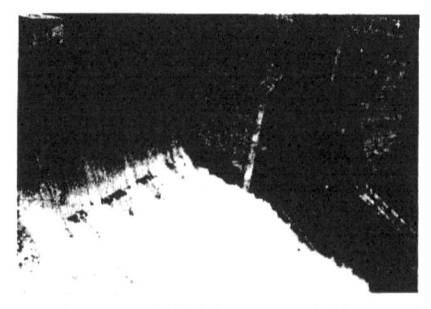　　(b) 開度 1.1 m, 越流水深 1.0 m, 放流量 26.8 m³/s

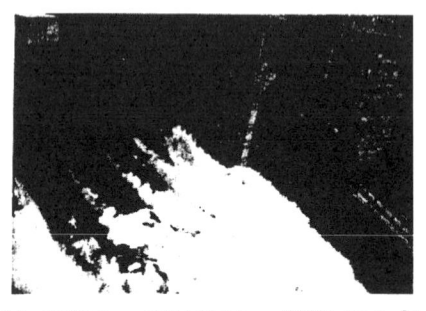

(c) 開度 3.0 m, 越流水深 2.9 m, 放流量 122.8 m³/s　　図-10.90　貯水位標高 EL399.900 の流況

(3) 考　察

ダムフラップゲートの扉体の応力，振動，越流水脈振動等について計測した結果を考察すると，以下のとおりである．

① 扉体の応力：上部主桁は中央点で計算値を少し上回る箇所もあるが，おおむね計算値と一致している．また，下部主桁は計算値を大きく下回る応力値となっており，水圧荷重の上部主桁，下部主桁への分配に設計との相違がある可能性があり，さらに詳細な立体解析により検討を進める必要があると考えられる．

② 扉体の振動：小越流時の加速度はきわめて小さく，全開時に最大加速度を示すことより，越流水脈による起振作用は特にないと判断される．全開時での加速度量も最大で 18 Gal と小さく問題はない．振動数は 20～21 Hz が卓越するが，これはゲートの固有振動数と判断され，2 本のシリンダで支持された板の振動モードに相当すると考えられる．

③ 越流水脈振動：小越流時の乱流スポイラ，中越流時のスポイラ，大越流時のピアカットオフがそれぞれ有効に作用し振動を防止している．特に小越流時の水脈

振動を低周波音により計測したが，乱流スポイラの効果が特に大きく，流況観測からも，ゲート先端の乱流スポイラとピアカットオフの効果が，きわめて有効であったと考えられる．なお，中越流時のスポイラの水切効果はおおむね越流水深70 cm 程度までと確認された．

④　空気量：空気管は，全開時にピアカットオフの効果が期待できない場合に，給気を行う程度であり，特に大きな断面は必要ない．ただし，空気管の吐口は，全開時の水脈により水没しない位置に設置しなければ，給気されない可能性がある．

以上，放流試験結果から判断し，フラップゲートは，小越流による水位維持操作，および全開放流による洪水処理操作において，ゲート開度にかかわらず支障なく使用できるものと判断される．

(4)　まとめ

貯水池試験湛水の貴重な機会を利用して，日本で初めての本格的なダムフラップゲートの全開放流試験が実施された．「フラップゲート検討委員会」において検討された事項，および水理模型実験にて研究された項目について満足なる結果が得られたとともに，導入された新技術の効果が実証された．今後，本項がダムフラップゲートの計画および設計に大いなる示唆を与えると考えられる．

10.4　堰ゲート設備の信頼性に関する新技法[88]

従来の堰ゲート設備の点検は，ダム・堰施設技術基準(案)[89]が基本となっている．点検はゲート開・閉操作を含むもので，定期的に実施される管理運転と必要に応じて実施される総合点検があり，設備操作の信頼性の確保と機能保全を図ることになっている．しかし，堰の制水ゲートは，洪水等の緊急時のみにゲート開・閉操作が可能で，ほとんど閉状態にあるため，ゲート開・閉操作を伴う管理運転の実施はきわめて難しい．このような状態では，開閉装置のうち，駆動部分である電動機の電磁ブレーキの固着問題が発生する懸念があり，ゲート開・閉操作時に重大な事故が生ずる危険性がある．

ここでは，管理運転がきわめて難しい堰ゲート設備に対して，管理運転に代わる新しい技法として，①ロープを繰り出し巻き取る運転(以下，弛め運転と呼ぶ)によ

る開閉装置の点検, ②主ローラ軸受け部の軸方向の相対変位計測(以下, 単に相対変位計測と呼ぶ)から堰ゲート設備の維持管理を行うものである.ここでの新技法では, 扉体の水中部分の点検に課題を残すが, 堰ゲート設備に要請されている「操作の信頼性の確保」については解決できることを示している.

新技法は, ほとんど閉状態にある堰ゲートの開閉装置のうち, 駆動部分である電動機の電磁ブレーキの固着問題, および主ローラの固着の問題をゲート開・閉操作を伴わない手法を導入して解決することを目的としている.

10.4.1 検 証 法

検証法として,
① 電動機の電磁ブレーキの固着問題に対してロープを手繰り弛め, 無負荷運転操作により開閉装置全般にわたる機能不能の有無を確認する,
② 主ローラの固着の問題について, 主ローラ軸受け部の相対変位計測による調査により, ⅰ)扉体空中部分と没水部分との温度差による扉体の反り, ⅱ)水温変化による扉体没水部の伸縮から主ローラ軸受け部のすべり特性の評価, が可能となる.

10.4.2 新技法のフロー

設備の信頼性の検証は図-10.91に示すフローのようになり, 開閉装置および扉体の健全性の確認に新技法を適用する.

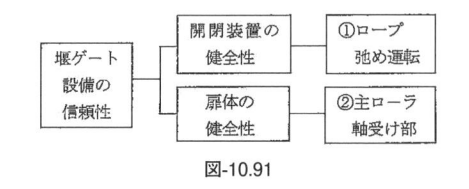

図-10.91

10.4.3 堰ゲート設備の信頼性

堰ゲート設備の信頼性は, ロープ弛め運転と温度変化に伴う主ローラの相対変位計測から評価する.

(1) ロープ弛め運転

ロープ弛め運転は, 扉体を全閉状態のままロープを弛める側に巻取りドラムを1／2回転させ, 電動機内蔵電磁ブレーキ, 切替え装置, 油圧押上げ式ブレーキ, 減

速機，伝導軸ドラムギヤ，ドラムまでの動作を確認するものである．この運転操作により，無負荷運転であるが，開閉装置の信頼性の確保はできることになる．

(2) 主ローラ軸受け部の相対変位計測

a. 扉体空中部分と没水部分との温度差による扉体の反り　扉体の反りによる主ローラ軸受け部の相対変位は，上段主ローラ軸の変位が支配的となり，下段主ローラ軸の変位は小さい．この条件下では，下段主ローラ軸受け部の変位が小さく，軸受け部の摺動に対する評価は難しい．

b. 水温変化(低下)による扉体の縮み　水温変化による扉体の縮みは，扉体全体の変形となり，上段主ローラ軸および下段主ローラ軸に対する相対変位となる．この条件下では，主ローラ軸全体の変位が大きく，軸受け部の摺動に対する評価が可能となる．

10.4.4　実機計測

K大堰ゲートの制水ゲートを対象に，2005〜2007年度にかけて行った新技法による設備の信頼性の評価および予備ゲートを設置してのゲートの開・閉操作を伴う総合点検等から，新技法の有効性を検証する．なお，K大堰は，2003年6月に暫定運用が開始された施設である．

K大堰ゲートの設備の主要諸元を**表-10.25**に示す．また，対象とした制水ゲートの鳥瞰図を**図-10.92**に示す．

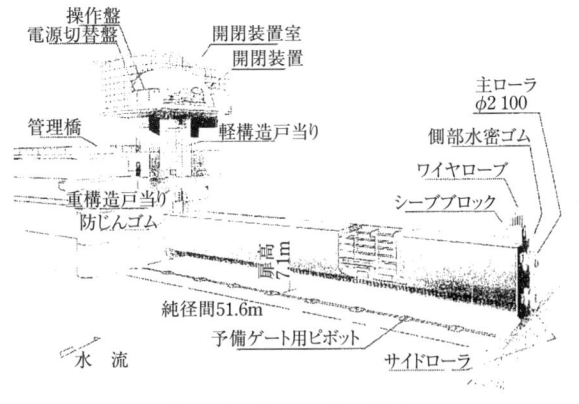

図-10.92　制水ゲートの鳥瞰図

表-10.25 ゲートの主要諸元

	流量調節ゲート(1, 7号)	制水ゲート(2〜6号)
径間	40.0 m	51.6 m
扉高	7.1 m(上段 3.9 m,下段 3.7 m)	7.1 m
設置門数	2門	5門
ゲート形式	2段スライド式シェル構造ローラゲート	シェル構造ローラゲート
開閉装置形式	4M4D ワイヤロープウインチ式	2M2D ワイヤロープウインチ式
扉体重量	上段扉:189 tf 下段扉:285 tf	484 tf
開閉能力	上段用:330 tf 下段用:570 tf	570 tf
主電動機	上段用:18.5 kW×2台 下段用:30 kW×2台	30 kW×2台

(1) 実機点検,計測項目
a. ロープ弛め運転　　ロープ弛め運転での作業と点検項目を**表-10.26** に示す.
b. 温度変化に伴う主ローラ軸受け部の相対変位計測
① 計測項目,計測器:計測項目,計測機器を**表-10.27** に示す.
② 計測位置:温度,扉体変形(反り,伸縮)および主ローラ軸受け部の相対変位の計測位置を**図-10.93〜10.95** に示す.主ローラ軸受け部の相対変位は,主ローラ軸と主ローラ,主ローラ軸と扉体端板間,主ローラ軸と戸溝間,主ローラと戸溝間であり,上・下段および左・右岸で計測した.温度は,水温,部材(軸含む)温度および気温である.

(2) 計測方法
a. ロープ弛め運転　　ロープ弛め運転では,目視点検,指触,聴音が主で,計測としては供給電源の電圧値および電流値,各機器の温度計測がある.
b. 主ローラ軸受け部の相対変位計測システム　　**図-10.96** に示すように相対変位計測は,各データを 30 分ごとに自動計測し,PC に取り込み,回線を使用して計測データ集積地に伝送すると共に,携帯電話に伝送記録を通知して状況が確認できるシステムである.

扉体の反りは,**図-10.94** に示す扉体天端に設置した 5 ターゲットをピア上の 3 次元光波測距儀で視準し,データは自動的に記録器に収録されるシステムとした.扉体の反り計測は,部材温度が均一化した 5:00 の状態を基準とし,扉体天端温度がピークとなった同日の 14:00 前後の状態との差を温度上昇による扉体変形と見なし

10.4 堰ゲート設備の信頼性に関する新技法

表-10.26 ロープ弛め運転での作業・点検項目

点検手順	点検項目	点検方法			
		目視	指触	聴音	計測
弛め運転前点検項目	保守モード設定	○			
	下限 LS 解除	○			
	ロープ弛み LS 解除	○			
	左右単独運転選択	○			
電動機切替	予備電動機選択	○			
予備電動機による運転中の点検項目	予備電動機ブレーキ開放			○	
	予備電動機回転	○	○	○	(温度)
	チェーンカップリング回転	○			
	ギヤカップリング回転	○			
	切替装置回転	○	○	○	(温度)
	スタンド式開度計指針	○			
	油圧押上げ式ブレーキ	○	○	○	
	ヘリカル減速機回転	○	○	○	(温度)
	伝導軸受け回転	○			
	軸受け回転	○			
	ピニオンギヤ噛合い	○			
	ドラムギヤ噛合い	○			
	ワイヤロープ状態	○			
	電流値				○
	電圧値				○
電動機切替	主電動機選択	○			
主電動機による運転中の点検項目	主電動機ブレーキ開放			○	
	主電動機回転	○	○	○	(温度)
	電流値				○
	電圧値				○
弛め運転終了時点検項目	下限 LS 復旧	○			
	ロープ弛み LS 復旧	○			
	左右同時運転へ切替え	○			
	主電動機選択	○			
	保守モード設定解除	○			

10. 水路構造物の振動

表-10.27 計測項目，計測器

	計測項目		計測器	数量
相対変位	主ローラ軸とローラ扉体間		摺動式変位計	8
相対変位	主ローラ軸と戸溝間			2
温度計測	気温(ピア上)		熱電対	2
	水温(主ローラ軸近傍)			4
	部材温度	主ローラ軸		4
		扉体天端		3
		スキンプレート		5
扉体反り	扉体厚さの中心点		三次元光波測距儀	5
水位計測	扉体前・後面水位		間隙水圧計	2

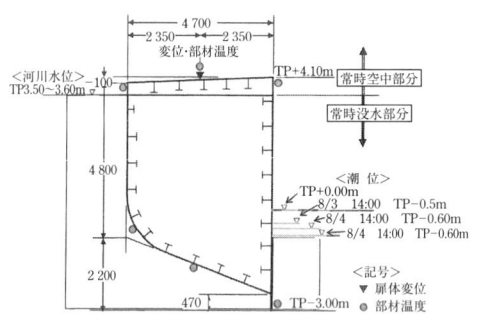

図-10.93 水温，部材温度および扉体の反り計測

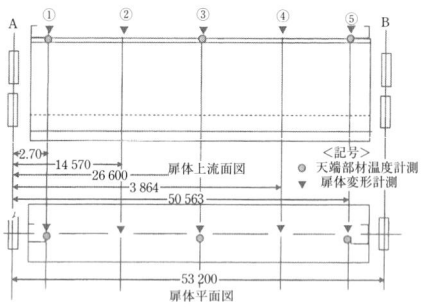

図-10.94 扉体天端の部材温度，扉体の反り計測

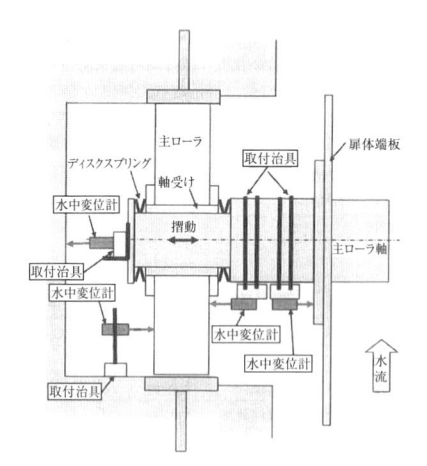

図-10.95 主ローラ軸受け部の相対変位計測

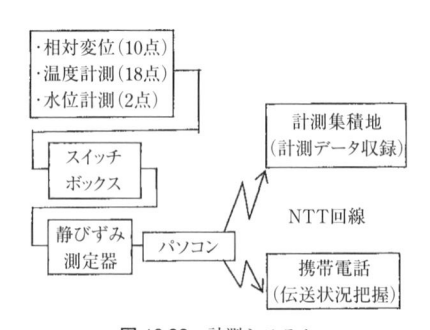

図-10.96 計測システム

c. 計測器の精度　　計測器の精度を**表-10.28**に示す.

表-10.28 計測器の精度

計 測 器	計測項目	精　　度	備　　考
摺動式変位計	相対変位	0.03 mm	防水型
熱電対	温度	0.1℃	
間隙水圧計	水位	10 mm	防水型
三次元測距儀	扉体変形	0.9 mm	

(3)　計測結果

a. 温度差による扉体の反り　　8月2日19:00〜8月5日18:00の3昼夜にわたる短期間を取り上げた. この期間は, 気温上昇が大きく, 扉体天端の部材温度と水温との温度差が大きい場合である.

① 温度計測:
　ⅰ) 気温および扉体スパン中央断面の部材温度；計測された代表例を**図-10.97**に示す. 扉体スパン中央の空中部の温度は, 天端が一番高く, 海側が次に高く, 川側が低くなる分布となっている. **図-10.97**で部材温度が最高で51.3℃となった時, 没水部の部材温度は27.5℃で, 温度差として23.8℃を記録している.
　ⅱ) 気温および扉体天端の部材温度；計測された代表例を**図-10.98**に示す. 天端

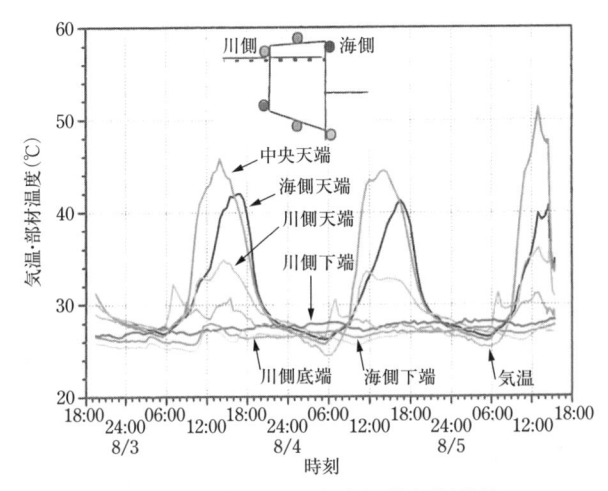

図-10.97 扉体スパン中央断面の温度測定結果

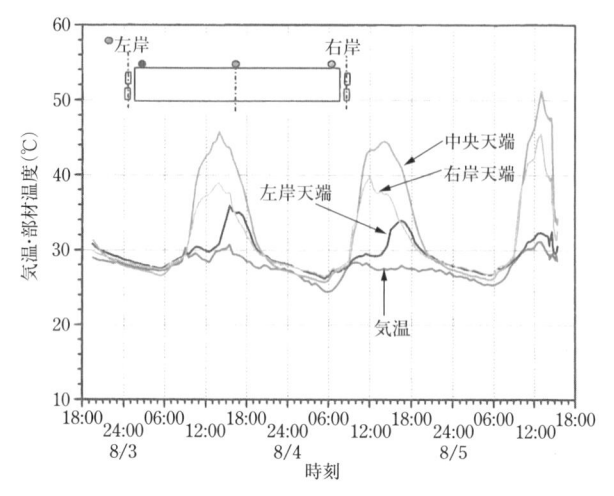

図-10.98 気温および扉体天端の温度測定結果

の部材温度は，扉体の左・右岸および中央の3箇所で計測しているが，最高温度は扉体スパン中央＞右岸天端＞左岸天端の順である．天端中央と右岸天端の最高温度はほぼ同時刻に発生しているが，左岸天端では約2時間遅れで発生している．これは，ゲートの設置方向と太陽の動きの関係で，スパン中央と右岸側は午前中から太陽光を受け日照時間が長いのに比べ，左岸側は午前中ピアの陰になり，全面的に日照を受けるのは14:00以降となることによる．

② 主ローラ軸受け部の相対変位：3昼夜にわたる部材温度差による主ローラ軸受け部の変位のデータを示すと，**図-10.99**(左岸)，**図-10.100**(右岸)となる．この計測データをもとに，以下に示すように扉体の中央天端温度と底面温度との差に対する主ローラ軸受け部の相対変位を求める．

左・右岸，上・下段の主ローラ軸受け部の相対変位(主ローラ軸とローラ間)と扉体スパン中央断面の天端部材温度と天端対応の底面部材温度差との関係を**図-10.101**(左岸)，**図-10.102**(右岸)に示す．左岸と右岸で若干の差があるのは，扉体天端の温度差と最高温度に達する時間差等が影響しているが，部材温度差と主ローラ軸受け部の相対変位とは高い相関のあることが認められる．

上・下段の主ローラ軸受け部の相対変位を見ると，温度下降時と上昇時で上・下段の主ローラとも同一方向に変位していることが確認できるが，下段の主ローラの相対変位は上段の主ローラに比べ非常に小さい．上・下段の主ローラとも，

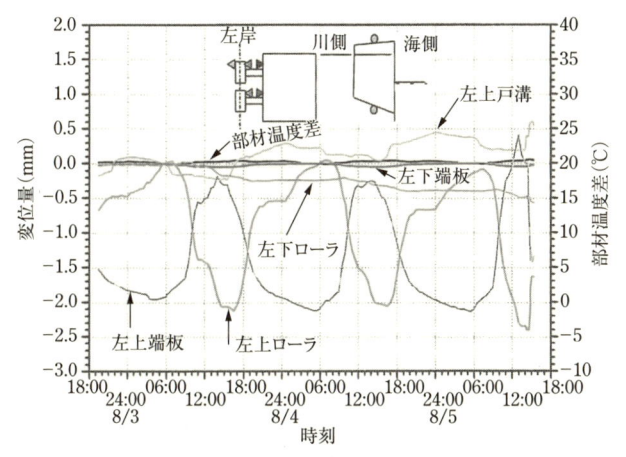

図-10.99 主ローラ軸受け部の変位(左岸)

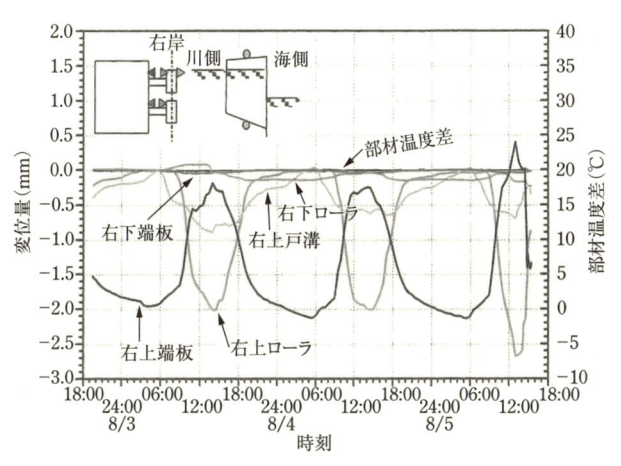

図-10.100 主ローラ軸受け部の変位(右岸)

　温度に対する相対変位にヒステリシスが生じる原因は，部材温度上昇・下降時の熱伝導特性差，扉体の反りによる剪断遅れ，主ローラ軸受け部の摺動抵抗，扉体底部止水ゴムの摩擦力等が影響しているものと考えられる．両図の結果から扉体の部材温度差が約5℃以上になると，主ローラ軸受け部に有意な相対変位が生じることが判明した．扉体温度と水温との差異が生じれば，この現象は常時繰り返されていることを示している．

　昼夜の温度変化における相対変位は，上段ローラ軸で顕著となり，左右岸はほ

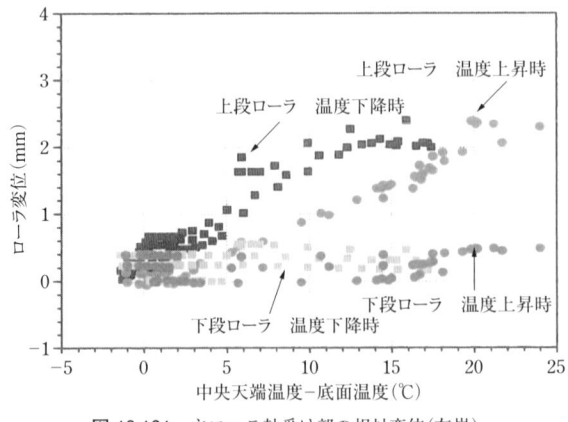

図-10.101 主ローラ軸受け部の相対変位(左岸)

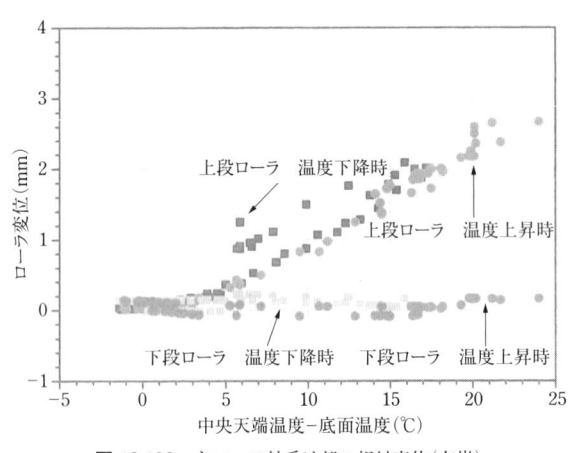

図-10.102 主ローラ軸受け部の相対変位(右岸)

ぼ同値となっている．

③ 扉体の変形(反りと伸縮)：扉体の各部の温度分布がほぼ均一化した5:00の計測値を基準とし，扉体スパン中央の天端中央の温度が最高値を示した直後の14:30に扉体の変形(天端の反りと伸び)を計測し，基準値からの変化量を温度上昇による変形とした．

計測条件を**表-10.29**に，変形計測結果を**表-10.30**に示す．また，**図-10.103**に反りの結果を示す．

扉体天端での反りは左右岸対称ではなく，最大値は扉体中央より若干右岸側に

10.4 堰ゲート設備の信頼性に関する新技法

表-10.29 温度および水位・潮位計測結果

区分	項目	5:00	14:30	差
温度(℃)	気温	24.9	27.4	2.5
	扉体天端温度(スパン中央)	25.8	44.3	18.5
	扉体天端温度(左岸)	26.4	30.5	4.1
	扉体天端温度(右岸)	26.7	37.5	10.8
	上流底部水温	26.2	27.4	1.2
	下流底部水温	25.5	26.7	1.2
水位・潮位	上流側水位	TP+3.60	TP+3.65	-0.05
	下流側水位	TP+0.36	TP-0.59	-0.19

表-10.30 扉体の変形計測結果(単位:mm)

測定点	A	①	②	③	④	⑤	B
距離	0	2 708	14 570	26 600	38 644	50 583	53 200
軸方向の伸び(X)	0	2.9	1.5	0	-1.5	-3.6	0
上方向の反り(Z)	0	-0.6	6.9	5.7	5.2	1.1	0
参考 下流方向の撓み	0	0.7	6.9	7.9	5.7	3.3	0

発生している．この原因は，扉体天端の温度分布で右岸側の方が，最高温度が高いことと，最高温度に達する時刻が左岸に比べて約2時間程度早いことが影響したものと考えられる．

扉体天端の扉体軸方向の伸びは，扉体中央からほぼ対称に右岸側へ2.9mm，左岸側へ3.6mm計測され，扉体全体として左右に伸びている．この伸びによって，上段主ローラ軸受け部の相対変位が生じている．右岸で2.7mm，左岸で2.4mmとなっているので，扉体軸方向の伸びには，扉体の反りが影響している．

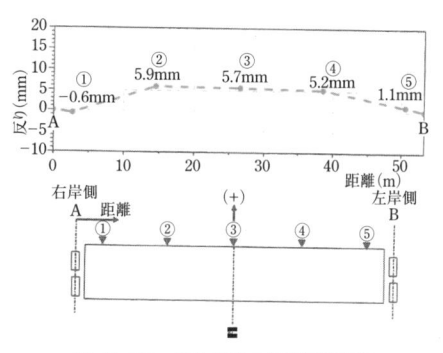

図-10.103 扉体天端の反り測定結果

b. 水温変化(低下)による扉体の伸縮 この計測は，9月22日〜10月13日の約1ヶ月間の長期にわたるもので，水温変化が期待でき，扉体の部材温度も水温低下に対応し，扉体の伸縮現象が生じる場合である．

① 主ローラ軸受け部の部材温度(水温変化):約1ヶ月間のローラ軸受け部の部材

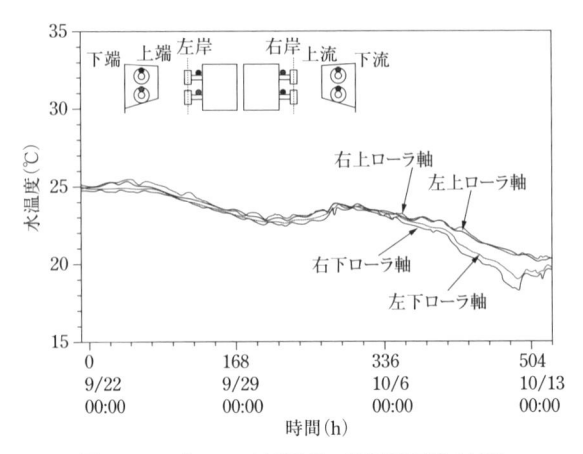

図-10.104 主ローラ軸受け部の部材温度変化(水温)

温度変化を図-10.104に示す．
　左岸，右岸での部材温度には多少の差異はあるが，平均的に見て低下傾向にある．約1ヶ月間で，約5℃の温度低下(水温低下)が認められる．
② 主ローラ軸受け部の相対変位：約1ヶ月間の主ローラ軸受け部の部材温度差による変位データを示すと，図-10.105(左岸)，10.106(右岸)のようである．両図とも平均温度の低下に伴い主ローラ軸受け部の相対変化(主ローラ軸とローラ間)が生じていることが認められる．この計測データをもとに，日温度差と主ローラ

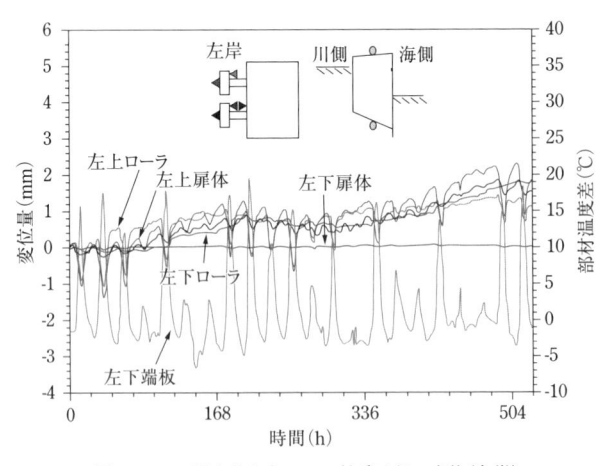

図-10.105 温度差と主ローラ軸受け部の変位(左岸)

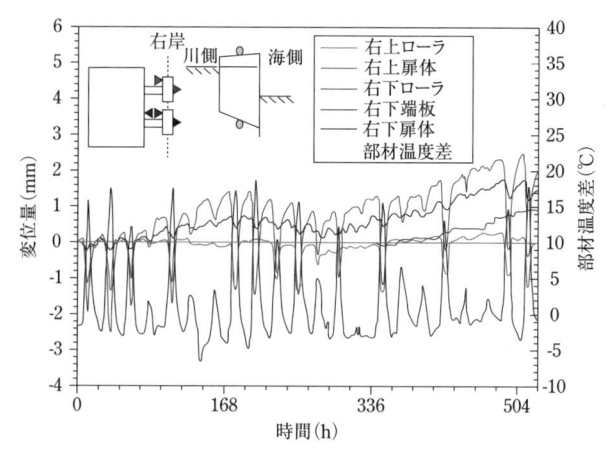

図-10.106 温度差と主ローラ軸受け部の変位(右岸)

軸受け部の相対変位を求める．部材温度低下(水温変化)に伴う主ローラ軸受け部の相対変位は，**図-1.107** のようになる．

左岸，右岸の主ローラ軸受け部の相対変位は，ほぼ同じ挙動となり，2℃近傍から顕著な動きとなるが，左岸主ローラ軸の動きが大きい．この原因は，扉体下端での摩擦特性差(接触面；鋼-鋼，またはゴム-鋼)と考えられる．

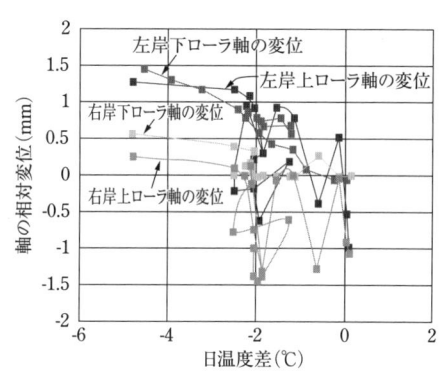

図-10.107 日温度差と主ローラ軸受け部の相対変位

10.4.5 考 察

(1) 短期の温度差による扉体の反り

a. 扉体の反り解析法 扉体の温度上昇に伴う反り量は，扉体天端での温度による伸び(上方への変形であり，天端の反りの原因)，扉体下端では底部戸当り部の扉体自重と止水ゴム面圧との差による下方への変形，この両者の重ね合せによる扉体変形を梁理論によって解析する[90,91]．

① 扉体天端：梁理論を適用するため，図-10.108のような座標系と荷重条件を設定する．扉体天端の初期ひずみによる変形は，$u(=\lambda\theta\iota)$で与えられ，扉体両端の端板（図-10.103のA，B部位）で拘束を受けるので，端部反力$R_A=R_B=P(=\lambda\theta EA)$が発生する．ここで，$\theta$：扉体の温度差$(T_g-T_w)$，$T_g$：天端の温度，$T_w$：水温，$\lambda$：扉体の線膨張係数$(=1.2\times10^{-5}／℃)$，$A$：温度差$\theta$となる水面上の断面積，$\iota$：扉体の長さ．

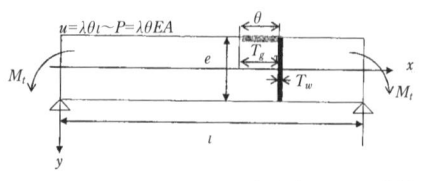

図-10.108 扉体変形（反り）を算定するための座標

図-10.108に示すように，この反力は扉体下端からの距離eによる扉体端部モーメント$M_t=Pe$として作用する．

図-10.108に示される荷重，境界および対称条件を用いると，

$$(y_t)_{l/2}=-\frac{M_t\iota^2}{8EI} \tag{10.31}$$

ここで，EI：扉体の曲げ剛性，ι：扉体長さ．$(y_t)_{l/2}<0$となり，反り量を示す．

② 扉体下端：扉体下端についても天端の解析と同様な座標系と荷重条件を設定する．扉体自重による分布荷重$w(=W/\iota)$，止水ゴムの面圧荷重$p(p')$との差による荷重分布を考慮するが，さらに以下に示す仮定を設ける．

扉体自重による分布荷重と止水ゴム面圧との釣合い

　反りのない場合

$$\int_0^l w dx=\int_0^l p dx,\quad p=w \tag{10.32 a}$$

止水ゴム面圧の荷重分布に扉体天端の反り影響を加味する．$\int_0^l w ds=\int_0^l p' dx$の関係から，

$$p'=w-\gamma-\alpha\frac{M_t x(x-\iota)}{2EI} \tag{10.32 b}$$

$$\alpha=\beta\frac{w}{b},\quad \gamma=\frac{\alpha M_t \iota^2}{12EI} \tag{10.32 c}$$

ここで，α：変形を荷重に変換するための係数，扉体が反ることによるゴム面圧(w/b)の変化を設定，b：止水ゴム厚$(=3cm)$，β：$(y_t)_{l/2}／1.2$，分母の数値1.2は止水ゴムつぶれ代（設計値1.2 cm）．また，γは$\int_0^l w ds=\int_0^l p' ds$を満たすための係数である．

10.4 堰ゲート設備の信頼性に関する新技法

式(10.32 b)の分布形から与えられる扉体下端の止水ゴム面圧の荷重分布を図-10.109に示す．

扉体下端に作用する荷重分布 $h = w - p'$ は，以下のように設定される．

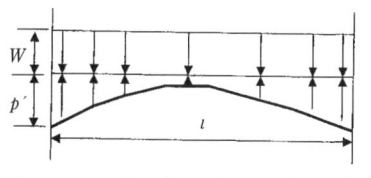

$$h = w - p' = \gamma + a\frac{M_t x(x-l)}{2EI} \quad (10.32\,\text{d})$$

図-10.109 扉体下端で設定された荷重分布形

式(10.32 d)および図-10.110の座標系および荷重条件のもとに，扉体変形を算定する．

$$M_w = \frac{hx^2}{2} \quad (10.32\,\text{e})$$

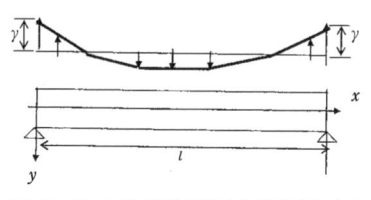

図-10.110 扉体変形(撓み)を算定するための座標

図-10.110に示される荷重，境界および対称条件を用いると，

$$(y_w)_{l/2} = -\frac{aM_t l^6 / 3\,840 EI}{EI} \quad (10.32\,\text{f})$$

式(10.32 f)では，$(y_w)_{l/2} < 0$ となり，上方への変形を示している．

扉体の反りは，温度による上方への変形(反り)y_t と自重・止水ゴム面圧差による上方への変形(撓み)y_w との重ね合せとして示される．

$$y = y_t + y_w \quad (10.33)$$

b. 反り解析条件　以下に示す解析条件は，設計するにあたっての仮定を示したものである．

① 扉体長さ(ローラ間)$l = 5\,320$ cm，
② 扉体下端から天端の温度差の断面図心距離 $e = 696$ cm，
③ 扉体の反り方向の断面2次モーメント $I = 1\,349\,594\,974$ cm^4 ($= 1.35 \times 10^9$ cm^4)，
④ 扉体のヤング率 $E = 2.06 \times 10^5$ MPa，
⑤ 扉体の線膨張係数 $\lambda = 1.2 \times 10^{-5}/℃$，
⑥ 温度差が生ずる部位の断面積(扉体天端) $A = 1\,354.6$ cm^2，
⑦ 扉体の重量 $W = 4\,813.25$ kN，
⑧ 分布荷重 $w = (W/l) = 0.9047$ kN/cm．

c. 反り解析結果　温度差 $\theta = 17.3℃$ (最高温度 $T_g = 44.3℃$，$T_w = 27℃$)．このケースは扉体天端の温度として，中央の最高値を採用したものである．このケースの計算値と計測値との比較を示すと，**表-10.31** となる．温度差を同一とした反りの計測

表-10.31 扉体の反りの計算値および計測側値との比較

項　目	計　算　値	計　測　値
扉体温度 T_g(℃)	44.3	44.3
水温 T_w(℃)	27	27
温度差 θ (℃)	17.3	17.3
温度による上方への変形 (反り) $y_{t(l/2)}$(mm)	-5.2	-
(自重分布 - ゴム面圧)の差による下方への変形 $y_{w(l/2)}$(mm)	-0.04	-
扉体の反り (mm)	-5.24	-5.9

値を 1.00 とすると，計算値は 0.88 となる．

(2) 主ローラ軸受け部のすべり抵抗特性

制水ゲート着底時での水圧，温度等の変化に伴う扉体変形と主ローラ軸受け部の相対変位を計測し，軸受け部の摩擦特性(状態，経年変化等)を評価する．この計測では，制水ゲートを開操作しない状態であるため，相対変位(ゲート端板〜主ローラ間，扉体変位＝戸溝〜ローラ軸先端)は軸方向に限定されたものであり，ローラ回転を含む計測ではない．以下に，軸方向に限定された計測をもとに，ローラ回転方向も同程度に評価できるかを検討する．

a. 主ローラ軸力の検討

① 検討条件：表-10.32 に示す水位条件に基づいて主ローラ軸に作用する荷重を算定する．なお，水位は期間平均である．

表-10.32 計測時の水位条件

計測日	上流側平均水深(m)	海側の平均水深(m)
2005 年 8 月 3〜4 日	6.60 = TP3.60 - (TP - 3.00)	2.45 = (TP - 0.55) - (TP - 3.00)

上流側平均水深(m)
6.60=TP3.60-(TP-3.00)

海側の平均水深(m)
2.45=(TP-0.55)-(TP-3.00)

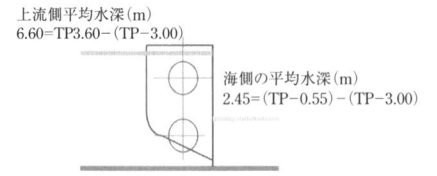

1/2 径間の扉体に作用する水圧力は，上流側と海側を加味した台形分布の水圧から計算し，主ローラ軸に作用する水圧力は，上段ローラと下段ローラの軸配置を考慮する．計算結果を表-10.33 に示す．

10.4 堰ゲート設備の信頼性に関する新技法

表-10.33 上・下段主ローラに作用する水圧力

項　目	計算結果	備　考
1／2扉体に作用する水圧力 F_r (kN)	4.8986×10^3	扉体のスパン：53.2 m
上段主ローラ軸に作用する水圧力 F_{r_1} (kN)	1.1098×10^3	上段主ローラ軸の扉体下端からの距離 4.2 m
上段主ローラ軸に作用する水圧力 F_{r_2} (kN)	3.7888×10^3	下段主ローラ軸の扉体下端からの距離 1.9 m

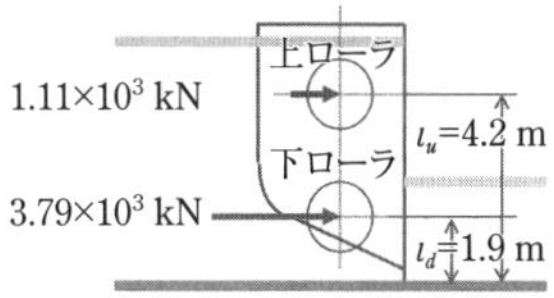

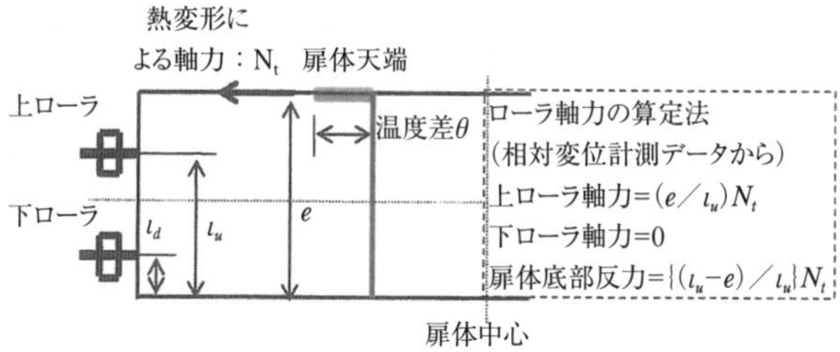

図-10.111　主ローラ軸力の算定法

② 温度上昇による主ローラ軸力：扉体に作用する初期ひずみによる変形μ(=λθl)が拘束されたとすると，その力(軸力)N_tを図-10.111に示すように上・下段主ローラ軸力と設定した．

$$N_t = \lambda \theta EA \tag{10.34}$$

ここで，λ：線膨張係数$(1.2 \times 10^{-5}/℃)$，θ：扉体と水温との温度差$(= T_g - T_w)$，E：扉体のヤング率$(2.06 \times 10^5 \text{ MPa})$，$A$：温度差が生じる部位の断面積$(1\,354.6 \text{ cm}^2)$．

③ ローラ軸に作用する軸力：扉体の反りが発生する場合，図-10.112に示すように主ローラ軸には，水圧力と軸受け部のすべり摩擦係数からの抵抗力と温度上昇による軸力との釣合いを考慮する．

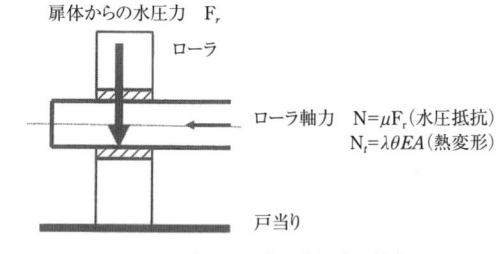

水圧力(F_{r_i})から算定される主ローラ軸力の抵抗力N_iは，以下のように算定される．

$$N_i = \mu F_{r_i} (i = 1,\ 2. \quad i = 1：上ローラ，i = 2：下ローラ) \tag{10.35}$$

図-10.112　主ローラ軸に作用する軸力

b. 相対変位計測からのすべり摩擦の検討　　図-10.113に示す結果は，温度上昇に

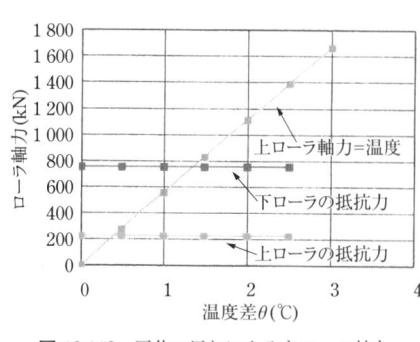

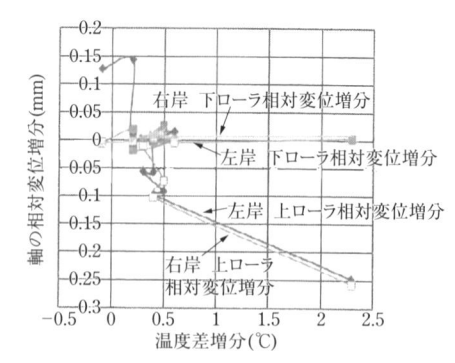

図-10.113 扉体の反りによる主ローラ軸力

図-10.114 主ローラ軸の相対変位(詳細)

よる上段主ローラ軸力と軸受け部のすべり抵抗力との関係であるが，抵抗力は，すべり摩擦係数$\mu=0.2$(設計値)とした値である．計算的には，温度差$\theta=0.4$℃以上になれば，上段主ローラ軸に相対変位が生じる．

図-10.101，10.102に主ローラ軸受け部の相対変位を示している．おおむね約5℃以上になると相対変位が生じているが，この関係図から詳細な温度差の評価はできない．この両図から温度差の増分と相対変位の増分に着目した関係を求めると，図-10.114となる．

図-10.114のように温度差および相対変位の増分の関係で示すと，各主ローラ軸の温度差の増分による追従性が明確となる．上段主ローラ軸の相対変位は0.4℃付近から生じている．この結果から，上段主ローラ軸受け部のすべり摩擦係数は$\mu=0.2$程度と想定される．

(3) 長期の水温変化(低下)による扉体の縮み

a. ローラ軸受け部のすべり特性　水温変化による扉体の熱変形をもとに主ローラ軸力N_tは式(10.34)から算出されるが，水温低下による扉体は一様な縮み現象となる．温度差の生ずる部位の面積は扉体の没水部の断面積となり，$A=6\,232.05\text{ cm}^2$(反り現象に対応した面積の約4.6倍)となる．ここで，主ローラ軸力算定のための数値は，没水部の断面図心(扉体下端からの距離305 cm)と下段主ローラ軸(扉体下端からの距離190 cm)との差の距離$e=115$ cm，および上・下段主ローラ軸間$l_u=230$ cmである．

この現象に対しては扉体下端での摩擦が影響し，摩擦力は接触面の状態によって$N_f=\mu_s W[\mu_s=0.4(鋼-鋼)$, $W=4\,813.25$ kN(扉体重量)]，または$N_f=\mu_r W[\mu_r=0.7($ゴ

ム-鋼)]で示される．したがって，温度差による主ローラ軸力＝温度差による軸力－扉体摩擦力，となり，扉体下端での摩擦力を加味する必要がある．以下に，温度変化によるローラ軸力，上段主ローラの抵抗力(水圧力・すべり摩擦係数μ＝0.2)および下段主ローラの抵抗力(水圧力・すべり摩擦係数μ＝0.2)等の関係を示すが，扉体下端の摩擦力および水圧力・すべり摩擦等による主ローラ抵抗力は，それぞれ1／2径間について評価したものである．**図-10.115**に温度変化による主ローラ軸力の算定を示す．

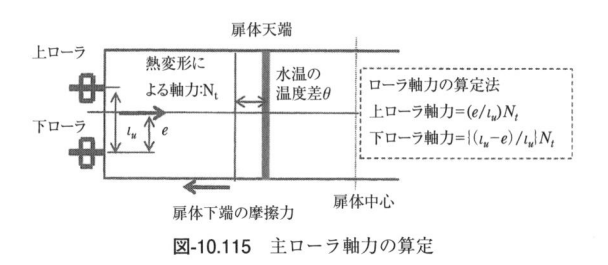

図-10.115 主ローラ軸力の算定

① 扉体下端の摩擦力の接触面1／2径間(鋼-鋼の場合)：熱変形(温度差)による主ローラ軸力＝温度差による軸力－扉体摩擦力[接触面；鋼-鋼(μ_s＝0.4(1／2径間)](N_t)および水圧力と主ローラ軸に作用する摩擦力(設計値；$N=\mu F_r$, F_r＝各ローラに作用する水圧力，係数μ＝0.2)の関係と計算結果を**図-10.116**に示す．計算結果から，上段主ローラ軸では1.5℃近傍，下段主ローラ軸は2.2℃近傍からそれぞれ相対変位が生じることを示している．

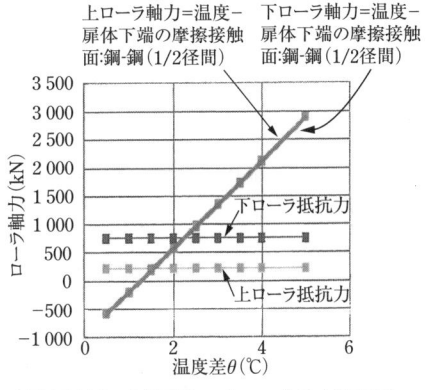

図-10.116 水温変化～主ローラ軸力[摩擦力(1／2径間)]

② 扉体下端の摩擦力の接触面(ローラ側1／4径間，鋼-鋼．中央側1／4径間，ゴム-鋼の場合)：熱変形(温度差)による主ローラ軸力＝温度差による軸力－扉体摩擦力[接触面：鋼-鋼μ_s＝0.4(1／4径間)，ゴム-鋼μ_r＝0.7(1／4径間)](N_t)および水圧力と主ローラ軸に作用する摩擦力(設計値：$N=\mu F_r$, F_r＝各主ローラに作用する水圧力，係数μ＝0.2)の関係と計算結果を**図-10.116**に示す．計算の結果，上段主ローラ軸では2.0℃近傍，下段主ローラ軸は2.7℃近傍からそれぞれ相対変位が

生じることを示している.

b. 相対変位計測からのすべり摩擦の検討　図-10.116(扉体下端の摩擦係数μ_s＝0.4)の結果から上段主ローラ軸は，1.5℃近傍，下段主ローラ軸は2.2℃近傍で動き，図-10.117[扉体下端の摩擦係数$\mu_s=0.4(1/4)$, $\mu_r=0.7(1/4)$]の結果から，上段主ローラ軸は2.0℃近傍，下段主ローラ軸は2.7℃近傍から動く．扉体下端の摩擦抵抗(1/2径間についての評価)が大きくなると，動き出す温度差も高くなる．図-10.107の計測結果からも，上・下段主ローラ軸とも約2℃以上になると，相対変位が生じている．これらの結果から判断して，扉体下端は鋼-鋼の摩擦特性，軸受け部のすべり摩擦係数は$\mu=0.2$(設計値)程度と想定される．

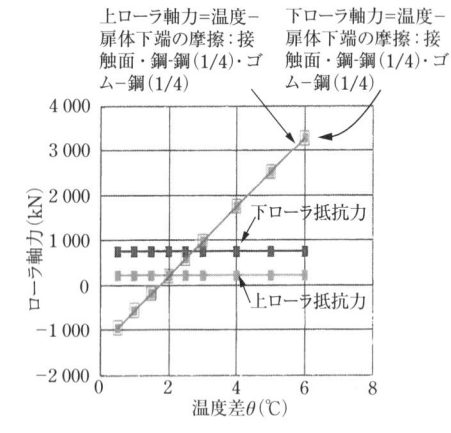

図-10.117　水温変化～主ローラ軸力[摩擦力(1/4＋1/4径間)]

10.4.6　信頼性に対する評価

(1)　ロープ弛め運転

表-10.26に示す作業・点検項目と従来の管理運転に準じて，ロープ弛め運転による月点検および年点検の実施率を示すと，表-10.34となる．

表-10.34に示すように，月点検および年点検について，設備全体では75％以上，開閉装置ではほぼ100％ときわめて高い実施率が得られ，開閉装置の信頼性の確保に有効であることが明らかにされた．

(2)　温度変化に伴う主ローラ軸の相対変位計測

a. 短期間の計測　この計測は夏季の夏日となる3昼夜の計測であり，扉体には反り(上方への変形)が生じる．この反りによって，上段主ローラ軸受け部には相対変位が発生し，軸受け部は常時摺動していて，固着しないことが確認された．また，扉体の反り現象下での上段主ローラ軸受け部の相対変位の計測から軸受け部のすべり摩擦係数の評価が可能となった．

扉体の反りは，扉体下端部でも同じ反りが生じるので，止水機能に対する配慮が

表-10.34 点検可能項目の比率(実施)

点検の種類	点検箇所	(A) 点検項目総数	(B) 従来の主閉停止状態で突然可能な項目数	(C) ロープ弛め運転点検で波加される実施可能項目数	(D)=(B)+(C) 従来の点検けにロープ弛め運転点検後を実施した場合実施可能な項目数
月点検	戸当り	6	3 (50.0%)	0 (0%)	3 (50.0%)
月点検	扉体	23	3 (13.0%)	0 (0%)	3 (13.0%)
月点検	開閉装置	58	23 (33.7%)	35 (60.3%)	58 (100%)
月点検	機側操作盤	15	34 (93.3%)	1 (6.7%)	15 (100%)
月点検	設備全体	102 (100%)	43 (42.2%)	36 (35.3%)	79 (77.5%)
年点検	戸当り	23	43 (56.5%)	0 (0%)	13 (56.5%)
年点検	扉体	43	4 (9.3%)	0 (0%)	4 (8.3%)
年点検	開閉装置	109	75 (88.8%)	32 (29.4%)	107 (98.2%)
年点検	機側操作盤	41	38 (92.7%)	1 (2.4%)	39 (33.1%)
年点検	設備全体	216 (100%)	130 (80.2%)	33 (15.3%)	163 (75.5%)

必要となる.

b. 長期間の計測　この計測は秋季(初秋〜中秋)の約1ヶ月間にわたる長期間の計測である．この期間では水温低下に伴う扉体の伸縮が生じる．この伸縮によって，上・下段主ローラ軸受け部には相対変位が発生し，軸受け部は温度低下と共に，常時摺動していて，固着しないことが確認された．また，扉体の伸縮現象下での上・下段主ローラ軸受け部の相対変位の計測から軸受け部のすべり摩擦係数の評価ができる．

(3) 主ローラ軸受け部のすべり摩擦係数

予備ゲート設置による総合点検を2008年2月に実施し，開閉装置，主ローラ軸受け部および扉体・扉体周りの点検・調査を行った．この点検でローラ回転が確認でき，主ローラ軸受け部の相対変位計測の有効性が検証できた．

温度変化に伴う主ローラ軸受け部の相対変位は，主ローラ軸に対して軸方向の動きに限定された計測であり，主ローラ回転を含むものではないが，主ローラ軸受け部のすべり摩擦係数は，摩擦の3法則に準拠すると，主ローラ軸方向および回転方向とも同じと評価される．なお，参考のために，摩擦の3法則を示すと，以下のようになる[92]．

① 摩擦は，接触面に加えられた鉛直力に比例し，見掛けの接触面積の大小には無関係である(クーロンの法則，アモントンの法則)．この法則は，直平面のように

接触面の状態に方向性がなければ，接触面に沿ったあらゆる方向の鉛直力に対して成立するため全方位，同一の摩擦係数となる．
② 摩擦は，すべり速度の大小には無関係である（クーロンの法則，アモントンの法則）．
③ 一般に静止摩擦は運動摩擦よりも大きい．

摩擦の3法則によれば，軸方向の相対変位の計測から主ローラ回転に対する評価も可能であるが，多少の不安材料があったため総合点検時に以下のような検証をした．

簡易的にチェーンブロックで主ローラにトルクを与えて，回転に必要なトルクを計測した．以下にその結果を示す．
ⅰ) 動き出し始め；すべり摩擦係数 $\mu = 0.21$．
ⅱ) 動き出してから；すべり摩擦係数 $\mu = 0.16$．

この結果は，温度変化に伴う主ローラ軸の相対変位計測から評価されたすべり摩擦係数 $\mu = 0.20$ に対応しており，軸方向の相対変位計測の有効性が証明された．

10.4.7 ま と め

① ロープ弛め運転では，無負荷であるが開閉装置の運転に伴う目視点検，指触，騒音と計測として供給電源の電圧値および電流値，各機器の温度計測が可能で，電動機の電磁ブレーキの固着問題が解決できる．
② 主ローラ軸受け部の軸方向の相対変位計測を取り入れれば，ローラ軸受け部の固着が発生しているかどうかが確認できる．さらに，扉体は常時伸縮していることも明らかにされていることからローラ軸の固着はないと考えられる．

①，②から点検実施率が上がり，堰ゲート設備の信頼性が向上するので，新技法は有効であることが証明された．

付　　録

1.　選択取水ゲートの外圧に対する座屈強度[93]

　利水放流設備の取水ゲートに対する外圧発生は，運用時の筒内流速による圧力低下，および筒内水が完全に抜ける異常時が想定される．まず，運用時の筒内流速は，ゲート内の圧力を下げる作用があり，筒体に対しては外圧として作用する．次に，異常時の場合は，ダム水頭が外圧として作用することになる．取水ゲートは薄肉の円筒殻で構成され，外圧に対する座屈強度はきわめて低い．したがって，外圧に対する座屈強度の照査が必要であり，以下，流速およびダム水頭による水圧に対する薄肉円筒殻の座屈強度を検討する．

1.1　運用時の筒内流速，外圧，座屈強度

(1)　筒内流速と外圧
筒外のエネルギー式
$$p_0 + 0.5\rho_w V_0^2 + \rho_w gz \qquad (1)$$
筒内のエネルギー式
$$p_i + 0.5\rho_w V_i^2 + \rho_w gz \qquad (2)$$
筒に作用する外圧は，式(1)，(2)より，
$$p = p_0 - p_i = 0.5\rho_w (V_i^2 - V_0^2) \qquad (3)$$
式(3)で $V_0 = 0$ とすると，筒に作用する外圧は，
$$p = p_0 - p_i = 0.5\rho_w V_i^2 \qquad (4)$$

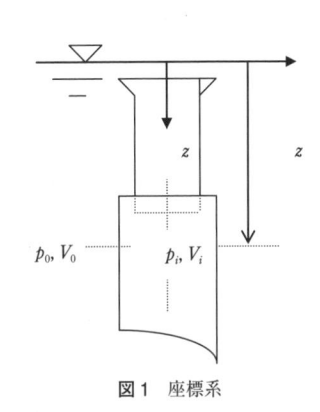

図1　座標系

ここで，p_i, p_0：筒内外の圧力，ρ_w：水の密度，V_i, V_0：筒内外の流速，z：位置水頭．

問題とする圧力は関係式(4)であり，筒内流速の2乗に比例して外圧が増加する．結果を以下に示すが，$p_k = 0.2\,\text{kgf/cm}^2$ は補剛材なしの最小板厚の限界圧力である．

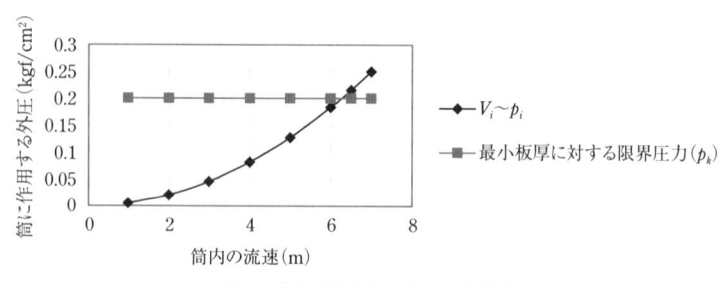

図2 筒内流速と筒に作用する外圧

筒内の限界流速5 m/s は，補剛材なしの薄肉円筒殻の最小板厚に対する限界圧力 $p_k = 0.2\,\text{kgf/cm}^2$ に対応するものと考えられる．これらは水門鉄管技術基準に記載されているが，$p_k = 0.2\,\text{kgf/cm}^2$ に対応する筒内流速は6 m/s 程度となる．筒内の限界流速は，多分，この数値に対して少し余裕を持って設定されたものと思われる．

注) 水圧鉄管の負圧の許容値は $0.2\,\text{kgf/cm}^2$ とされており，空気弁もこの圧力で作動するように設定されている．

(2) 取水ゲートの座屈強度

取水ゲートは補剛材のある円筒殻であり，水門鉄管技術基準に準拠すると，座屈強度は以下の式から算定される．

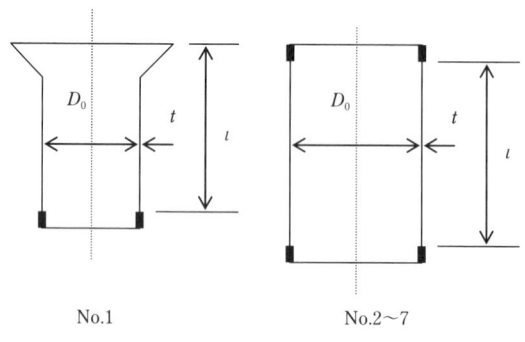

図3 取水ゲート

1. 選択取水ゲートの外圧に対する座屈強度

R.V.Southwell の式

$$p_k = \frac{2.59\,E_s t^{2.5}}{\iota D_m^{1.5}} \tag{5}$$

徳川の式　$a^2 = (\pi D_0'/2\iota)^2 \leqq 1$ の場合

$$p_k = 2.4\,E_s \frac{D_0'}{\iota}\left(\frac{t}{D_0'}\right)^{2.5} \tag{6}$$

ここで, E_s:ヤング率, D_0:内径, t:板厚, D_m:D_0+t, D_0':D_0+2t, ι:補剛材の間隔.

式(5), (6)をもとに座屈強度を算定するための各ゲートの諸元を**表1**に示す.

表 1

取水ゲート	t(cm)	D_0(cm)	D_m(cm)	D_0'(cm)	ι(cm)
No.1	1.1	180	181.1	182.2	853.5
No.2	1.3	200	201.3	202.6	754.5
No.3	1.5	220	221.5	223.0	718.0
No.4	1.7	240	241.7	243.4	681.5
No.5	1.8	260	261.8	263.6	649.0
No.6	1.9	280	281.9	283.8	605.5
No.7	2.0	300	302.0	304.0	591.7

各ゲートの諸元をもとに $E_s = 2.1 \times 10^6\,\text{kgf/cm}^2$ とした場合の座屈強度を**表2**に示す.

表2　各取水ゲートの座屈強度

取水ゲート	R.V.Southwell の式による座屈強度 p_k(kgf/cm^2)	徳川の式による座屈強度 p_k(kgf/cm^2)
No.1	3.32	3.05
No.2	4.86	4.46
No.3	6.33	5.81
No.4	8.12	8.09
No.5	8.60	7.89
No.6	9.44	8.66
No.7	9.91	9.09

座屈強度は, 補剛材なしの薄肉円筒殻の最小板厚に対する限界圧力 $p_k = 0.2\,\text{kgf/cm}^2$ の約15倍の強度を有している.

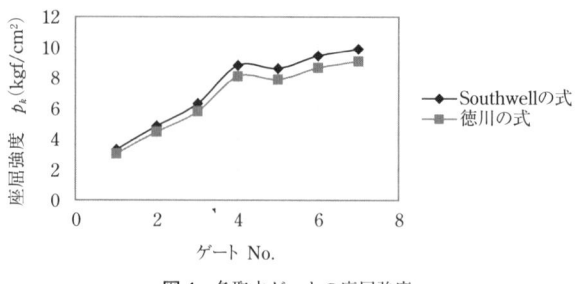

図4　各取水ゲートの座屈強度

1.2　異常時のダム水頭に対する座屈強度

常時満水位の場合，筒内水が完全に抜ける異常時を想定すると，各ゲートに作用する外圧，座屈強度（徳川の式）および安全率は表3のようになる．

表3

取水ゲート	各ゲート下端の外圧(kgf/cm^2)	座屈強度（徳川の式）(kgf/cm^2)	安全率
No.1	1.04	3.05	2.93
No.2	1.82	4.46	2.46
No.3	2.56	5.81	2.27
No.4	3.26	8.09	2.48
No.5	3.93	7.89	2.01
No.6	4.56	8.66	1.90
No.7	5.14	9.09	1.77

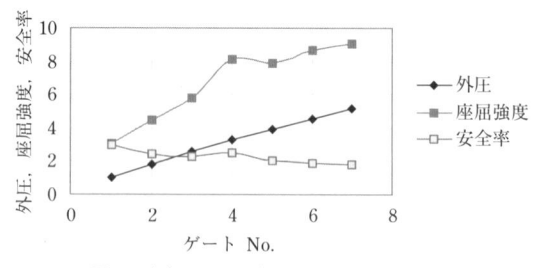

図5　取水ゲートの座屈強度に対する安全率

1.3 まとめ

(1) 座屈強度
取水ゲートの座屈強度を水門鉄管技術基準に準拠して算定すると，筒内水が完全に抜けると想定した場合，常時満水位のダム水頭に対して安全率として約1.8を有している．

(2) 筒内流速
筒内流速の限界値5 m/s は，補剛材なしの薄肉円筒殻の最小板厚に対する限界圧力 $p_k = 0.2$ kgf/cm^2 から設定されたものと考えられる．また，この数値は，水圧鉄管の負圧の許容値が 0.2 kgf/cm^2 とされており，空気弁の作動圧もこれに対応する数値となっている．

取水ゲートの筒内流速については 5 m/s という数値ではなく，取水面での空気渦の発生および筒体の振動等から設定されるべきものと考えられる．

(3) 補剛材なしの座屈強度
取水ゲートの諸元をもとに，補剛材なしとした場合の座屈強度を示す．
関係式

$$p_k = \frac{2E_s(t/D_0')^3}{1-v_s^2}$$

$v_s = 0.3$

補剛材なしの場合でも，取水ゲートの座屈強度は，筒内の限界流速 5 m/s (0.2 kgf/

表4

取水ゲート	t(cm)	D_0'(cm)	座屈強度(kgf/cm^2)
No.1	1.1	182.2	1.02
No.2	1.3	202.6	1.22
No.3	1.5	223.0	1.40
No.4	1.7	243.4	1.57
No.5	1.8	263.6	1.47
No.6	1.9	283.8	1.39
No.7	2.0	304.0	1.31

cm²)の約5倍の強度を有している.

2. 選択取水ゲートの氷圧に対する変形強度[94]

2.1 扉体の強度

扉体の強度の検討は,扉体を薄肉円筒と仮定しての軸力による座屈強度,両端補強された薄肉円筒の外圧による限界座屈圧力,を推定する.
文献は,Timoshenko & Gere (Theory of Elastic Stability) および水門鉄管技術基準(付解説)によった.

(1) 軸力による座屈強度
薄肉円筒の軸力による座屈強度は,以下の式から算定される.
座屈強度

$$\sigma_{cr} = \frac{Et}{R\sqrt{3(1-\nu^2)}} \tag{7}$$

座屈耐力

$$P_{cr} = 2\pi Rt\sigma_{cr} \tag{8}$$

ここで,σ_{cr}:座屈強度,E:ヤング率,t:円筒の板厚,R:円筒の半径,ν:ポアソン比($=0.3$).算定された1段扉体,2段扉体の座屈強度,耐力を**表5**に示す.

表5

扉体	R(cm)	t(cm)	σ_{cr}(kgf/cm²)	P_{cr}(tf)
1段	150	1.0	8,473	7,982
2段	165	1.2	9,243	11,494

この結果から扉体の軸力による座屈強度,耐力とも十分にあることがわかる.1段扉体に比べ2段扉体の方が強度的に高い.

(2) 外圧による限界座屈圧力

両端補剛された薄肉円筒の限界座屈圧力は，以下の式から算定される．

徳川の式（近似式）

$$p_k = 2.4 E \frac{2R}{l} \left(\frac{t}{2R}\right)^{2.5} \tag{9}$$

Southwell の式（近似式）

$$p_k = 2.59 E \frac{t^{2.5}}{l(2R)^{1.5}} \tag{10}$$

ここで，p_k：限界座屈圧力，l：補剛材の間隔．
式(9)，(10)から外圧による限界座屈圧力を算定すると，表6のようになる．

表6

扉体	R(cm)	t(cm)	l (cm)	p_k(kgf/cm^2)	
				徳川の式	Southwell の式
1段	150	1.0	557	1.74	1.88
2段	165	1.2	477	2.78	3.00

2.2 氷の物性値

P.Novak の Developments in Hydraulic Engineering-3 に基づいた淡水氷の物性値（-5℃）を表7に示す．以下に示す項目は，ヤング率(E)，圧縮応力(σ_c)，引張応力(σ_t)，剪断応力(τ)である．

問題となる氷の静的な圧縮応力(σ_c)を見ると，平均で 28.6 kgf/cm^2 である．

表7 氷の物性値(-5℃)

項目	MN/m^2		kgf/cm^2		
	動的	静的	動的	静的	静的平均
E	8 300～10 300	7 300～8 800	84 694～105 102	74 490～89 796	82 143
σ_c	2～2.9	2.2～3.4	20.4～29.6	22.4～34.7	28.6
σ_t	8～12	1.2～1.5	81.6～122.4	12.2～15.3	13.8
τ	0.9～2	1～1.8	9.2～20.4	10.2～18.4	14.3

2.3 扉体変形の要因分析

(1) 操作時
外圧による限界座屈圧力は，試算の結果，1段扉体で 1.74～1.88 kgf/cm^2, 2段扉体で 2.78～3.00 kgf/cm^2 となり，水圧に換算して，1段扉体は 17～19 m, 2段扉体は 28～30 m に耐える強度となっている．

操作時の外圧は，取水時の内外圧差の条件から 1 m (管内流速 4.4 m/s に対応) で設計されている．最も厳しい条件である扉体内が完全ドライとなる状態 (全高 15.8 m) を考慮すると，1段扉体で約 6 m, 2段扉体で約 10.9 m, 3段扉体で約 15.8 m となるが，このような条件は設計条件としては存在しない．仮にこの条件になっても，各扉体の強度はこの水圧に十分に耐える．したがって，この要因により扉体が変形することはない．

(2) 冬季の休止時
冬季の休止時のダム水位が扉体休止位置 (EL.115.000) より高い場合には，ダム水位により各扉体間に水が充満する．当然，1段扉体と2段扉体間との扉間，および2段扉体と3段扉体間との扉間にも水が充満する．例えば，ダム水位が常時満水のEL.119.800 であったとすると，各扉体は約 4.8 m (EL.119.800 − EL.115.000 = 4.800) の没水した状態となる．この状態で各扉体扉間の水が凍ると，図6に示すように氷の静的な圧縮応力 σ_c (平均値 28.6 kgf/cm^2, ただし −5℃) が外圧として1段扉体に，2段扉体には1, 3段扉体との相互作用 (1段扉体から反作用の内圧 = 3段扉体から外圧) のため外力のない平衡状態となる．この結果，2段扉体には全く外力は作用しないし，3段扉体には内圧のみが作用する．

図6に各扉体間の扉間水が凍る場合の氷圧が扉体に及ぼす相互作用を示すが，2段扉体の外力は平衡状態にあり，3段扉体には内圧のみが作用する．各扉体は外圧

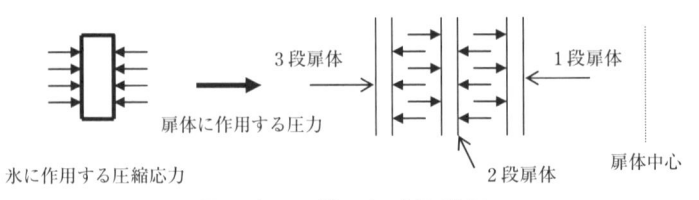

図6 氷圧の扉体に及ぼす相互作用

には弱いが，内圧には相当大きな抵抗を有している．問題は，1段扉体には外圧が作用し，変形等の厳しい事象が発生することになることである．例えば，1段扉体が座屈すると，1，2段扉体の扉間の氷圧が緩和される．次いで，2，3段扉体の扉間水が2段扉体への外圧として作用するので，2段扉体の変形が懸念される．

扉体の限界座屈圧力は，試算の結果から$1.74 \sim 1.88 \, \text{kgf/cm}^2$で，扉間の氷から生ずる圧力は$28.6 \, \text{kgf/cm}^2$程度，限界座屈圧力の約15倍もの外力となる．したがって，扉間水が凍ると，扉体の座屈変形が生じる可能性がある．

仮に1，2段扉体の扉間水が凍る場合は，1段扉体には外圧，2段扉体には内圧が作用し，この場合でも1段扉体のみが変形することになる．なお，1段扉体の内圧による耐圧力は$35.4 \, \text{kgf/cm}^2$程度あり，氷から生ずる圧力を上回る強度がある．

(3) 外圧による1段扉体の変形モード

限界座屈圧力による変形モードは，一般的に断面が楕円形に変形するものであるが，今回の場合，断面形状を円と仮定したとしても，扉体の変形は楕円形ではなく，片方に偏ったものとなっている．多分，製作誤差等の理由で完全な円ではなく，少し歪んだ形状にあったものと想定される．変形が大きく現れた部位が製作歪みの大きい箇所と判断される．

2.4 まとめ

扉体変形は，扉体の座屈強度から判断し，冬季の休止時のダム水位が高く，扉体が水没し，各扉体の扉間水が凍結したことによるものと想定される．

このような事象を避けるためには，ダム水が各扉体の扉間で凍結しないような運用が求められる．

II部参考文献

[1] 高須:ダムと貯水池における気液二相流,水工水資源関係発表論文集,資料－Ⅶ,建設省土木研究所,1997.
[2] 中島,巻幡:ゲートの空気吸込みに関する一考察,土木学会論文集,第104号,1964.
[3] A.A.Kalinske and J.M.Robertson:Closed Conduit Flow, *Proc. of the ASCE*, 1942.9.
[4] F.B.Campbell and B.Guyton:Air Demand in Gated Outlet Works, Proc.of Minnesota Interuational Hydraulic Convention I.A.H.R.
[5] Y.Mura, S.Ijuin and H.Nakagawa:Air Demand in Conduits Partly,Filled with Flowing Water, Public Works Rcscarch Institute Ministry of Construction, 1959.2.
[6] K.Petrikat:Vibration Test on Weirs and Bottom Gales, Water Power, 1958.2.
[7] 牧田,糸井:長崎県萱瀬ダム コンジット コースター ゲート模型実験,水門鉄管,1962.3.
[8] S.I.Pai:On Turbulent Jet Mixing of Two Gates at Constant Temperature, *Jour.App.Mech.*, 1955.3.
[9] W.F.Durand:Aerodynamic Theory Vol. Ⅲ, 1935.
[10] R.G.Folsom and C.K.Ferguson;Jet Mixing of Two Liquid, Trans.of the ASME, Vol.71, 1949.
[11] 佐々木:煙突の気象学,日本気象学会,第9巻,第1号,1958.3.
[12] 佐々木:東海村における小規模の拡散実験,日本気象学会,第11巻,第5号,1960.12.
[13] 高須:ダム放流管における空気混入流の特性と計測,ダム水理関係発表論文集,資料－Ⅴ,建設省土木研究所,1988.
[14] E.W.Lane:Entrainment of Air in Swiftly Flowing Water, *Civil Engineering*, Vol.9, No.2, pp.89-91, 1939.2.
[15] G.H.Hickox:Air Entrainment on Spillway Faces, *Civil Engineering*, Vol.15, No.12, pp.562-563, 1945.10.
[16] L.S.Hall:Open Channel Flow at High Velocities, *Trans.ASCE*, Vol.108, paper 2205, pp.1394-1434, 1943.
[17] L.G.Straub and O.P.Lamb:Experimental Studies of Air Entrainment in Open Channel Flow, proc. Minnesota International Hydraulics Convention, Minneapolis, Minesota, 1953.
[18] L.G.Straub and A.G.Anderson:Self-Aerated Flow in Open Channels, *Trans.ASCE*, Vol.125, paper No.3029, pp.456-486, 1960.
[19] A.A.Kalinke and J.M.Robertson:Closed Conduit Flow-Entrainment of Air in Flowing Water, *Trans.ASCE*, Vol.108, 1943.
[20] F.B.Campbell and B.Guyton:Air Demand in Gated Cutlen Works, Proc.IAHR, Minneapolis, 1953.
[21] United States Army Corps of Engineers:Hydraulic Design Criteria, 1964.
[22] 川村,大野:田瀬ダム放流管ゲート半開放流の可能性に関する検討,建設省土木研究所資料,No.380,1968.
[23] H.R.Sharma:Air-Entrainment in High High Head Gated Conduit, *Proc.ASCE*(HY11), Vol.102, 1976.
[24] 中島,巻幡:ゲートの空気吸込みに関する一考察,土木学会論文集,第104号,1964.
[25] 中沢,宮脇,平山:高圧ラジアルゲートの底部段落ち部の空気連行量,土木技術資料,Vol.27-6,1985.
[26] 巻幡:水理工学概論,技報堂出版,2001.

[27] 土木学会編：水理公式集(昭和40年度版)，1965.
[28] 巻幡，砂田，中田，酒井：長径間シェル構造ゲートの流体力について(3)，水門鉄管，No.98，1976.
[29] 巻幡，砂田，中田，酒井：長径間シェル構造ゲートの流体力について(2)，水門鉄管，No.98，1976.
[30] 荻原：ゲート操作荷重についての一実験研究，土木学会論文報告集，第195号，1971.
[31] 巻幡，砂田，中田，酒井：長径シエル構造ゲートの流体力について(1)，水門鉄管，No.93，1975.
[32] 予備ゲート設置に伴うシェル構造制水ゲートの水理特性，日本建設機械化協会，技術資料，2006.
[33] 加藤：選択取水設備の水理設計，ダム水理関係発表論文集，資料 - V，建設省土木研究所，1988.
[34] 安芸，秋元，下田，志賀：貯水池の水質，電力土木，No.159，1979.3.
[35] 土木学会：水理公式集，pp.352-358，1971.11.
[36] 玉井，廣沢，菅：二層流からの取水に関する一考察，土木学会年次講演会概要集，第32回，1977.
[37] 吉川，山本：貯水池の水の挙動に関する研究，土木学会論文報告集，第186号，1971.2.
[38] 岩佐，井上，野口：ダム貯水池の成層化と取・放水の影響，第17回水理講演会.
[39] Bohan,Grace.Jr.：Mechanics of Stratihed Flow Through Orihces, ASCE (HY12)，1970.12.
[40] 川合，松本：貯水池における表層取水に関する研究，農業土木試験場技報，B第43号，1978.
[41] 吉川，山田，水谷：2次元および軸対称選択取水に関する研究，土木学会論文報告集，第280号，1978.12.
[42] 安芸，白砂：貯水池流動形態のシミュレーション解析，発電水力，No.134，1975.1.
[43] 日野，古沢：成層密度流体からの選択取水に関する実験，第16回海岸工学講演会講演集，1969.
[44] 藤本：洪水吐の機能設計，多目的ダムの建設，第4巻，1977.2.
[45] 是枝：揚水式発電所の取・放水口スクリーンおよび放水路ゲートの設計における水理的問題，水門鉄管，No.97.
[46] 荻原：空気吸込渦に関する研究，土木学会論文報告集，第215号，1973.7.
[47] 選択取水ゲートの放流時の水理特性，独立行政法人水資源機構，技術資料，2006.
[48] 選択取水ゲートの冬季運用時の凍結防止装置の水理特性，北海道開発局，技術資料，2007.
[49] 蔵田，巻幡：水路構造物の疲労安全性に関する評価の試み，鋼構造論文集，第17巻，66号，2010.
[50] 水門鉄管技術基準，水圧鉄管・鉄構造物編，2007.6.
[51] 日本機械学会編集：機械工学便覧2(昭和26年版).
[52] 日本鋼構造協会：鋼構造物の疲労設計指針・同解説，1998.3.
[53] K.Petrikat：Vibration Tests on Weirs and Bottom Gates Water Power Feb.，1958.
[54] 土木技術者のための振動便覧，土木学会，1973.
[55] 山原：環境保全のための防振設計，彰国社
[56] 鳥海：振動の影響と許容値，騒音・振動公害，土木学会関西支部，1965.
[57] Reiher and Meister：The Senciticveness of the Human Body to Vibration ForshungBand，1931.11.
[58] Crede：Shock & Vibration Hand Book.
[59] 巻幡：主・副ゲートを有する放水路流れの不安定現象，水門鉄管，No.150.
[60] 巻幡：ダム放水路流れの不安定現象について，土木学会25回年次学術講演全国大会，1970.10.
[61] 巻幡，有馬，柏原：主・副ゲートを有する放水路の水理特性，日立造船技報，第37巻，第4号，1976.12.
[62] 巻幡：取水口ゲートの遮断に伴う放流水の水理特性，水門鉄管，No.140.
[63] C.Jaeger：Engineering Fluid Mechanics，Blackie & son Limited，1956.
[64] 蔵田，平子，巻幡：ダムゲート空気弁の振動，土木学会水工論文集，第54回，2010.
[65] 振動工学ハンドブック，養賢堂.

[66]　藤井：機械の研究, 1-11, 1949.
[67]　H ダム主放流管用空気弁上下運動対策検討委員会：検討会最終報告資料, 2004.2.
[68]　津田：機械力学, 山海堂, 1958.
[69]　石原, 本間：応用水理学 I, 丸善, 1958.1.
[70]　巻幡：水理工学概論, 技報堂出版, 2001.4.
[71]　蔵田, 佐々木, 巻幡：利水放流設備の水撃作用, 土木学会水工学論文集, 第 55 回, 2011.
[72]　石原, 本間：応用水理学 I, 中 I, pp.174-202, 丸善, 1958.
[73]　巻幡：水理工学概論, p.47, 技報堂出版, 2001.
[74]　蔵田, 平子, 巻幡：ダムゲート空気弁の振動, 水工学論文集, 第 54 回, 2010.
[75]　機械設計便覧編集委員会編：機械設計便覧, pp.1509, 1513, 丸善, 1958.
[76]　水門鉄管技術基準, 水門扉編 (平成 12 年, 第 4 回改訂版), p.370, 2000.
[77]　蔵田, 巻幡：ホロージェットバルブの振動に関する流体解析, 土木学会水工学論文集, 第 56 回, 2012.
[78]　巻幡：水理工学概論, pp.73, 技報堂出版, 2001.
[79]　日本機械学会編：機械工学便覧 4 (1951 年版), pp.8-53〜54.
[80]　谷：流体力学 (上巻), 理想流体の力学, pp.30-32, 岩波書店, 1944.
[81]　藤本：応用流体力学, pp.25-26, 丸善, 1943.
[82]　高田, 滝塚, 国富他：高圧ガス炉ガスタービン発電システム (GTHTR300) の磁気軸受支持ロータダイナミクス試験計画, pp.525-531, 日本原子力学会和文論文誌, Vol.2, No.4, pp.525-531, 2003.
[83]　角, 森：上下端放流時のシェル構造ローラゲート振動特性, ダム水理関係発表論文集, 資料 – Ⅵ, 建設省土木研究所, 1992.
[84]　E.Naudascher：Vibration of gates during Overflow and Underflow, Proc.,ASCE, HY.5, 1961.9.
[85]　荻原：開水路中のスルースゲートの振動に関する基礎的研究, 土木学会論文集, 141 号, 1967.5.
[86]　N.D.Thang and E.Naudasher：Vortex-Excited Vibrations of Underflow Gates, Journal of Hydraulic Research, Vol.24, 1986.
[87]　天道, 山田, 角他：寒河江ダム ダムフラップゲート 放流試験報告, ダム水理関係発表論文集, 資料 – Ⅵ, 建設省土木研究所, 1992.
[88]　宇田, 中田, 蔵田, 巻幡：堰ゲート設備の信頼性に関する新技法, 鋼構造論文集, 第 17 巻, 67 号, 2010.
[89]　ダム・堰施設技術協会：ダム・堰施設技術基準 (案), 基準解説編・マニュアル編, pp.780-783, 1999.11.3.
[90]　土木学会：構造力学公式集 (昭和 61 年版).
[91]　日本機械学会編集：機械工学便覧　2 (昭和 26 年版).
[92]　日本機械学会編集：機械工学便覧　1 (昭和 26 年版).
[93]　選択取水ゲートの外圧に対する座屈強度, 独立行政法人水資源機構, 技術資料, 2006.
[94]　選択取水ゲートの氷圧に対する変形強度, 北海道開発局, 技術資料, 2005.

索　引

【あ】

亜音速　101
圧縮性流体　99,139
圧縮率　5
アップリフト　127,154
圧力　17
　　——からの力　243
　　——の中心　24
圧力差の力　39
圧力水頭　33
圧力中心　23
圧力度　17
圧力波
　　——の透過率　227
　　——の速さ　6
　　——の反射率　227
　　アルキメデスの原理　25
安定（Petrikat 図表のカテゴリー曲線）　200,203

【い】

位相差解析　254
1次躍層　169
位置水頭　33

【う】

上貯水池　210
渦　249
渦動粘性係数　128,132
渦巻ポンプ　116
渦励振　252
運動の方程式　69
運動量　38
　　——の拡散［現象］　131,143
　　——の法則　38
運動量差の力　39
運動量理論　237

【え】

液柱計　20
SI単位　11
越流［形］式ゲート　247,266
エネルギーの尺度　20
円管群の抵抗　62

【お】

オーゼンの式　190
オバリング振幅　196
オリフィス　41
音速　100,139

【か】

外圧に対する座屈強度　291
開渠　57
　　——の速度分布　60
　　——の断面形状　59
開操作経過時間　156
拡散　95
拡散係数　95
拡散団塊　96
拡散質の濃度　95
拡散パラメータ　97
拡散物質　95
拡散方程式　95
拡散モデル（連続放出の）　96
拡大率　21
河川維持用水　215
華氏　12
カテゴリー曲線（Petrikat 図表の）　200
カロリー　11
変わらぬ流れ　31
換算流速　253
緩遮断　227
環状噴流　243
管摩擦　48

306　索　引

管摩擦係数　50
管路
　——の総損失　57
　——の出口　56
管路式ゲート　205
管路内跳水　128

【き】
気液二相流　141
起伏式ゲート　247
気泡
　——の上昇速度　189
　——の吸込み　187,189,191
　——の抵抗　189
　——の浮力　189
基本許容応力範囲　195
脚柱　194
逆転[層]　98
キャビテーション　37,127,147
キャビテーション係数　107
キャビテーション数　37,71,148
境界層　48,78,128
　——の運動量法則　78
　——の拡散　128
　——の剥がれ　79
　——の方程式　78
境界層理論　131
強制回転運動　28
強度等級　195
局所音速　100
極浅水波　86
局部的な低圧　148
曲面板の圧力　24
曲管に及ぼす力　39
許容限界(人体感覚の)　203
許容風速　128
Kirchhoffモデル　243

【く】
空気　4

空気管　127,130
空気係数　128
空気混入流　141
　——の計測法　143
空気吸込み渦　179
空気濃度　142
空気比　129,140
空気弁フロート　223
空気量　128,137,143
空気連行　127
クッターの公式　58
繰返し回数　196

【け】
傾斜微圧計　22
ケーシング振動　244
ゲート　127,194
ゲート空気弁　215
ゲート形状の影響　255
限界最小取水量　177
限界最大取水量　171
限界掃流力　65,158
減衰項(拡散方程式の)　95
減勢工　215

【こ】
高圧ゲート　127,143
高圧バルブ　115
高水頭ダムの余水吐　147
洪水吐きゲート　247
構造物危険限界線(Petrikat図表のカテゴリー曲線)
　　200,201,203
合流管　56
抗力係数(翼断面の)　75
氷の物性値　297
混合距離　47,134

【さ】
最大応力　194
座屈強度　292,196

索引

サージタンク　210
3次元CFD有限体積法　237,243
サットンの式　97
作用角(偏差流体力の)　241

【し】

ジェシーの公式　57
軸対称流れ場　237
次元解析(流体力学の)　76
自己給気　141
示差圧力計　21
指数法則　49
自然渦　37
下貯水池　210
CFD有限体積法　237,243
遮断　210
遮断速度　210
射流水深　60
収縮係数　41,209
重心　26
重量　3
自由流出時　207
重力キログラム　11
主ゲート　205
　　——の振動　205
取水口ゲート　209
取水塔断面積　179
取水塔内流速　179
取水流速　178
ジュール　11
主ローラ軸受け　270
潤滑面　80
瞬間放出　96
純粋な水　3
蒸気圧　71,105
衝撃的圧力　37,149
衝撃波　100
上下端[同時]放流　247,248
上段ゲート内の流速　184
常流水深　60

初生キャビテーション　148,149
初生キャビテーション数　38,71
自励系の振動方程式　223
自励振動　252
自励的に成長する水撃波　68
進行波　82,84,86
浸食　37
深水波　82
人体感覚の許容限界　203
振動　249
振動起点(Petrikat図表のカテゴリー曲線)　200,203
振動防止対策　255
振動方程式(自励系の)　223
振動領域　249

【す】

水圧機の原理　18
水圧鉄管　194,195
水位維持放流用　235
水温　167
水温勾配　169
水温変化　270,275
水銀　4
水撃圧　67
水撃作用　66,216,226
水撃作用伝播時間　227
水撃波　66
　　——の伝播速度　66
　　——の透過　68
　　——の反射　68
水車　105
吸出し高　107
水中放流　215
水頭　19
水頭損失　34
水平桁　194
水脈振動　256,266
水脈振動防止　267
水脈分断　267

水門の形式　108
水力機械　103
水力勾配　34
水力勾配線　34
水力発電　103
水路構造物
　——の振動［評価］　193
　——の水理　127
　——の疲労安全性　193
　——の疲労照査　196
水路底面切下げ　256
スクリーン通過流速　178
進み位相　255
stick to slip　226
stick-slip　226
ストークスの式　190
ストークスの法則　63
ストローハル数　70,71
スポイラの影響　256
スライド形式（水門の）　108
slip to stick　226

【せ】
静圧　35
セイシュ　90
制水ゲート　156
静水力学　17
成層型貯水池　169
堰　41,247
堰ゲート　269
摂氏　12
接触角　9
絶対圧　17
全圧力　17,23
全水頭　33
浅水波　84
選択取水ゲート　182,291
選択取水設備　127,167
　——の分類　181
剪断応力　7

剪断力　47
線膨張係数　282

【そ】
総圧　34
操作荷重　149
　——の解析　150
相似則　70
層状運動　29
総水頭差　36
総損失（管路の）　57
相対的静止　27
相対的釣合い　27
相対変位計測　270,271
送風機　119
層流　47
層流境界層　78,128
層流底層　47
速度係数　41
速度項　223
速度水頭　33
損失水頭　52

【た】
大気圧　17
対数減衰率　222,224
対数法則　50
体積弾性係数　5
ダウンプル　127,154
ダウンプル力　156,166
濁水　167
多段式ゲート　181
ダム　107,247
ダム水頭　294
ダム放流管　127,149
ダランベールの法則　27
単位系　11
単動サージタンク　223

【ち】

地山の影響　180
中間取水域　188
中心流線　241
注排水孔　150
中立　98
超音速　100,101
長径間ゲート　127
長径間シェル構造ゲート　149,247
跳水現象　205
跳水理論　206
長波　86
重複波　83,85,88
跳水の長さ　60
直応力　196
直線運動　27
貯水池の水質　167
貯水池の流動形態　168

【つ】

通水量　210
津波　89
翼　75
強い低減　97

【て】

低減　97
低周波音　266
低層　169
堤体
　——の影響　180
　——の振動　205
Taylorの渦度輸送理論　134
適当(Petrikat図表のカテゴリー曲線)　200,202

【と】

動圧　34
同位相　255
透過係数(水撃波の)　68
透過率(圧力波の)　227

胴管　237
凍結防止　127
凍結防止装置　187
同時操作　205
同時放流　182
導水設備　107
導水路　210
動的[な]流体力　149,223
筒内流速　291
　——の限界値　184
動粘性係数　7
土砂の移動　156,166

【な, に, ね】

内部摩擦　47
流れの干渉　205
Navier-Stokesの運動方程式　128
波の分類　81

二次元噴流　40
2次躍層　169
ニュートン　11

粘性係数　7
粘性流れ　243

【は】

π形ラーメン　194
背水曲線　60
パスカル　11
　——の原理　18
発電取水　187
発電用水　215
波動　81
パフ　96
パフモデル　96
梁理論　282
バルブ　113,205
　——の維持管理　237
　——の振動　244

反射係数(水撃波の)　68
反射率(圧力波の)　227

【ひ】
比凝集力　9
非対称流れ　243
扉体の反り　270,271,275
　　——の解析法　281
扉体の縮み　271
扉体変形　298
扉体没水部の伸縮　270
左回り渦　254
必要空気量　143
ピトー管　35
飛沫の濃度[分布]　132
氷圧に対する変形強度　296
標準気圧　17
比容積　5
表層　169
表面張力　9,90
微粒子の法則　63
疲労強度　194
ヒンジ形式(水門の)　108

【ふ】
不安定(Petrikat 図表のカテゴリー曲線)　200,202
不安定現象　205
　　——の発生領域　206,207
フィルダム　258
不可域(Petrikat 図表のカテゴリー曲線)　200,201
付加質量　92
負荷遮断時　226
副ゲート　205
不離　147
物質不滅の法則　32
物質湧出量　95
物体の抵抗　62
浮揚体　25
Prandtl の運動量輸送理論　134
Prandtl の混合距離　134

フラップゲート　258
浮力　25
フルード数　60,70,71,128
プルームモデル　97
フロート　184
分岐管　55
噴流　39
　　——の拡散　128,129
噴流理論　131

【へ】
平均取水量　175
ヘッド　20
Petrikat 図表　193,200
ベルヌーイの式　99
ベルヌーイの定理　33
弁　53,237
　　——の緩遮断　67
　　——の急遮断　67
変位項　223
　　変位振幅　194
弁座　223
偏差流体力　238,241
弁体の垂れ下がり　238,239
ベンチュリ管　35
ベンド　54
変動振幅応力の打切り　196
変動流量　223
弁フロート　223

【ほ】
放水路トンネル　130
ポテンシャル流れ　69,72,237,243
ホロージェットバルブ　236
ポンプ　116

【ま】
摩擦からの力　243
摩擦振動　226
マッハ角　101

【ま】

マッハ数　100
マッハ波　101
マニングの公式　58

【み】

右回り渦　254
水(純粋な)　3
乱れ運動　29
密度　3
密度流　168

【む，め，も】

無限の連続［的］放出　97

メタセンタ　26

毛管高さ　9
潜り流出時　207
モーメント係数(翼断面の)　75

【や，ゆ】

やや不安定(Petrikat 図表のカテゴリー曲線)
　　200,202

弛め運転　269,270

【よ】

揚水発電　210
揚力係数(翼断面の)　75
余水吐(高水頭ダムの)　147
予備ゲート　205
　──の設置　156
弱い低減　97

【ら】

ラバール管　100
ラジアルゲート　194
乱流　47
乱流境界層　141
乱流剪断応力　134

【り】

利水放流設備　215
利水用水　215
理想流体　33,69
流管　32
流砂　65
流水遮断試験　205
流線　31,241
流体　3
　──の振動　90
流体解析　236
流体対数減衰　224
流体平均深さ　50,59
流体摩擦　47
流体力学　69
流体力　149,223
流量　32
流量係数　41
流量測定　41
理論空気比　133
理論空気量　132
臨界現象　30
臨界レイノルズ数　29

【れ】

レイノルズ数　70,71
連成振動　216
連続の［方程］式　32,72
連続［的］放出　97
　──の拡散モデル　96

【ろ】

漏水の影響　177
ロープ弛め運転　269,270
ローラ形式(水門の)　108

【わ】

ワット時　11
湾の固有周期　90

問題のヒントと解

1. 水の体積変化の式 $\Delta V/V = \Delta p/K$ から，水の体積弾性係数 $K = 20\,000$ kgf/cm^2，$\Delta p = 100$ kgf/cm^2 を代入すると，$\Delta V/V = 0.5\%$ を得る．
2. 水が上る高さは，$h = 2H\cos\theta/\rho gr$ から，$r = 0.0002$ m，$\rho g = 1\,000$ kgf/m^3，$\cos\theta = 1$，$H = 0.007416$ kgf/m を代入すると，$h = 74.16$ mm を得る．
3. 圧力の式 $p = \rho gh$ から，$\rho g = 1\,000$ kgf/m^3，$h = 10$ m を代入すると，$p = 98.07$ kPa を得る．
4. 水圧の式 $\Delta p = p - p_0 = \rho' gH' - \rho gH$ から，$\rho' g = 13\,700$ kgf/m^3，$\rho g = 1\,000$ kgf/m^3，$H' = 0.05$ m，$H = 0.1$ m を代入すると，$\Delta p = 5.74$ kPa を得る．
5. 圧力差の式 $\Delta p = \gamma(H_1 + H_2) = \gamma \iota \sin a$ から，$\gamma = 870$ kgf/m^3，$\sin a = 0.2588$，$\iota = 0.15$ m を代入すると，$\Delta p = 0.3312$ kPa を得る．
6. 平板に作用する全圧力 $= 11.89$ kN，作用点 $= 0.709$ m．
7. 円板に作用する全圧力 $= 179.5$ kN，その作用点 $= 2.589$ m．
8. 角速度の式 $\omega = (1/r)\sqrt{2gh}$，回転数(rpm)の式 $n = 60\omega/2\pi$ から，内径 $2r = 0.6$ m，半径 $r = 0.3$ m，高さ $H = 0.15$ m，$h = H/2$ を代入すると，$n = 122$ rpm を得る．
9. 圧力低下 $= -287$ kPa．
10. $\Delta h = 0.088$ m．
11. 水の流量 $Q = 0.714$ m^3/s．
12. 出口流速 $v_0 = 11.29$ m/s．
13. 消防士が受ける力 $= 636.5$ N．
14. 曲板に及ぼす力 $= 224.4$ N．
15. 翼の揚力 $= 18.97$ kN．
16. 式(5.24)から，$\Delta p = 2k(\iota/d)(\rho V_0^2/2)(\mu/V_0 d\rho)^x(\varepsilon/d)^z$ の関係を参照して誘導する．

17. 式(5.28)から，$M = (\rho/2)\omega^2 r_0^5 C_f$, $C_f = 1.935/\sqrt{\omega r_0^2/v}$ を参照して計算する．
18. 滑りの潤滑面において，圧力の合力 P が式(5.29)から，
    $h_2 = \sqrt{(6\mu U l^2)[\ln k - 2(k-1)/(k+1)]/(k-1)^2 P}$ を参照して計算する．
19. 式(5.40)から，$f^2 = (g/4\pi^2)\sqrt{\alpha^2 + \beta^2}\tanh[\sqrt{\alpha^2 + \beta^2}\,h]$ を参照して計算する．
    ただし，$\alpha = m\pi/a$，$\beta = n\pi/b$，m, $n = 1$ とする．
20. 音速 = 558.1 m/s.
21. 物体の速度 = 1316.2 m/s.
22. 全圧と静圧の差 Δp = 612.9 kPa.
23. 空気流速 = 256.3 m/s.
24. 澱み点の温度上昇 = 223.3℃．

著者略歴

巻 幡 敏 秋(まきはた としあき)　　工学博士
 1965 年　　　　　　　大阪府立大学大学院工学研究科機械工学専攻修士課程修了
 1965～1997 年　　　　日立造船株式会社入社．技術研究所理事，技師長として，主に水理構造物の流体問題および係留浮体の運動の研究に従事
 1997～2002 年　　　　日立造船株式会社鉄構建機事業本部技術統括として，鉄構製品の開発研究に従事
 2002 年～現在　　　　株式会社ノムラフォーシーズ技師長として，流体圧エネルギー活用に関する実用化研究に従事
        株式会社ニチゾウテック技術コンサルティング事業本部顧問として，水門扉の水理および振動に関する研究に従事
        大阪電気通信大学客員研究員
論文　土木学会論文集，水工学論文集，機械工学論文集，水門鉄管誌，日立造船技報等に多数
著書　2001 年　　水理工学概論，技報堂出版

高 須 修 二(たかす しゅうじ)　　技術士(建設部門)
 1974 年　　　　　　　東京工業大学大学院理工学研究科土木工学専攻修士課程修了
 1974 年　　　　　　　建設省入省．土木研究所篠崎試験所研究員
 1979～1994 年　　　　同研究所ダム部ダム水工研究室(研究員，室長等)
 1999 年　　　　　　　同研究所ダム部長
 2001 年　　　　　　　独立行政法人土木研究所水工研究グループ長
 2002 年　　　　　　　国土交通省国土技術政策総合研究所研究総務官
 2003～現在　　　　　財団法人ダム技術センター
論文　ダム工学，土木技術資料，ダム技術，大ダム等に多数
著書　1998 年　　最新・魚道の設計，信山社サイテック，分担執筆
   1999 年　　水理公式集，土木学会，分担執筆

角 哲 也(すみ てつや)　　工学博士
 1985 年　　　　　　　京都大学大学院工学研究科土木工学専攻修士課程修了
 1985 年　　　　　　　建設省入省．土木研究所ダム部ダム水工研究室研究員
 1995～1998 年　　　　同研究所ダム部水工水資源研究室主任研究員
 1988 年　　　　　　　京都大学大学院工学研究科土木工学専攻 助教授
 2006 年　　　　　　　京都大学経営管理大学院 助教授(工学研究科社会基盤工学専攻 併任)
 2009 年～現在　　　　京都大学防災研究所水資源環境研究センター 教授
論文　2006 年　　ダム工学会論文賞　「RESCON を用いたフラッシング排砂の適用性検討について」
   2008 年　　土木学会水工学論文賞　「PIV を用いたフラッシング排砂時の細粒土砂流出過程計測に関する研究」
   2011 年　　ダム工学会論文賞　「洪水に対する合理的な調節手法に関する研究」
       　電力土木技術協会高橋賞　「発電用ダム貯水池および調整池における堆砂の特性を考慮した堆砂対策」
著書　2002 年　　防災辞典，築地書館，分担執筆
   2011 年　　地域環境システム，朝倉書店，分担執筆　　　その他多数

応用水理工学

2012年10月15日　1版1刷　発行

定価はカバーに表示してあります．

ISBN978-4-7655-1801-7 C3051

著　者	巻　幡　敏　秋	
	高　須　修　二	
	角　　哲　也	
発行者	長　　滋　彦	

発行所　技報堂出版株式会社

〒101-0051
東京都千代田区神田神保町1-2-5
電　話　営業　(03) (5217) 0885
　　　　編集　(03) (5217) 0881
Ｆ Ａ Ｘ　　　(03) (5217) 0886
振替口座　　　00140-4-10
http:// gihodobooks.jp/

日本書籍出版協会会員
自然科学書協会会員
工学書協会会員
土木・建築書協会会員

Printed in Japan

© Makihata Toshiaki, Takasu Shuji and Sumi Tetsuya, 2012

装幀　浜田晃一　　印刷・製本　愛甲社

落丁・乱丁はお取替えいたします．
本書の無断複写は，著作権法上での例外を除き，禁じられています．